跳频通信自适应抗干扰技术

闫云斌 赵 寰 董海瑞 王 路 著

电子工业出版社·
Publishing House of Electronics Industry
北京·BEIJING

内 容 简 介

本书以战术短波和超短波跳频电台为研究对象，重点研究跳频通信干扰检测和识别技术，在此基础上，本书还研究了可有效对抗跟踪干扰和其他典型干扰原理、方法和技术，保证在复杂电磁环境下跳频电台能够正常通信，也可为跳频电台研制和运用提供一定的理论参考。本书进一步丰富了扩频通信干扰检测及自适应抗干扰理论体系，具有较高的理论价值和应用价值。

本书聚焦跳频通信干扰检测、识别和抗干扰技术，能够为相关专业的科研人员、工程技术人员，以及博士生、硕士生提供有益的参考。

图书在版编目（CIP）数据

跳频通信自适应抗干扰技术 / 闫云斌等著. —北京：电子工业出版社，2022.12
ISBN 978-7-121-44665-8

Ⅰ. ①跳… Ⅱ. ①闫… Ⅲ. ①跳频－通信抗干扰－研究 Ⅳ. ①TN914.41

中国版本图书馆 CIP 数据核字（2022）第 238273 号

责任编辑：张佳虹　　特约编辑：田学清
印　　刷：北京天宇星印刷厂
装　　订：北京天宇星印刷厂
出版发行：电子工业出版社
　　　　　北京市海淀区万寿路 173 信箱　邮编 100036
开　　本：787×1 092　1/16　印张：12.75　字数：326 千字
版　　次：2022 年 12 月第 1 版
印　　次：2024 年 4 月第 3 次印刷
定　　价：100.00 元

前　　言

跳频通信技术是目前全球常用的军事通信手段之一。针对跳频通信的有意干扰主要包括跟踪干扰和阻塞干扰。目前，如何对抗跟踪干扰和阻塞干扰仍然是国内外研究的热点之一。但是，抗干扰的前提是能够检测并识别出干扰信号，因此，先对跳频通信中的干扰类型进行检测，再有针对性地进行抗干扰研究具有重要的现实意义和军事应用价值。本书重点介绍当前跳频通信干扰检测、抗干扰技术的最新研究成果及发展趋势，具有较强的时效性、先进性。本书内容全面，围绕跳频通信中的跟踪干扰和阻塞干扰，给出了比较全面的解决方案。本书全方位地展示了各种新技术和新方法，并强调理论联系实际，具有很强的实用性和可操作性。本书不仅适合从事跳频通信抗干扰相关的技术研究、系统设计、系统开发和应用的科研人员及工程技术人员阅读，还可供高等院校相关专业师生参考。

本书共分为 8 章。第 1 章为概述，主要介绍了本书研究的背景及意义，总结了跳频通信、扩频通信干扰检测、跳频通信抗干扰技术的现状与发展趋势。第 2 章介绍了跳频通信的基本原理及其面临的典型干扰，对跳频通信中的几种典型干扰进行了介绍，包括阻塞干扰和跟踪干扰的信号模型、产生、作用机理，以及对跳频通信的性能影响。第 3 章基于认知无线电能量检测算法，给出了单天线情况下，噪声跟踪干扰和音调跟踪干扰检测算法。针对跳频通信中同步信息被干扰，无法采用第 3 章给出的检测算法的情况，第 4 章假定跳频信号和相关干扰信号在空域实现了分离，基于稀疏分解理论，在跳频同步前实现了跟踪干扰检测。第 5 章通过提取特征参数，利用分形盒维数、分数阶傅里叶变换等实现了跳频通信典型阻塞干扰的识别。第 6 章以指挥控制系统中跳频电台现有配置方式和结构性能为基础，研究可有效对抗跟踪干扰，同时兼具对抗其他典型干扰能力的原理、方法和技术，提出了基于隐藏对偶序列的联合跳频系统模型，给出了基于双信道联合跳频抗干扰技术，并分析了其抗跟踪干扰和典型阻塞干扰的性能。第 7 章在双信道联合跳频模型中加入了卷积编码以进一步提高系统的抗干扰性能。第 8 章继续对联合跳频模型进行扩展，将双信道联合跳频模型扩展到多信道环境下，给出了一种适用于多信道环境的择大软判决接收机模型，进一步提升了抗干扰性能。

本书从选题构思、书名确立到最终出版的过程中，都得到了陆军工程大学石家庄校区全厚德教授和胡永江副教授的大力支持；徐升智和黄哲轩助教对本书的文字进行了校对，对部分图片进行了编辑，在此表示衷心的感谢。

本书的出版得到了河北省自然科学基金项目（F2017506006）、国防预研基金项目和国防科研项目的资助。

著者

2022 年 10 月

目　　录

第 1 章　概述

1.1　研究背景及意义

指挥控制系统是军队信息化必不可少的组成部分，担负着作战信息收集、传输与处理的任务。作战行动的机动性决定了信息传输主要依靠无线电台。战役、战术级无线电台通常工作在短波/超短波频段。这一频段容量大，所需通信设备结构比较简单，安全性和可靠性高，抗毁性强。即使在移动通信如此发达的今天，短波/超短波通信在指挥控制系统中仍占据不可替代的地位。

阻断敌方通信是获取战场信息优势的直接手段。交战双方对通信对抗的重视使战场上的短波/超短波通信越来越多地受到干扰影响，扩频（Spread Spectrum，SS）技术成为现代短波/超短波电台应用最普遍的抗干扰措施。实现扩频的两种基本方法是直接序列扩频和跳频（Frequency Hopping，FH）。其中直接序列扩频系统复杂度较高，且在通信用户分散的战场环境下存在远近效应，用户容量较小。指挥控制系统需要容纳多达几百甚至上千个用户，因此直接序列扩频应用有限，实际的指挥控制系统中以跳频技术应用为主。跳频技术使通信信号的载波频率伪随机跳变，以躲避的方式对抗窄带阻塞干扰，具有较强的适应性和健壮性，是现代战争中不可缺少的通信方式[1]。

然而，随着通信对抗和电子技术的不断发展，干扰方变得越来越智能，以至于可以截获跳频通信的某些参数并实施有针对性的干扰策略，如跟踪干扰。跟踪干扰可以造成跳频增益损失，使跳频通信变得如定频通信一样脆弱，是对跳频通信最有效的干扰方式。

早在 20 世纪初，国外现役超短波跳频通信侦察干扰机每秒可搜索 30GHz 带宽，同时监视其中的 80 个相邻信道，从上百个组网用户中分离出目标用户，并跟踪 5000 跳/秒的跳频通信[2]。这使得中低速超短波跳频电台面临前所未有的严重威胁。虽然，快速跳频通信系统通过增加跳速使得跟踪干扰很难有足够的时间侦测当前跳频频点，导致跟踪干扰失去效果。但是，当跳速增加时，跳频同步的难度也在增加，同时，在一些应用场合，快速跳频通信系统也不是很适用。

因此，对短波/超短波跳频电台如何对抗跟踪干扰的研究就变得十分重要，然而，实际的跳频电台往往工作于多种干扰并存的复杂环境中，干扰类型对跳频电台而言是未知的，盲目使用抗干扰方法并不能很好地抑制或减弱干扰。

在传统观念里，通信信号侦察为干扰方服务，通过对通信信号进行侦察，可以有效实施干扰，其分析的主体对象是对方的通信信号，任务是对这些信号进行搜索、检测、识别、定位、分析和破译，目的是获取情报并为电子干扰方提供通信信号的时域、频域和空域信息，使得电子干扰方可以选择针对这些通信信号的最佳干扰方式，取得好的干扰效果[3]。

实际上，通信信号侦察不仅可以为干扰方提供信息情报支持，还可以为通信双方提供支持：通过对干扰方施加的干扰信号进行分析、检测和识别，可以为通信双方的抗干扰提供决策支持。

对跳频电台所处环境中的干扰信号进行分析、检测和识别，使得接收机可以针对不同的干扰信号选择最佳的抗干扰措施，解决了过去盲目使用抗干扰方法而导致跳频电台抗干扰能力较弱的问题。因此，对跳频电台工作环境中可能存在的干扰信号进行分析、检测和识别，为通信双方合理使用抗干扰方法提供决策支持是一项非常有意义的研究。

跳频电台在检测出跟踪干扰后，针对跟踪干扰的对抗就变得非常关键。虽然目前跳频技术不断与调制解调、分集接收、差错控制等其他抗干扰技术相结合，但作为基础的跳频技术在现役装备中并没有很大的变化，跟踪干扰仍可使通信效能明显降低，严重阻碍指挥控制行动的顺利进行。因此，研究抗跟踪干扰性能好的跳频通信方法很有必要。

1.2　通信信号侦察识别技术研究现状

相对于干扰的检测和识别，通信信号的侦察识别研究更加广泛。通过对通信信号侦察识别技术进行研究，可以为干扰的检测和识别研究提供思路。对于通信信号的侦察识别，包括两大类：一类是通信信号的调制识别技术，另一类是扩频信号的检测与参数估计技术。

1.2.1　通信信号的调制识别

在传统的调制识别中，针对的调制类型主要是模拟调制信号。然而，随着数字调制信号在通信领域的快速发展，数字调制信号的调制识别方法已成为通信信号调制识别方面的主流。基本方法主要包括决策论方法和统计模式识别方法。

1. 决策论方法

决策论方法通常采用最大似然检验法，依据概率论和假设检验理论来处理信号的检测问题，属于多假设检验决策问题。一般根据目标函数最小化原则，采用似然比（Likelihood Ratio，LR）函数作为检验统计量，因此该方法又称为似然比检验（Likelihood Ratio Test，LRT）方法[4]。

在已发表的文献中，主要包括：文献[5]采用平均似然比，在低信噪比下完成了对 MPSK 信号的分类；文献[6]利用序贯似然比实现了对 QAM 信号的分类；文献[7]研究了 MFSK 信号的分类问题；文献[8]研究了多径信道中的调制识别问题；文献[9]应用广义似然比分类框架，以高阶相关分类统计量为基础实现调制识别。

2. 统计模式识别方法

统计模式识别方法根据研究对象的特征或属性，利用以计算机为中心的机器系统，运用一定的分析算法认定研究对象的类别[10]。在信号处理领域，对信号进行统计模式识别一般包括信号预处理、特征提取和分类识别三部分。图 1-1 给出了统计模式识别系统框图。

图 1-1　统计模式识别系统框图

信号预处理是指把接收的信号变成合适的数据形式，为后续的特征提取做好准备；特征提取的主要目的是通过表征显著类别差异的模式信息获取一组"少而精"的分类特征；分类识别也称特征综合，主要任务是根据某一分类判决规则把一个给定的由特征向量表示的输入模式归入一个适当的模式类别。

在已发表的文献中，主要包括：文献[11-13]利用通信信号时域、频域和时频域提取的一些特征值实现了对常见的模拟和数字调制方式的识别；文献[14]利用高阶矩和高阶累积量实现了对数字调制方式的识别；文献[15]利用循环谱函数提取特征参数实现了对常见数字调制方式的识别。

近几年，时频分析在通信信号调制识别中得到了广泛的应用。例如，文献[16]利用互 Margenau-Hill 时频分布（Cross Margenau-Hill Distribution，CMHD）实现了对调制类型的识别；文献[17]利用小波变换实现了对通信信号调制类型的识别等。另外，分形特征[18]、复杂度特征[19]及统计矩矩阵特征[20]也应用到了通信信号的调制识别中。

1.2.2　扩频信号的检测与参数估计

直接序列扩频和跳频现在已经成为军事通信抗干扰的主流技术。扩频信号的检测与参数估计主要包括扩频信号的检测、捕获和参数估计等。对于扩频信号的检测与参数估计，主要分为直接序列扩频信号的检测与参数估计、跳频信号的检测与参数估计。

1. 直接序列扩频信号的检测与参数估计

能量检测法及其改进形式是最基本的直接序列扩频信号检测方法，基本思想是假设在高斯白噪声环境下，信号加噪声的能量会大于单纯噪声的能量。通过选取合适的门限值，在没有先验信息的前提下完成信号检测。

20 世纪 80 年代以来，大量学者研究了直接序列扩频信号的检测与参数估计。这些方法利用直接序列扩频信号的特点，通过非线性变换产生特征信号，从而实现对直接序列扩频信号的分析，典型代表是载频检测器和伪码周期检测器[21]。由于直接序列扩频信号具有循环平稳的特性，因此，对于直接序列扩频信号的检测与参数估计，主要方法是采用 Gardner 提出的循环平稳理论[22]；现代谱估计方法及其改进方法也在直接序列扩频信号的检测与参数估计中得到了广泛的应用，文献[23]应用高阶统计量的方法实现了直接序列扩频信号的检测。

2. 跳频信号的检测与参数估计

跳频通信中的识别主要集中在跳频信号的侦察、检测与参数估计上。

由于跳频信号频率的时变性，它属于非平稳信号，因此时频分析在跳频信号的盲检测和参数盲估计中得到了很好的应用。

文献[24]应用伪 Wigner-Ville 分布（Pseudo Winger-Ville Distrbution，PWVD）方法实现了跳频信号的识别与参数估计。该方法能够比较精确地估计跳频周期和载波频率，存在的问题是计算量比较大。

文献[25]在文献[24]的基础上提出用平滑伪 Wigner-Ville 分布（Smoothed Pseudo Winger-Ville Distrbution，SPWVD）方法代替 PWVD 方法来估计跳频参数。虽然 SPWVD 方法的运算量比 PWVD 方法大，但是能够较好地消除交叉项的影响。

文献[26]通过短时傅里叶变换获得了跳频信号的时频特征，采用小波变换得到了时频特征的边沿信息，采用谱分析的方法实现了对跳频速率的估计。该方法能有效避免交叉项对跳频信号参数估计的影响。

文献[27]应用 Gabor 谱方法实现了对跳频信号的参数估计。该方法能够保留 WVD 自身的优点，同时能够抑制交叉项干扰。

文献[28]采用原子分解算法，通过构建时频原子字典实现了对跳频信号的盲估计，而且可以避免 WVD 的交叉项干扰。

前面主要是单天线下跳频信号的检测与参数估计。而在阵列天线下，通过对信号的波达方向（Direction of Arrival，DoA）进行估计和波束形成技术，可以在空域实现信号的分离。

高分辨率谱估计方法主要包括最大熵谱估计方法和最小方差谱估计方法。此类方法的分辨力较强，但是存在运算量过大及健壮性差的缺点[29]。此后，文献[30]提出的多重信号分类（Multiple Signal Classification，MUSIC）方法开启了对现代超分辨测向技术的研究。

前面提到的 DoA 估计主要是针对窄带信号的，对于宽带信号源的测向，此类算法无能为力。这是因为宽带信号的相对带宽较大，当信号入射到阵列的各个天线上时，会产生相位模糊现象。跳频信号恰好属于典型的宽带信号。

宽带测向算法通常包括最大似然方法[31]和信号子空间方法两大类，而信号子空间方法又分为非相干信号子空间方法（ISM）[32]和相干信号子空间方法（CSM）[33-35]。其中，最大似然方法的计算量通常较大。因此，在宽带测向算法中应用较多的是信号子空间方法。

在 DoA 估计以后，会形成一定的波束对准目标。而波束形成就是通过对各阵元加权进行空域滤波来达到增强期望信号、抑制干扰信号的目的的。

在 DoA 估计和波束形成研究的基础上，大量学者对跳频信号的检测与参数估计进行了研究。

文献[36]在实现多个跳频信号的载波频率和方位角的估计的基础上，应用波束形成技术实现了每个调频信号的空间滤波，利用动态规划算法，最终实现跳频信号的跳时、频率、幅度和相位的估计。

文献[37]应用动态规划算法解决了跳频组网中存在的频率冲突问题。该算法在调制方式为 FSK、PSK 和 GMSK 的跳频通信系统中得到了应用。

文献[38]基于时频分析、空间谱估计，结合数字信道化和时频聚焦等技术实现了多个跳频信号的 DoA 估计。同时，该文献在信号预选、参数估计的基础上进行了跳频信号分选技术的研究。

文献[39]提出了基于宽带处理的多个跳频信号的盲检测与参数盲估计方法。该方法能够实现跳频信号的盲检测、盲分离和参数盲估计，并准确估计出跳频信号的驻留时间、跳速和 DoA 等参数；在此基础上，提出了一种基于频域处理的宽带恒束宽的波束形成方法，当阵元个数比较少时，能够得到良好的空间滤波效果。该文献最终还实现了一个集宽带搜索、测向等功能为一体的实用化短波跳频侦察机。

1.3　扩频通信干扰检测与识别技术现状

1.3.1　直接序列扩频通信干扰检测与识别技术

对于干扰检测与识别，可以把干扰信号当作特殊的信号，借鉴前面信号检测的相关理论进行研究。其中，对于扩频通信的干扰检测与识别，现有的文献以直接序列扩频通信和跳频通信为主。而研究较多的是直接序列扩频通信下的干扰类型的识别问题。

文献[40]利用短时傅里叶变换，根据干扰信号的时频曲线实现了对单音、线扫频和多音干扰的检测，但是该算法提到的干扰分析识别种类少，算法适用范围有限，不能实现干扰类型的自动分类识别。

文献[41]在文献[40]研究的基础上，以 Welch 周期图法、谱图和 Radon 变换为主要分析工具提取干扰的特征，采用分层决策的分类方法实现了对无干扰、窄带干扰、宽带梳状谱干扰、宽带线扫频干扰和宽带噪声干扰的分类识别。

在文献[41]提出的识别方案中，需要足够长的信号采样长度以累积干扰能量，这会带来算法在存储量和运算量上的增加。为此，文献[42]提出了基于 FRFT 的干扰样式识别方案。与文献[41]相比，该方案的识别效果相当，但是其识别流程更加简单。

文献[43]提出了采用 BP 神经网络对直接序列扩频通信系统的干扰类型进行识别的算法。该算法在提取特征参数的基础上，基于 Levenberg-Marquardt（L-M）算法设计了一个三级的神经网络组合分类器，同时，该分类器由四个独立的多层感知器组成，能够实现对直接序列扩频通信常见干扰的正确识别。

文献[44]提出了直接序列扩频通信中基于支持向量机（SVM）的干扰自动分类识别方法，从时域、频域和时频域提取了待识别干扰信号的特征参数，通过决策树支持向量机构造了五级干扰自动分类识别系统，实现了对单音连续波干扰、跳频干扰、脉冲干扰、窄带 BPSK 干扰、线性调频干扰、宽带梳状谱干扰、宽带 BPSK 干扰和无干扰的识别。

1.3.2　跳频通信干扰检测与识别技术

对于跳频通信中干扰的检测及干扰类型的识别，鉴于军事应用和技术保密性，目前国内外公开发表的有关跳频通信干扰识别的文献并不多。其中，文献[45]提出了一种宽带能量及基于广义似然比检测的干扰检测算法。该干扰检测算法充分利用了 PN 序列的均匀性，实现了对部分频带噪声干扰和多音干扰的检测。而该干扰检测算法的核心是利用了认知无线电中频谱感知的思想。

在认知无线电频谱感知中，匹配滤波和能量检测是比较常用的方法。其中，匹配滤波法的准确度高，但是在实现时需要一些先验信息来设计滤波器。对跟踪干扰信号而言，其频率与跳频信号频率相同，该方法不能检测跟踪干扰。相对而言，能量检测算法计算简单、实现方便。频谱感知是认知无线电中的核心技术，而能量检测则是频谱感知中最常用的一种算法。

1. 能量检测

20 世纪 60 年代，Urkowitz 首次提出能量检测[46]。它的核心思想是根据一定频带范围内接收信号的能量或功率大小来判断是否存在干扰或有效的通信信号。能量检测器原理框图如图 1-2 所示。

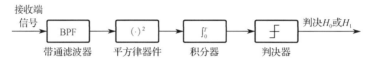

图 1-2　能量检测器原理框图

如图 1-2 所示，接收端信号通过带通滤波器（Band-Pass Filter，BPF）选择中心频率和带宽，通过平方律器件和积分器后，得到积分器的能量值输出，送入判决器，将其与预先设置的门限值进行比较判决，得到判决结果[47]。

应用能量检测算法时存在一些问题。例如，在检测微弱信号〔$SNR \in (-40 \sim 10dB)$〕时，需要较长的检测时间；当接收信号的信噪比低于某一个门限值（信噪比墙）时，检测性能急剧恶化[48]；能量检测算法只能判定信号是否存在，而不能区分信号的种类。尽管能量检测算法存在一些问题，但是由于它实现方便、不需要先验信息，在认知无线电频谱感知领域得到了广泛的应用。

2. 协作频谱感知

在认知无线电中，能量检测是单个认知用户完成对授权用户进行检测的算法。然而，在实际的传输过程中，无线信号会受到干扰、多径等因素的影响，在感知时间有限的情况下，单个认知用户根本无法可靠地检测出授权用户[49]。

如果多个认知用户通过协作的方式对授权用户进行检测，则检测概率会得到极大的提高。因为参与协作的认知用户全部受影响的概率比单个认知用户小很多，这就是协作频谱感知方案的思想，其本质是把一组认知节点通过共享各自的本地检测结果，按照一定的融合规则来联合判决授权用户是否存在。

协作频谱感知通常包括以下两个步骤[50]。

（1）每个认知用户独立进行频谱感知并将检测结果发送给融合中心。

（2）融合中心通过检测结果按照一定的合并算法进行数据融合，从而判断是否检测到授权用户。图 1-3 给出了协作频谱感知的流程。

根据各认知用户交互的检测信息形式不同，协作频谱感知分为硬判决协作频谱感知和软判决协作频谱感知两种。

硬判决协作频谱感知是指用户首先在本地频谱感知后得到判决结果，然后把 1 比特信息发送给融合中心。其中，"1"表示授权用户存在，"0"表示授权用户不存在。

对于判决准则，通常分为三类："OR"准则，表示只要有一个认知用户的判决结果为"1"就判决授权用户存在；"AND"准则，当所有认知用户的判决结果均为"1"时，判决授权用户存在；"k out of n" 准则，当 k 个认知用户中的 n 个认知用户的判决结果为"1"时，判决授权用户存在。其中，最常用的是"k out of n"准则；而"OR"准则和"AND"准则是"k out of n"准则的两种特殊形式[51]。

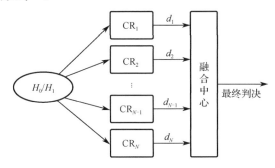

图 1-3 协作频谱感知的流程

假设参与协作的认知用户都具有相同的本地检测概率 P_d 和虚警概率 P_f，则上述几种判决准则的最终检测概率 P_D 和虚警概率 P_F 可以表示如下。

"OR"准则：

$$P_D = 1 - \prod_{i=1}^{N}(1-P_d), \quad P_F = 1 - \prod_{i=1}^{N}(1-P_f) \tag{1-1}$$

"AND"准则：

$$P_D = \prod_{i=1}^{N} P_d = P_d^N, \quad P_F = \prod_{i=1}^{N} P_f = P_f^N \tag{1-2}$$

"k out of n"准则：

$$P_D = \sum_{i=k}^{N}\binom{N}{i}P_d^i(1-P_d)^{N-i} \tag{1-3}$$

$$P_F = \sum_{i=k}^{N}\binom{N}{i}P_f^i(1-P_f)^{N-i} \tag{1-4}$$

在软判决协作频谱感知中，认知用户直接将感知数据发送到融合中心后，采用相关算法对这些信息进行决策融合[52-54]。与硬判决协作频谱感知相比，其主要优点是性能较好，但要求控制信道的带宽较大。

现有文献对于认知无线电频谱感知和协作频谱感知的检测研究较多，却很少讨论频谱感知技术与信号识别算法的联系。事实上，基于特征提取的统计模式识别算法就适用于单用户非协作频谱感知中用户类型的盲判定，而基于决策理论的最大似然假设检验法则适用于协作频谱感知。

1.4 跳频通信抗跟踪干扰研究现状

跳频通信抗干扰性能研究主要集中在部分频带干扰和多音干扰方面，在跟踪干扰技术不断进步的背景下，跳频通信系统抗跟踪干扰技术也受到了一定程度的重视。按照是否对常规跳频模式做出改变来划分，相关研究可分为如下几类。

1.4.1　常规跳频模式抗跟踪干扰方法

从接收机解调模块考虑，跟踪干扰相当于抬高了中频信号噪声水平或叠加了音调干扰，因此传统抗干扰方法，如分集接收、信道编码等都可以减小跟踪干扰的影响。但这些方法并没有改变跟踪干扰的作用机理，更像是在常规跳频模式基础上的"补偿"措施，抗跟踪干扰效能有限。文献[55]分析了跳频通信系统使用交织和线性分组码时的抗噪声跟踪干扰性能，相对于无编码系统性能有一定的改善，但跟踪干扰的影响仍比部分频带干扰和多音干扰的影响大。

在常规跳频模式下，更具有针对性的方法是跟踪干扰消除算法。在时域、频域上，跟踪干扰信号与有用信号非常相似，但一般不会完全相同，这些区别可用于对跟踪干扰信号进行识别，进而抑制或消除跟踪干扰信号。在空域上，跟踪干扰信号与有用信号的波达方向通常差别较大，这时空域干扰消除是一种有效的抗干扰手段。在天线阵设备基础上，文献[56,57]利用跟踪干扰信号与有用信号的波达时间的差异，利用三根或更多旁瓣天线先分离出跟踪干扰信号，再利用天线调零进行干扰消除。文献[58,59]假设接收端已知有用信号的波达方向，并假设天线增益在干扰方向上相等，利用跟踪干扰信号在两根天线上的空间相关性得到最大似然意义上的干扰估计和消除算法，但算法比较复杂，且当有用信号和跟踪干扰信号的波达方向相近或跟踪干扰信号功率不小于有用信号功率时，算法性能将下降。文献[60]基于向量相似原则估计跟踪干扰信号在两根天线上的空间相关性，进而进行干扰消除。文献[61]基于天线阵列，利用有用信号和跟踪干扰信号自相关向量的不同来构造有用信号和跟踪干扰信号的互相关函数，从而估计干扰阻塞滤波器的系数，算法复杂度有所降低。

在硬件基础上，以上跟踪干扰消除算法均要求使用多根天线。短波/超短波频段使用的天线尺寸本已较大，当战场等使用环境对设备移动性和小型化要求较高时，短波/超短波频段多根天线条件不易满足；在现有的指挥控制系统中，一个节点的多个电台公用一根天线，天线数量相对仍是较少的。因此，上述跟踪干扰消除算法在指挥控制系统中不易进行实际应用。

1.4.2　新型跳频模式抗跟踪干扰方法

以上在常规跳频模式下增加抗干扰设计的方法缓解了跟踪干扰对跳频通信系统的影响。但是，跟踪干扰针对的正是作为系统基础的常规跳频原理。只要跳频原理不变，跟踪干扰就仍然可以对系统造成严重影响。因此，一些学者试图对常规跳频原理做出改进，提出了多种具有良好抗跟踪干扰性能的新型跳频模式，按照抗跟踪干扰原理的不同，可分为以下几种。

1. 减小被跟踪的概率

文献[62]提出了一种不等时间间隙发送信号的方法，在一定程度上将割裂跳频信号在时间和频率上的相关性，从而增加了跟踪干扰机从跳频通信网内分选出某个特定用户的难度。但是在单用户条件下，这种方法没有抗跟踪干扰优势。

文献[63-67]提出了自编码扩频（Self-Encoded Spread Spectrum，SESS）模式。虽然 SESS 模式多用来构建直接序列扩频通信系统，但是也可以非常容易地应用于跳频通信系统[68]。SESS 模式不使用专门的伪随机序列作为扩频码，而直接使用延迟寄存器中一段最近发送的二进制数据序列作为扩频码来对当前发送数据进行直接序列扩频，接收端通过维持同样的一段延迟寄存器缓存来实现同步。只要对发送数据序列进行适当的编码，其随机性就比通常的伪随机序列好，从而更难以被波形式跟踪干扰机破译。但 SESS 模式的抗噪声性能比 BFSK 差，尤其在低信噪比下，SESS 模式的误码率性能恶化更为严重[69]。文献[70-72]研究了 SESS 的多用户性能，常规 SESS 模式的多用户性能实际上比 CDMA 稍差。多用户引起的异频干扰是 SESS 模式面临的严重威胁。

不等时间间隙跳频模式和 SESS 模式的本质是增强跳频信号"躲避"干扰的能力，在一定程度上增加了波形引导跟踪干扰的难度，但对引导式和转发式跟踪干扰的影响有限。

2. 使用稳健的信号波形

一些新型跳频模式并没有建立在"躲避"干扰的基础上，而是试图建立稳健的信号波形，使有用信号即使遭受干扰也可被正确接收。

文献[73,74]提出了一种"信道即消息"（the Medium is the Message）的传输方式。在这种传输方式下，每个信道本身的固有特征称为"信道描述符"（Channel Descriptor）。信道不仅是运载消息的通道，还可以利用信道描述符来表达消息。发送端只要选择占用某个信道，就相当于发送了特定的信息，用什么样的波形占用信道反而是次要的；接收端只要正确识别出当前被占用的信道就可以收到信息。因为信道本身的固有特征与发送波形无关，所以在干扰条件下，识别占用信道比识别发送波形更容易，因此这种模式比常规跳频模式具有更好的抗跟踪干扰性能。但这种模式需要在很宽的频带内针对所有可能的信道进行识别，接收机较为复杂。

文献[75-77]提出了非常规跳频模式（Unconventional FH Mode，UFH），将常规 FH/MFSK 的数据频率和对偶频率置于相互正交的信道中，并在每个信道中使用未经调制的单频信号作为空中波形，在干扰条件下，单频信号比调制信号更容易被识别。文献[76]证明了跟踪干扰信号在仅成功干扰数据信道时会增加 UFH 数据信道内的信号能量，反而有利于非相干接收，可有效对抗跟踪干扰。但 UFH 数据信道和对偶信道的频率间隔在每跳上都是相等的，如果干扰方截获了这一频率间隔，那么即可针对对偶信道实施更有效的干扰。文献[77]在此基础上优化了跟踪干扰方式，得到了适合于 UFH 的最佳跟踪干扰。

文献[78-80]提出了消息驱动跳频（Message Driven Frequency Hopping，MDFH）系统。在 MDFH 用户发送数据的每比特中，前 H 比特称为载波比特，用来选择载波频率；后 N 比特被调制在选出的载波频率上。文献[81,82]指出了强同频干扰将会提升载波比特的检测概率，使 MDFH 总体上具有较好的抗跟踪干扰能力。但由于接收端无法事先得知载波频率，因此 MDFH 采用宽带的信道化接收方法。文献[83,84]指出伪装干扰（干扰信号功率大于有用信号功率的异频干扰）将使 MDFH 的误码率大幅提高。文献[85,86]指出 MDFH 的抗定频干扰能力同样有限。

文献[87-93]提出的 M 元多级 FSK（M-ary Multilevel FSK，MMFSK）跳频的实现途径与 MDFH 相似，但它更加彻底地使用载波比特来表示消息，空中信号为单频信号。这种跳频模式用于电力线通信，可以有效对抗电力线中经常产生的脉冲干扰，其误码率性能甚至优于正交频分复用（OFDM）系统[92]。MMFSK 跳频具有良好的抗同频干扰性能，但抗异频干扰能力较弱[89-93]。

以上几种跳频模式都具有传输信号波形简单稳健的特点。跟踪干扰总针对传输信号，因此干扰效果有限，甚至会有利于正确传输。但普遍采用宽带接收方式会使系统的抗异频干扰能力卜降。

3. 差分跳频

差分跳频[94,95]（Differential Frequency Hopping，DFH）模式是相关跳频增强型扩谱（Correlated Hopping Enhanced Spread Spectrum，CHESS）电台的核心原理，由于 CHESS 电台的优良性能而在近年来受到极大的关注。DFH 兼具了以上几种模式的特点，系统结构比较具有代表性，且对其抗干扰性能的研究已经比较全面、深入，因此本书将其作为重要的比较对象之一。

DFH 是指系统跳频频点之间通过不同传输信息的差异建立起相关性，这种相关性是在频率转移函数的控制下建立起来的。频率转移函数也被称为频率生成函数（Frequency Generation Function，FGF），简称 G 函数。其基本形式为

$$F_n = G(F_{n-1}, X_n) \qquad (1-5)$$

式中，F_n 表示当前跳的频率；F_{n-1} 表示上一跳的频率；X_n 表示当前跳需要加载的数据。

由于通过频率的相关性携带了需要传输的数据，所以 DFH 与 UFH 或 MMFSK 类似，也只需在相应跳频频点上发送单频波形即可。在接收端，因为无法先验得知需要传输的数据，也就无法得知每跳使用的频点，所以只能根据 G 函数在整个跳频带宽上进行宽带接收[96]，即先判断当前跳的频率，得到跳频序列，然后由 G 函数规则反推出有用数据。

虽然 DFH 的设计目的是提高短波跳频的数据传输速率，但其抗干扰性能近年来也受到全面关注。与常规 FH/MFSK 的抗干扰原理不同的是，DFH 采用宽带接收，因此抗干扰并不是以"躲避"的方式实现的[97]，而主要是通过特殊的空中信号波形和 G 函数引入的相关性来实现的。因此，信号检测[98-102]和 G 函数构造方法[103-107]是两项影响抗干扰性能的重要技术。DFH 在典型干扰条件下的误码率性能得到深入研究。

在抗跟踪干扰方面，DFH 的极高跳速超过了一般跟踪干扰机的跟踪速度。另外，DFH 信号也具有很强的稳健性。文献[108,109]指出，由于 DFH 的发射信号为窄带单频信号，即使跟踪干扰机的跟踪速度能够跟上 DFH 信号的频率跳变速度，当跟踪干扰信号与 DFH 信号频率相同时，跟踪干扰相当于增加了 DFH 频点上的信号能量，反而有利于增大 DFH 非相干接收的正确判决概率。因此，DFH 具有很强的抗跟踪干扰能力。

另外，由于 DFH 接收机必须在一个较宽的带宽内检测，所以失去了常规 FH/MFSK 接收机利用前置预选滤波器和窄带中频滤波器抑制带外干扰的优势，受部分频带噪声干扰和多音干扰影响的概率增大[110,111]。如果干扰落在 G 函数规定的可能但未使用的频率转移路径上，则在译码时可能出现多条合法路径，从而造成译码错误[112-114]。由于跟踪干扰对 DFH 不再有效，所以抗部分频带噪声干扰和多音干扰的性能成为研究的重点。文献[115-136]分别在 AWGN 信道[115-124,135]、瑞利衰落信道[114,115]、莱斯衰落信道[131]和 Nakagami-m 衰落信道[130]下分析了逐符号检测接收方式[116-128]，以及基于 Viterbi 译码的序列检测线性合并[131,132]、序列检测乘积合并[126-128]、序列检测归一化合并[132]接收方式在部分频带噪声干扰[133-136]或多音

干扰[127,128]下的误码率性能。

在多用户应用场景下，宽带接收方式使占用同一频段的本方 DFH 系统的发射信号都进入接收机，且远近效应更加明显[137]。文献[138-150]研究了 DFH 系统的多用户性能，提出了多种基于 G 函数的迭代多用户跟踪干扰消除算法，并与常规 FH/MFSK 进行比较。研究结果表明，当用户数从 1 增加到 2 时，DFH 接收机的误码率将大幅提升[138]，而且随着用户数的增加，误码率将进一步提升，其多用户性能比常规 FH/MFSK 差[136-140]；引入多用户干扰消除和编码增益后，序列检测合并方式多用户性能将增强，代价是译码复杂度大幅提升[147,148,150]。

综合以上 DFH 的研究成果，可得出以下两点。

（1）逐符号检测接收的 DFH 译码复杂度与常规 FH/MFSK 相当，但其抗部分频带噪声干扰和多音干扰的性能比常规 FH/MFSK 差，且对多用户干扰较为敏感。

（2）除对噪声归一化合并接收机的最佳干扰是宽带干扰以外，对于其余几种合并接收方式，当干扰状态信息（Interference State Information，ISI）未知时，在很宽的信干比范围内，最佳干扰带宽都是很小的，即施放带宽很窄的定频信号就可以形成有效干扰，这给干扰 DFH 系统提供了方便。

总结以上文献研究可知，上述多天线跟踪干扰消除算法目前在指挥控制系统中不适用。几种新型跳频模式的抗跟踪干扰能力很强，但抗部分频带噪声干扰、多音干扰等异频干扰能力较弱。战场电磁环境日益复杂，干扰形式多样，要求通信系统必须具备较为全面的抗干扰能力。若某种条件下的抗干扰性能的提高以明显牺牲另一些条件下的抗干扰性能为代价，则可能反被敌方利用。

1.5　本书结构与章节安排

本书以作者主持的河北省自然科学基金项目"跳频通信跟踪干扰检测与识别关键技术研究"（编号为 F2017506006）为支撑，结合作者多年的科研成果，聚焦短波/超短波跳频电台自适应抗跟踪干扰技术，具体包括跳频通信跟踪干扰检测、识别及抗跟踪干扰技术和性能分析，相关研究成果可为今后跳频电台的研制和运用提供一定的理论参考。

本书共 8 章，各章的主要内容如下。

第 1 章阐述了跳频通信自适应抗跟踪干扰研究的背景和意义，同时对通信信号侦察识别技术、扩频通信干扰检测与识别技术、跳频通信抗跟踪干扰技术的研究现状等进行综述，最后给出了本书的主要研究内容和结构。

第 2 章首先介绍了跳频通信的基本原理，接着对跳频通信面临的几种典型干扰进行了介绍，内容包括阻塞干扰和跟踪干扰的信号模型、产生和作用机理，并对跳频通信的性能影响做了分析。

第 3 章研究了跳频通信中跟踪干扰的检测问题。首先研究了噪声跟踪干扰的检测，利用能量检测算法推导了多种信道模型下噪声跟踪干扰的检测性能，考察的信道模型包括 AWGN 信道、瑞利衰落信道及 Nakagami-m 衰落信道；然后研究了另外一种常见的音调跟踪干扰的检测方法，同样分析了三种信道下的检测性能；最后通过数值计算和仿真验证了理论分析的正确性与有效性。

第 4 章研究了基于稀疏分解的跳频通信跟踪干扰检测问题。基于跳频信号和跟踪干扰信号在空域上分离，利用稀疏分解分别对跳频信号和跟踪干扰信号进行重构，得到重构信号的幅度、时间中心和载波频率。通过以上三个参数得到两者区别的特征参数的差异，即时延和幅度的差异，进而可以判断是否存在跟踪干扰。最后通过仿真验证了识别方法的正确性。

第 5 章研究了跳频通信中常见阻塞干扰类型的识别问题。针对宽带噪声干扰、梳状干扰和宽带线扫频干扰，以分形盒维数、修正周期图谱估计和分数阶傅里叶变换作为主要分析工具，分别在高斯信道和瑞利衰落信道下提取出了相对应的分类特征参数，采用分层决策的分类方法实现了对宽带噪声干扰、梳状干扰和宽带线扫频干扰的分类识别。

第 6 章首先在深入分析现有跳频通信系统抗干扰原理的基础上建立了联合跳频的结构模型，讨论了其实现方式；然后从原理上初步解释了联合跳频模型比常规 FH/MFSK 和 DFH 的抗干扰性能好的原因。在此基础上，以双信道联合跳频为例，分析了联合跳频模型在 AWGN 信道和瑞利衰落信道下的抗干扰性能。通过数值计算和仿真对跟踪干扰下的系统误码率分别加以分析，并与常规 FH/BFSK 和 DFH 逐符号接收机进行了对比。

第 7 章是第 6 章基本系统模型的扩展，在双信道联合跳频模型中加入卷积编码以进一步提高系统的抗干扰性能。为了考察系统的误码率性能，分别针对 AWGN 信道和瑞利衰落信道提出了线性软判决和乘积软判决两种最大似然接收模型，通过理论分析得到了跟踪干扰条件下误码率的联合界，并与卷积编码 FH/BFSK 和 DFH 序列检测线性合并接收机进行了对比。

第 8 章继续对联合跳频模型进行扩展，将双信道联合跳频模型扩展到多信道环境下，给出了一种适用于多信道条件的择大软判决接收机模型。在 AWGN 信道和瑞利衰落信道分别存在跟踪干扰的条件下得到了系统抗干扰性能的联合——切尔诺夫边界。本章重点讨论了在干扰条件下信道数对系统误码率性能的影响，为实际应用中的系统复杂度和抗干扰性能的折中考虑提供了依据。

本书的组织结构如图 1-4 所示。

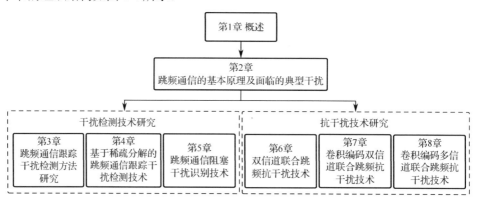

图 1-4　本书的组织结构

参考文献

[1] 梅文华, 王淑波, 邱永红, 等. 跳频通信[M]. 北京：国防工业出版社，2005.

[2] 于全，陈迎锋. JTIDS 系统抗干扰体制研究[J]. 系统工程与电子技术，2001, 23(11): 80-83.

[3] 杨小明. 基于干扰分析的通信抗干扰方法研究[D]. 北京：北京理工大学，2007.

[4] 徐毅琼. 数字通信信号自动调制识别技术研究[D]. 郑州：解放军信息工程大学，2011.

[5] Kim K, Polydoros A. Digital modulation classification: the BPSK versus QPSK case[J]. Signal Processing, 1997, 56(2): 165-175.

[6] Lin Y C, Kuo C C J. Classification of quadrature amplitude modulated (QAM) signals via sequential probability ratio test (SPRT)[J]. Signal Processing, 1997, 60(3): 263-280.

[7] Beidas B F, Weber C L. Asynchronous classification of MFSK signals using the higher-order correlation domain[J]. IEEE Trans. Communications, 1998, 46(4): 480-493.

[8] Paris B P, Orsak G C, Chen H, et al. Modulation classification in unknown dispersive environments[C]. ICASSP, 1997, 5: 3853-3856.

[9] Boiteau D. A general maximun likelihood framework for modulation classification[C]. Proc. ICASSP 1998, 4: 2165-2168.

[10] 孙即祥，史惠敏，刘雨，等. 现代模式识别[M]. 长沙：国防科技大学出版社，2002.

[11] Nandi A K, Azzouz E E. Recognition of analogue modulations[J]. Signal Processing, 1995, 46(2): 211-222.

[12] Azzouz E E, Nandi A K. Automatic identification of digital modulations[J]. Signal Processing, 1995, 47(1): 55-69.

[13] Nandi A K, Azzouz E E. Algorithms for Automatic Modulation Recognition of Communication Signals[J]. IEEE Trans. on Communications, 1998, 46(4): 431-436.

[14] Swami A, Sadler B M. Hierarchical digital modulation classification using cumulates[J]. IEEE Trans Commun, 2000, 48(3): 416-429.

[15] Garaener W A. Spectral Correlation of Modulated Signals[J]. IEEE Trans Signal Processing, 1987, 35(6): 584-601.

[16] Ketterer H, Jondral F, Costa A H. Classification of modulation modes using time-frequency methods[C]. ICASSP, 1999: 2471-2474.

[17] Ho K C, Prokopiw W, Chan Y T. Modulation Identification of Digital Signals by the Wavelet transform[J]. IEE Proceedings-Radar, Sonar and Navigation, 2002, 147(4): 169-176.

[18] 吕铁军，郭双兵，肖先赐. 调制信号的分形特征研究[J]. 中国科学 E 辑，2001, 31(6): 508-513.

[19] 吕铁军，郭双冰，肖先赐. 基于复杂度特征的调制信号识别[J]. 通信学报，2002, 23(1): 111-115.

[20] Stofpman V J, Paranjpc S, Orsak G C. A blind information theoretic approach to automatic signal classification[C]. MILCOM, 1999: 447-451.

[21] Hill D A, Bodie J B. Experimental carrier detection of BPSK and QPSK direct sequence spread-spectrum signals[C]. Military Communications Conference, 1995, 1: 362-367.

[22] Gardner W A. Two alternative philosophies for estimation of the parameters of time-series[J]. IEEE Transactions on Information Theory, 1991, 37(1): 216-218.

[23] 邬佳，赵知劲. 基于四阶累积量的直扩信号检测方法[J]. 杭州电子科技大学学报，2005，25(4): 50-53.

[24] Barbarossa S, Scaglione A. Parameter estimation of spread spectrum frequency hopping signals using time-frequency distributions[C]. First IEEE Signal Processing Workshop on Signal Processing advances in Wireless Communication, 1997, 4: 213-216.

[25] 赵俊，张朝阳，赖利峰，等. 一种基于时频分析的跳频信号参数盲估计方法[J]. 电路与系统学报，2003, 8(3): 46-50.

[26] 郑文秀，赵国庆，罗勇江. 跳频信号的跳速估计[J]. 系统工程与电子技术，2006, 28(10): 1500-1502.

[27] 张曦，杜兴民. 基于 Gabor 谱力一法的跳频信号时频分析[J]. 数据采集与处理，2007, 22(6): 150-155.

[28] 范海宁，郭英. 一种新的跳频信号参数盲估计算法[J]. 信号处理，2009, 25(11): 1754-1759.

[29] 肖先赐. 现代谱估计[M]. 哈尔滨：哈尔滨工业大学出版社，1992.

[30] Schmidt R O. Multiple Emitter Location and Signal Parameter Estimation [J]. IEEE Trans. on Antennas and Propagation, 1986, 34(3): 276-280.

[31] Chen J C, Hudson R E, Yao K. Maximum-likelihood source localization and unknown sensor location estimation for wideband signals in the near-field[J]. IEEE Trans Signal Processing, 2002, 50(8): 1843-1854.

[32] Su Q, Morf M. Signal subspace approach for multiple wideband emitter location[J]. IEEE Trans. on ASSP, 1983, 31(12): 1502-1522.

[33] 赵春晖，李福昌. 基于遗传算法的宽带加权子空间拟合测向算法[J]. 电子学报，2004, 32(9): 1487-1490.

[34] Agrawal M, Prasad S. Broadband DOA estimation using Spatial-Only modeling of array data[J]. IEEE Trans Signal Processing, 2000, 48(3): 663-670.

[35] 李刚. 宽带信号空间谱估计算法研究[D]. 哈尔滨：哈尔滨工程大学，2007.

[36] Liu X Q, Nicholas D S, Swami A. Blind High-Resolution Localization and Tracking of Multiple Frequency Hopped Signals[J]. IEEE Transactions on Signal Processing, 2002, 50(4): 889-901.

[37] Liu X Q, Nicholas D S, Swami A. Joint Hop Timing and Frequency Estimation for Collision Resolution in FH Networks[J]. IEEE Transations on Wireless Communications, 2005, 4(6): 3063-3074.

[38] 陈利虎. 跳频信号的侦察技术研究[D]. 长沙：国防科技大学，2009.

[39] 朱文贵. 基于阵列信号处理的短波跳频信号盲检测和参数盲估计[D]. 合肥：中国科学技术大学，2007.

[40] Demirkiran V, Samarasooriya P K, Varshney D D, et al. A knowledge-based interference rejection scheme for direct-sequence spread spectrum systems[D]. New York: Syracuse University, 1997.

[41] 杨小明，陶然. 直接序列扩频通信系统中干扰样式的自动识别[J]. 兵工学报，2008, 29(9): 1078-1082.

[42] Yang X M, Tao R. An Automatic Interference Recognition Method in Spread Spectrum Communication System[J]. Journal of China Ordnance, 2007, 3(3): 215-220.

[43] 夏彩杰. 直扩系统中的干扰抑制与识别技术研究[D]. 北京：北京理工大学，2007.

[44] 于波，邵高平，孙红胜，等. 直扩系统中基于 SVM 的干扰自动分类识别方法[J].信号处理，2010, 26(10): 1539-1543.

[45] 周志强. 跳频通信系统抗干扰关键技术研究[D]. 成都：电子科技大学，2010.

[46] Urkowitz H. Energy detection of unknown deterministic signals[J]. Proceedings of the IEEE, 1967, 55(4): 523-531.

[47] 刘义闲. 认知无线电中的频谱感知技术研究[D]. 广州：华南理工大学，2011.

[48] Tandra R, Sahai A. SNR walls for signal detectors[J]. IEEE Journal of Selected in signal processing, 2008, 2(1): 4-17.

[49] Zeng Y H, Liang Y C, Hoang A T, et al. Reliability of spectrum sensing under noise and interference uncertainty[C]//IEEE International Conference on Communications. (ICC 2009). 2009: 376-380.

[50] 胡富平. 基于能量检测的认知无线电协作频谱检测研究[D]. 武汉：华中科技大学，2010.

[51] Peh E, Liang Y C. Optimization for cooperative sensing in cognitive radio networks[C]. IEEE Wireless Communications and Networking Conference, 2007: 27-32.

[52] Ganesan G, Ye L. Cooperative Spectrum Sensing in Cognitive Radio, Part I: Two User Network[J]. IEEE Transactions on Wireless Communications, 2007, 6(6): 2204-2213.

[53] Ganesan G, Ye L. Cooperative Spectrum Sensing in Cognitive Radio, Part II:Multiuser Networks[J]. IEEE Transactions on Wireless Communications, 2007, 6(6): 2214-2222.

[54] Zarrin S, Lim T J. Cooperative Spectrum Sensing in Cognitive Radios with Incomplete Likelihood Functions[J]. IEEE Trans. on Signal Processing, 2010, PP(99): 3272-3281.

[55] Torrieri D J. Frequency Hopping in a Jamming Environment [R]. Adelphi: Countermeasures/ Counter-countermeasures office, 1979.

[56] Eken F. Use of antenna nulling with frequency-hopping against the follower jammer [J]. IEEE Transactions on Antennas and Propagation, 1991, 39(9): 1391-1397.

[57] 邱永红，甘仲民，李广侠，等. 自适应调零天线对快速跟踪干扰抑制的研究[J]. 电子学报，2001, 29(4): 574-577.

[58] Chi C K, Nguyen-Le H, Lei H. ML-based follower jamming rejection in slow FH/MFSK systems with an antenna array [J]. IEEE Transactions on Communications, 2008, 56(9): 1536-1544.

[59] Chi C K, Nguyen-Le H, Lei H. Joint interference suppression and symbol detection in slow FH/MFSK systems with an antenna array [C]//63rd IEEE Vehicular Technology Conference, 2006: 2691-2695.

[60] Liu F, Nguyen-Le H, Ko C C. Vector similarity-based detection scheme for multi-antenna FH/MFSK systems in the presence of follower jamming [J]. IET Signal Processing, 2008, 2(4): 346-353.

[61] Wang Y, Wu G. Covariance-based follower jamming blocking algorithm for slow FH-BFSK systems [C]//15th Asia-Pacific Conference on Communications, 2009: 148-152.

[62] 廖见盛，唐向宏，任玉升，等. 跳频通信抗跟踪干扰的一种方法[J]. 电子对抗，2004, 1: 13-17.

[63] Nguyen L. Self-encoded spread spectrum and multiple access communications [C]//IEEE 6th International Symposium on Spread-Spectrum Technology and Applications, 2000: 394-398.

[64] 陈占林. 对自编码扩频通信误码性能和同步问题的分析与研究[D]. 兰州：兰州大学，2005.

[65] Ma S, Nguyen L, Jang W M, et al. Multiple-input multiple-output self-encoded spread spectrum systems with iterative detection [C]//International Conference on Communications, 2010: 1-5.

[66] Ma S, Nguyen L, Jang W M, et al. Performance enhancement in MIMO self-encoded spread spectrum systems by using multiple codes [C]//IEEE Sarnoff Symposium, 2010: 1-4.

[67] Fahey S F, Nguyen L. Self encoded spread spectrum communication with FH-MFSK [C]//Second International Conference on Advances in Satellite and Space Communications, 2010: 82-86.

[68] 郭燕. 自编码扩频通信技术的研究[D]. 成都：电子科技大学，2003.

[69] Duraisamy P, Nguyen L. Coded-sequence self-encoded spread spectrum communications [C]//IEEE Global Telecommunications Conference, 2009: 1-5.

[70] 齐晓东，孙志国，罗倩，等. 基于循环相关技术的并行组合扩频信号检测算法[J]. 哈尔滨工程大学学报，2009, 30(2): 215-218.

[71] Tomasin S. Self spread-spectrum and successive interference cancellation for broadband wireless transmissions [C]//IEEE Vehicular Technology Conference, 2004: 1431-1435.

[72] 李长啸，陈智，李少谦. 一种差分跳频系统多址干扰消除技术研究[C]//2006 年中国西部青年通信学术会议，2006: 430-433.

[73] Fitzek F H P. The medium is the message [C]//IEEE International Conference on Communication, 2006: 5016-5021.

[74] Xin Z, Kyritsi P, Eggers P C F, et al. "The medium is the message": secure communication via waveform coding in MIMO systems [C]//IEEE Vehicular Technology Conference, 2007: 491-495.

[75] Hassan A A, Stark W E, Hershey J E. Frequency-hopped spread spectrum in the presence of a follower partial-band jammer [J]. IEEE Transactions on Communications, 1993, 41(7): 1125-1131.

[76] Hassan A A, Hershey J E, Schroeder J E. On a follower tone-jammer countermeasure technique [J]. IEEE Transactions on Communications, 1995, 43(2/3/4): 754-756.

[77] Hassan A A, Stark W E, Hershey J E. Error rate for optimal follower tone-jamming [J]. IEEE Transactions on Communications, 1996, 44(5): 546-548.

[78] Ling Q, Li T, Ding Z. A Novel Concept: Message Driven Frequency Hopping (MDFH) [C]//Proceedings of 2007 International Conference on Communication. Glasgow: IEEE, 2007: 5496-5501.

[79] Ling Q, Ren J, Li T. Spectrally efficient spread spectrum system design: message-driven frequency hopping [C]//IEEE International Conference on Communication, 2008: 4775-4779.

[80] Ling Q, Li T. Message-driven frequency hopping: Design and analysis [J]. IEEE Transactions on Wireless Communications, 2009, 8(4): 1773-1782.

[81] Zhang L, Ren J, Li T. Jamming mitigation techniques based on message-driven frequency hopping [C]//IEEE Global Telecommunications Conference, 2009: 1-6.

[82] Zhang L, Ren J, Li T. Spectrally efficient anti-jamming system design using message-driven frequency hopping [C]//IEEE International Conference on Communication, 2009: 1-5.

[83] 邢卫民. 差分跳频软正交多址及其增强技术[D]. 成都：电子科技大学，2010.

[84] Zhang L, Wang H H, Li T T. Jamming resistance reinforcement of message-driven frequency hopping [C]//IEEE International Conference on Acoustics, Speech and Signal Processing, 2010: 3974-3977.

[85] Wang D, Zhao H, Fan Z. A new scheme for message-driven FH system [C]//International Conference on Future Information Technology and Management Engineering, 2010: 395-398.

[86] Zhang L, Ren J, Li T. A spectrally efficient anti-jamming technique based on message driven frequency hopping [C]//Lecture Notes on Computer Science, 2010: 235-244.

[87] Rubayashi G. A novel high capacity frequency hopping spread spectrum system suited to power-line communications [C]//IEEE International Symposium on Power Line Communications and Its Applications, 1999: 157-161.

[88] Hamamura M, Marubayashi G. Parallel MMFSK modulation system: A novel frequency hopping system for power-line communications [C]//IEEE International Symposium on Power Line Communications and Its Applications, 2001: 97-102.

[89] Nishijyo F, Hozumi K, Tachikawa S. Performance of several MMFSK systems using limiters for high frequency power-line communications [C]//7th IEEE International Symposium on Power-Line Communications and Its Applications, 2003: 85-90.

[90] Oshinomi A, Marurbayashi G, Tachikawa S, et al. Trial model of the M-ary multilevel FSK power-line transmission modem [C]//7th IEEE International Symposium on Power-line Communications and Its Applications, 2003: 298-303.

[91] Nojiri Y, Tachikawa S, Marubayashi G. Studies on Fundamental Properties of MMFSK Systems [C]//IEEE International Symposium on Power Line Communications and Its Applications, 2007: 222-227.

[92] Adebisi B, Ali S, Honary B. A hopping code for MMFSK in a power-line channel [J]. Journal of Communications, 2009, 4(6): 429-436.

[93] Hasegawa S, Tachikawa S, Marubayashi G. MMFSK-EOD system using binary hopping pattern in FH/SS communications [J]. Journal of Communications, 2009, 4(2): 119-125.

[94] Herrick D L, Lee P K. CHESS a new reliable high speed HF radio [C]//IEEE Military Communications Conference, 1996: 684-690.

[95] Herrick D L, Lee P K, Ledlow L L. Correlated frequency hopping: An improved approach to HF spread spectrum communications [C]//IEEE Military Communication Conference, 1996: 319-324.

[96] 罗建哲. 差分跳频多用户检测技术研究[D]. 成都：电子科技大学，2010.

[97] 刘壮丽. 差分跳频下载波侦听检测问题的分析与研究[D]. 成都：电子科技大学，2010.

[98] Liu Z, Pan K, Wang T. Iterative Decoding of DFH System Based on SOVA [C]//International Conference on Wireless Communications, Networking and Mobile Computing, 2008: 1-4.

[99] 王明海，荀彦新，田岩. 一种基于小波脊时频分析的差分跳频信号检测方法[J]. 电讯技术，2008, 48(3): 86-90.

[100] 熊俊俏. STFT 算法在短波差分跳频信号检测中的应用[J]. 电讯技术，2010, 50(8): 52-56.

[101] 张志恒，杰吴，毕立成，等. ESPRIT 算法在 CHESS 电台频率检测中的应用研究[J]. 通信技术，2008, 41(10): 29-31.

[102] 袁子立，何遵文. 一种短波差分跳频信号检测方法[J]. 舰船科学技术，2009, 31(1): 86-89.

[103] Chen Z, Li S, Dong B. A frequency transition function construction method of differential frequency hopping system [C]//IEEE Vehicular Technology Conference, 2004: 4692-4695.

[104] Zhou Z, Li S, Cheng Y. Designing frequency transition function of differential frequency hopping system [C]//International Conference on Communications and Mobile Computing, 2010: 296-300.

[105] 刘智泉，潘克刚，王庭昌. 差分跳频系统编码器与频率转移函数的匹配设计[J]. 南京大学学报（自然科学），2009, 45(4): 508-516.

[106] 董彬虹，程乙钊，王达. 宽带 MFSK/DFH 系统抗部分频带噪声干扰性能分析[J]. 信号处理，2012, 28(3): 361-366.

[107] 董彬虹，唐诚，李少谦. 基于状态网格图的差分跳频 G 函数构造方法研究[J]. 电子科技大学学报，2011, 40(4): 497-500.

[108] 张学文. 差分跳频通信对抗研究[D]. 西安：西安电子科技大学，2009.

[109] Mills D G. Correlated hopping enhanced spread spectrum (CHESS) study [R]. New York: Defence Advanced Research Projects Agency/Air Force Research Laboratory, 2001.

[110] 周运伟. 差分跳频若干问题的研究[D]. 北京：北京交通大学，2003.

[111] 董彬虹. 改进差分跳频通信系统性能分析[D]. 成都：电子科技大学，2010.

[112] Cheng Z, Wang S, Qu X, et al. CogDFH-a Cognitive-Based differential frequency hopping network [C]//IEEE Military Communications Conference, 2009: 1-7.

[113] 程卓. 认知差分跳频通信网络抗干扰技术研究[D]. 武汉：华中科技大学，2010.

[114] 兰星. 基于相关性检测的差分跳频自组网载波侦听方法研究[D]. 成都：电子科技大学，2010.

[115] 朱毅超，甘良才，熊俊俏，等. 短波差分跳频系统抗部分频带干扰性能分析[J]. 电波科学学报，2006, 21(6): 885-890.

[116] 项飞，甘良才. 短波差分跳频通信系统抗多音干扰的性能分析[J]. 武汉大学学报，2006, 52(3): 380-384.

[117] Chen Z, Li S, Binhong D. Performance of differential frequency hopping system under multitone jamming [C]//Asia-Pacific Conference on Communications, 2006: 1-5.

[118] 陈智，李少谦，董彬虹. 差分跳频通信系统抗部分频带噪声干扰的性能分析[J]. 电子与信息学报，2007, 29(6): 1324-1327.

[119] 潘克刚，张邦宁. 差分跳频系统抗部分频带干扰性能分析与仿真[J]. 信号处理，2009，25(8A): 370-375.

[120] 陈智，李少谦，董彬虹. 差分跳频通信系统抗多音干扰的性能分析[J]. 信号处理，2007，23(2): 184-187.

[121] Lou J, Qu X, Wang S. Error probabilities of differential frequency hopping receiver with noise-normalization combining sequence detection under partial-band jamming [C]//International Conference on Wireless Communications and Signal Processing, 2010: 1-4.

[122] 屈晓旭，王殊，娄景艺，等. NNC-DFH 接收机抗部分频带干扰性能分析[J]. 华中科技大学学报（自然科学版），2011, 39(9): 1-5.

[123] 屈晓旭. 抗干扰抗截获差分跳频技术研究[D]. 武汉：华中科技大学，2011.

[124] 陈智. 差分跳频通信系统的性能分析[D]. 成都：电子科技大学，2006.

[125] Yi Z, Yao F. Frequency sequence estimation based on Hidden Markov Model for differential frequency hopping [C]//IEEE International Conference on Signal Processing, 2010: 1497-1501.

[126] 陈智，李少谦，董彬虹. 瑞利衰落信道下差分跳频通信系统的性能分析[J]. 电波科学学报，2007, 22(1): 126-133.

[127] 陈智，李少谦，董彬虹. 乘积合并接收的差分跳频通信系统在瑞利衰落信道上抗部分频带干扰的性能分析[J]. 电子与信息学报，2007, 29(5): 1163-1167.

[128] 陈智，李少谦，董彬虹，等. 乘积合并接收的差分跳频通信系统在瑞利衰落信道上抗多音干扰的性能分析[J]. 高技术通讯，2008, 18(1): 16-20.

[129] 陈智，李少谦，董彬虹. 瑞利衰落信道下差分跳频通信系统抗多音干扰的性能分析[J]. 信号处理，2007, 23(3): 325-329.

[130] 周志强，李少谦，程郁凡. 差分跳频噪声归一化接收机性能分析[J]. 电子技术应用，2011, 37(1): 87-94.

[131] 屈晓旭，王殊，娄景艺. 线性合并接收分集 DFH 系统性能分析[J]. 武汉理工大学学报，2011, 33(5): 156-160.

[132] Zhu Y, Gan L, Lin J, et al. Performance of differential frequency hopping systems in a fading channel with partial-band noise jamming [C]//International Conference on Wireless Communications, Networking and Mobile Computing, 2006: 1-4.

[133] 屈晓旭，王殊，娄景艺. Nakagami 衰落信道下 NNC-DFH 接收机抗部分频带干扰性能分析[J]. 电子与信息学报，2011, 33(7): 1544-1549.

[134] 熊俊俏，甘良才，甘海慧，等. 逐符号译码的短波差分跳频系统性能分析[J]. 武汉大学学报，2009, 55(6): 710-714.

[135] 潘武，周世东，姚彦. 差分跳频通信系统性能分析[J]. 电子学报，1999, 27(11A): 102-104.

[136] 潘武，周世东，姚彦. 瑞利衰落信道下差分跳频通信系统性能分析[J]. 无线通信技术，2003, 2: 34-38.

[137] Block F J. Performance of wideband digital receivers in jamming [C]//IEEE Military Communications Conference, 2006: 1-7.

[138] 张振刚. 差分跳频通信系统的多用户技术研究[D]. 成都：电子科技大学，2009.

[139] 周运伟，赵荣黎，李承恕. 异步差分跳频扩谱多址系统的性能分析[J]. 铁道学报，2001，23(5): 54-59.

[140] Chen Z, Li S, Dong B. Asynchronous multiuser performance analysis of differential frequency hopping system over Rayleigh-fading channel [C]//IEEE Military Communications Conference, 2006: 1-6.

[141] Nejad A Z, Aref M R. Designing a multiple access differential frequency hopping system with variable frequency transition function [C]//IEEE Annual Wireless and Microwave Technology Conference, 2006: 1-2.

[142] Chen Z, Li S, Dong B. Synchronous multi-user performance analysis of differential hopping system over Rayleigh-fading channels [C]//International Conference on ITS Telecommunications, 2006: 590-595.

[143] 赵丽屏，姚富强，李永贵. 差分跳频组网及其特性分析[J]. 电子学报，2006, 34(10): 1888-1891.

[144] Mills D G, Egnor D E, Edelson G S. A performance comparison of differential frequency hopping and fast frequency hopping [C]//IEEE Military Communications Conference, 2004: 445-450.

[145] 陈智，李少谦，董彬虹，等. 瑞利衰落信道下差分跳频同步多用户性能[J]. 电子科技大学学报，2008, 37(2): 206-209.

[146] Mills D G, Edelson G S. A multiple access differential frequency hopping system [C]//IEEE Military Communications Conference, 2003: 1184-1189.

[147] 朱毅超，甘良才，熊俊俏，等. 同步短波差分跳频多址系统单用户及多用户检测的性能[J]. 电子与信息学报，2010, 32(1): 151-156.

[148] Cazzanti L. Differential frequency hopping (DFH) modulation for underwater acoustic communications and networking [R]. Arlington, VA: Office of US Naval Research, 2009.

[149] Edelson G S, Egnor D E. Differential frequency hopping (DFH) modulation for underwater acoustic communications and networking [R]. Arlington, VA: Office of US Naval Research, 2010.

[150] 李长啸. 差分跳频系统多用户检测技术研究[D]. 成都：电子科技大学，2007.

第2章 跳频通信的基本原理
及其面临的典型干扰

2.1 跳频通信的基本原理

跳频通信是指发送信号的载波进行周期性跳变的一种通信方式[1]。跳频通信系统的核心部分是 PN 码发生器、频率合成器和跳频同步器。PN 码发生器产生伪随机序列,控制频率合成器生成所需的频率。跳频同步器的主要功能是保证接收机的本振频率与发射机的载波频率同步跳变[2]。跳频通信系统的组成框图如图 2-1 所示。

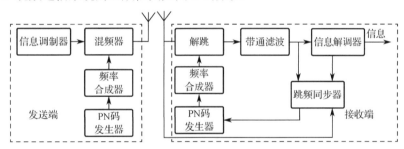

图 2-1　跳频通信系统的组成框图

由于载波频率的跳变,在发送端和接收端的频率合成器之间保持相位相干非常困难,因此,跳频电台通常采用非相干或差分相干解调器,采用的调制方式为 FH/MFSK、FH/GMSK 和 FH/DPSK 等。跳频电台中载波频率跳变的速率称为跳频速率,而每跳占据的时间称为跳频周期,包括跳频驻留时间和信道切换时间。

跳频通信系统又可以分为快速跳频通信系统与慢速跳频通信系统。其中,快速跳频通信系统是指跳频速率高于信息调制器输出的符号速率,即一个信息符号需要占据多个跳频时隙;而慢速跳频通信系统是指跳频速率低于信息调制器输出的符号速率,即一个跳频时隙里可以传输多个信息符号。这里的"快"和"慢"是相对的,与具体的跳频速率无关,而是符号周期与跳频周期间的一个相对关系。慢速跳频通信系统相对于快速跳频通信系统,所用的开销较小。本书主要关注慢速跳频通信系统。

2.2 跳频通信面临的典型干扰

跳频通信系统具有较强的抗干扰能力，通常工作在强干扰环境下。在战场环境中使用的跳频通信系统将受到自然干扰和人为干扰。其中，自然干扰主要包括接收机内部噪声、多径干扰、信道衰落和多用户干扰等，而人为干扰则主要分为无意干扰和有意干扰。其中，无意干扰主要针对跳频电台内部的共址干扰，主要包括邻道干扰、同频干扰、发射机互调干扰、接收机交调干扰等共址干扰源[3]；有意干扰包括跟踪干扰和阻塞干扰。由于人为干扰中的有意干扰对跳频通信造成的危害最大，因此，本书的主要研究对象是人为干扰中的有意干扰。图 2-2 给出了跳频通信中典型干扰的分类示意图。

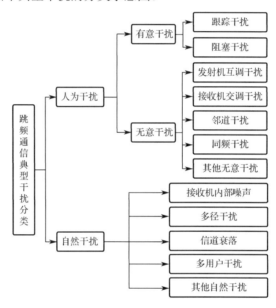

图 2-2 跳频通信中典型干扰的分类示意图

2.2.1 阻塞干扰

跳频通信中的阻塞干扰是同时覆盖全部跳频通信频率或部分跳频通信频率的一种干扰方式。阻塞干扰是一种非相关干扰，即干扰载体信号与跳频通信载体信号特征不吻合或不完全吻合[4]。典型的阻塞干扰主要包括宽带和部分频带噪声干扰、梳状干扰和多音干扰、宽带线扫频干扰等。下面对几种常见阻塞干扰的模型进行分析和建模，并研究这几种阻塞干扰对跳频通信性能的影响。

1. 宽带和部分频带噪声干扰

宽带和部分频带噪声干扰的基本原理是先侦察要干扰的跳频通信的最低频率、最高频率，获得跳频通信频段信息，然后对跳频通信全频段或部分频段进行无缝隙的固定或轮流功率压制干扰。这种干扰方式的主要优点是不需要知道跳频通信的先验信息，实施比较简单；主要缺点是在实施过程中，己方通信也会受到干扰，同时干扰功率不够集中，在总的干扰功率一定的情况下，干扰的频段越宽或干扰的跳频频点越多，落在每个跳频频点上的干扰功率就越小。

（1）宽带噪声干扰（Wide Band Noise Jamming，WBNJ）。

宽带噪声干扰产生的信号类似于宽带噪声，与背景噪声的定义完全一样。宽带噪声干扰提高了接收机的背景（热）噪声电平，本质上给跳频通信系统创造了一个高噪声环境。因为噪声是任何通信系统的"克星"，所以如果提高噪声电平，就会使通信系统更难以正常工作，至少会缩短通信系统的有效通信距离[5]。

为了说明宽带噪声干扰对跳频通信的影响，本书采用 FH-MFSK 通信系统，分析该通信系统在宽带噪声干扰情况下的误码率性能。在分析之前，下面首先给出未编码、非相干正交 FH-MFSK 通信系统在高斯白噪声干扰情况下的误比特率[6]：

$$P_{b,AWGN} = \left(\frac{2^{k-1}}{2^k - 1} \right) \sum_{n=1}^{M} (-1)^{n+1} \binom{M-1}{n} \frac{1}{n+1} \exp\left(-\frac{-nkE_b}{(n+1)N_0} \right) \tag{2-1}$$

式中，E_b 是每比特能量；N_0 是单边噪声功率谱密度；$M = 2^k$ 是多进制的数目，k 是正整数。

在式（2-1）中，有

$$\binom{M-1}{n} = \frac{(M-1)!}{n!(M-1-n)!} \tag{2-2}$$

由式（2-1）可知，FH-MFSK 通信系统在宽带噪声干扰下的误比特率为

$$P_{b,WBNJ} = \left(\frac{2^{k-1}}{2^k - 1} \right) \sum_{n=1}^{M} (-1)^{n+1} \binom{M-1}{n} \frac{1}{n+1} \exp\left(-\frac{-nkE_b}{(n+1)N_T} \right) \tag{2-3}$$

式中，$N_T = N_0 + N_J$，是热噪声和干扰机产生的总噪声功率谱密度，$N_J = J/W_{ss}$，W_{ss} 为跳频通信系统的总带宽。

由式（2-1）和式（2-3）可知，在宽带噪声干扰下的跳频通信系统的误码率性能等价于在提高了背景噪声电平的高斯白噪声下的误码率性能。

（2）部分频带噪声干扰（Partial Band Noise Jamming，PBNJ）

部分频带噪声干扰将噪声干扰能量集中在目标所使用的频谱范围内的多个信道上，假设总功率为 J_{noise} 的噪声信号分布在带宽为 ρW_{ss} 的系统工作频带上，其中 $\rho \in [0,1]$ 表示部分频带噪声干扰带宽所占跳频通信系统总工作带宽的比率，也称为干扰因子[7]。由此可以得到部分频带噪声干扰的功率谱密度为

$$N_{noise} = \frac{J_{noise}}{\rho W_{ss}} \tag{2-4}$$

部分频带噪声干扰的存在，使得跳频通信系统在接收过程中存在两种状态的高斯白噪声信道：一种状态的噪声功率谱密度为 N_0，另一种状态的噪声功率谱密度为 $N_0 + N_{noise}$。因此，结合式（2-1）和式（2-3）可得部分频带噪声干扰环境下的误比特率为

$$P_{b,PBNJ} = (1-\rho) \left(\frac{2^{k-1}}{2^k - 1} \right) \sum_{n=1}^{M} (-1)^{n+1} \binom{M-1}{n} \frac{1}{n+1} \exp\left(-\frac{-nkE_b}{(n+1)N_0} \right) +$$
$$\rho \left(\frac{2^{k-1}}{2^k - 1} \right) \sum_{n=1}^{M} (-1)^{n+1} \binom{M-1}{n} \frac{1}{n+1} \exp\left(-\frac{-nkE_b}{(n+1)N_T} \right) \tag{2-5}$$

2．多音干扰和梳状干扰

多音干扰（Multi-Tone Jamming，MTJ）由多个相位随机分布于$[-\pi,\pi]$上的单个音调组成。由于干扰信号能量更为集中，因此，若能对准跳频频点，则干扰效果十分明显。在相同的干扰功率下，将对跳频通信的传输性能造成比部分频带噪声干扰更为严重的损害[8,9]。

若干扰信号幅度为$\sqrt{2}a_j$，频率为f_j，随机相位ϕ_j在$[-\pi,\pi]$上服从均匀分布，则每个干扰信号可表示为[10]

$$J_j(t)=\sqrt{2}a_j\cos(2\pi f_j t+\phi_j) \tag{2-6}$$

系统跳频带宽内总的干扰信号表示为

$$J(t)=\sum_{j=1}^{N}J_j(t) \tag{2-7}$$

在对多音干扰下的跳频通信的分析中，通常假设多音干扰信号$J(t)$完全存在于系统的跳频频点上，此时，跳频通信系统的信号干扰功率比（Signal to Jamming Ratio，SJR）可定义为$\text{SJR}=E_b/N_J$，其中$N_J=J_{\text{MTJ}}/W_{\text{ss}}$相当于干扰功率谱密度。$J_{\text{MTJ}}$代表等功率分布在$N$个跳频频点上的干扰信号总功率，即每个干扰信号的功率为J_{MTJ}/N。为了说明多音干扰对系统误码率性能的影响，在分析过程中，通常认为系统对接收信号完成解跳以后，多音干扰的频率等于系统的调制频率。当系统调制频带B内的干扰信号个数最多为1，且干扰信号功率略大于信号传输功率时，敌方的多音干扰效果最佳，被称为最坏多音干扰。文献[11]给出了在最坏多音干扰条件下FFH/MFSK跳频通信系统的传输误比特率：

$$P_{\text{e,MTJ}}=\begin{cases}\dfrac{1}{2}, & \dfrac{E_b}{N_J}<\dfrac{2^k}{k} \\[3mm] \dfrac{2^{k-1}}{kE_b/N_J}, & \dfrac{E_b}{N_J}>\dfrac{2^k}{k}\end{cases} \tag{2-8}$$

对于梳状干扰，其基本原理是先在获得跳频通信频段信息的基础上得到跳频通信中的频率间隔，然后按照跳频通信的频率间隔针对全部或部分通信频率同时进行固定或轮流多跳频频点窄带瞄准干扰。文献[12]也指出，当多音干扰的音调位于相邻信道上时，就称为梳状干扰，即多音干扰是梳状干扰的一种特例。

3．宽带扫频干扰

宽带扫频干扰类似于宽带或部分频带噪声干扰，是指用一个相对窄带的信号在某个时间段上扫频或扫描特定的频谱。在该时间段内的任何时刻，干扰信号的频段是一个窄带信号，同时，由于宽带扫频干扰可以在很短的时间内扫描很宽的带宽，所以在一个相对长的时间段内，从频谱上看，扫频干扰属于宽带干扰[13]。

宽带扫频干扰属于典型的非平稳信号，对于宽带扫频干扰的实现，通常分为线性扫频干扰和非线性扫频干扰。但是考虑到实际信号含有大量的线性成分，且任何复杂的曲线都可以由不同斜率的线段来逼近，为简化信号模型，便于理论推导和数学表达，本书的研究对象只考虑具有线性调频规律的线性扫频干扰。线性扫频信号又称为线性调频信号（LFM），图2-3给出了线性扫频干扰的频率特性，其中，f_1和f_2分别为线性扫频信号能覆盖的最低频率和最高频率，T 为重复周期[14]。

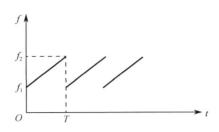

图 2-3　线性扫频干扰的频率特性

根据频率变化的快慢，线性扫频干扰可以进一步分为快速线性扫频干扰和慢速线性扫频干扰，干扰的扫频带宽可以是跳频通信系统的整个信号的带宽，或者只覆盖其中的一部分，其时域表达式为

$$J(t) = A(t)\exp(\mathrm{j}\beta_i t^2/2 + \mathrm{j}\omega_i t + \mathrm{j}\varphi) \tag{2-9}$$

$$A(t) = A \cdot \mathrm{rect}_T(t) = \begin{cases} A & |t| \leqslant T/2 \\ 0 & \text{其他} \end{cases} \tag{2-10}$$

式中，β_i 为扫频速率；ω_i 为初始角频率；φ 为初始相位；T 为扫频持续时间。影响宽带线扫频干扰性能的主要参数有信号幅值、扫频范围、步进时间等[15]。

对跳频通信实施宽带线扫频干扰，在选择了适当的扫频信号参数（如扫频信号带宽、扫频速率等）的情况下能得到有效的干扰效果，且能有效地干扰快速跳频信号及跳变频率数很多的跳频信号，具有宽带噪声干扰的优点，也称为自适应宽带噪声干扰。宽带线扫频干扰的功率可以小于宽带噪声干扰的总功率。在跟踪干扰的跟踪速度达不到要求时，宽带线扫频干扰比跟踪干扰造成的危害更大。

2.2.2　跟踪干扰

跳频通信中的跟踪干扰是干扰信号能跟踪跳频信号频率跳变的一种干扰方式，干扰信号的瞬时频谱较窄，但力求覆盖跳频通信每个频率的瞬时频谱，是一种有条件的相关干扰[16]。这个条件就是干扰机的速度和跳频通信机的跳频速率相当。一旦实施了跟踪干扰，干扰就将跟随跳频图案的变化而实施窄带瞄准干扰，此时干扰功率集中，且随同跳频信号一起经过滤波器，进入信号处理模块，造成跳频通信系统失去跳频的处理增益。因此，跟踪干扰是跳频通信的最大"克星"和主要干扰威胁之一。

1．跟踪干扰的类型

跟踪干扰按照典型的实现可以分为波形引导跟踪干扰、引导跟踪干扰和转发跟踪干扰[16]。波形引导跟踪干扰机不但需要知道跳频通信系统的工作频带和各个跳频频点，而且需要截获跳频图案和跳频速率等参数，以便按照跳频图案在每个跳频周期同步地施放干扰。干扰信号从时间和频谱上以很大的概率 β 与跳频信号重合。波形引导跟踪干扰的优点是干扰功率集中，干扰效率较高；难点是需要获得跳频频表、跳频周期及其起止时刻等有用信号的先验信息，特别是需要破译跳频图案，算法较为复杂。图 2-4 给出了波形引导跟踪干扰的示意图。

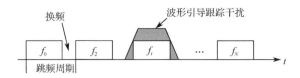

图 2-4　波形引导跟踪干扰的示意图

引导跟踪干扰机不必破译跳频图案，而基于对跳频信号的快速检测，一旦检测到跳频信号，就立即在当前跳频信号频率上施放干扰。干扰方可以截获跳频周期及其起止时刻，也可以只知道跳频周期而不知道其起止时刻。本书假设为后一种情况，在这种情况下，干扰信号的持续时间等于跳频周期。假设干扰信号在有用信号当前一跳内的驻留时间为 T_J，而干扰信号延伸到有用信号下一跳的时间和影响可忽略不计。由于不需要破译跳频图案，因此引导跟踪干扰的实现相对简单。但由于对跳频信号的检测，以及引导跟踪干扰机实施干扰需要占用一定的时间，因此总有 $T_J < T_h$，即无法对有用信号实行全时段干扰。图 2-5 给出了引导跟踪干扰的示意图。

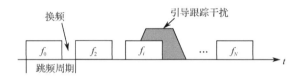

图 2-5　引导跟踪干扰的示意图

转发跟踪干扰是指将接收的跳频信号不经处理而直接发送出去，或者叠加额外的噪声调制信号后发送。假设干扰信号带宽 W_J 是有用信号瞬时带宽 W_{ss}/N 的整数倍，即干扰信号完全覆盖有用信号频点或加上其附近的频点。转发跟踪干扰有效实施的前提是干扰机接收、处理并转发跳频信号到达接收机的时间要小于跳频周期。转发跟踪干扰也不需要破译跳频图案，干扰实施方法较为简单。

对于以上 3 种跟踪干扰方式，假设干扰总功率 J 一定且均匀分布在干扰频带上，则影响干扰效果的基本因素可以归结为以下 3 个参数：①干扰成功率 β，即干扰信号频谱与有用信号频谱重合的概率；②干扰时间比例 $\rho_T = T_J/T_h$，即一跳内被干扰的时间占一跳时间的比例；③干扰带宽比例 $\rho_W = W_J/W_{ss}$，即干扰带宽占整个跳频带宽的比例。定义跟踪干扰的等效单边功率谱密度为 $N_J = J/W_{ss}$，则在干扰频带内，干扰信号的功率谱密度为 $N_J\rho_T/\rho_W$。β 与 ρ_T 的取值与干扰机的性能有关，在一定的 β 和 ρ_T 下，存在 $\rho_{W(opt)}$ 使干扰效果最佳。而 $\rho_{W(opt)}$ 的取值与信道条件、信干比等因素有关。

2. 干扰椭圆

在对跟踪干扰的研究中，由于跟踪干扰存在距离、速度等多维局限性，使得它只能在一定的地域内起作用，这一地域的几何数学关系为一椭圆。文献[17,18]指出，如果干扰机和接收机之间的距离为 d_1，发射机和干扰机之间的距离为 d_2，发射机和接收机之间的距离为 d_3；干扰机的反应时间为 T_J（含侦察引导或转发时间）；跳频周期为 T_H，且 $T_H \geqslant T_j$；电磁波的传播速度为 v；η 为干扰比例系数，其值小于 1。要实现跟踪干扰，必须满足发射机到干扰机及干扰机到接收机的传输时间与干扰机反应时间之和小于或等于发射机到接收机的传输时间与

跳频周期之和，即

$$\frac{d_2 + d_3}{v} + T_j \leqslant \frac{d_1}{v} + \eta T_H \tag{2-11}$$

该方程的物理意义是，如果要使跟踪干扰有效，则跟踪干扰的时延和预期要干扰的信号时延之比必须小于跳频周期的某个分数。

将式（2-11）整理后得

$$d_2 + d_3 \leqslant (\eta T_H - T_j)v + d_1 \tag{2-12}$$

式（2-12）右边各参数可以认为是固定值，即 $d_2 + d_3$ 小于或等于某一个常数，若取等号，则该式描述了一个以发射机和接收机为焦点的椭圆，称为干扰椭圆。图 2-6 给出了干扰椭圆的示意图。通过上面的分析可知，如果干扰机在这个椭圆之外，则跟踪干扰失效。

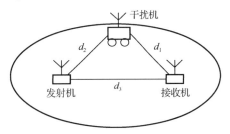

图 2-6　干扰椭圆的示意图

由干扰椭圆可知，跟踪干扰要想对跳频通信起作用，干扰机必须在干扰椭圆范围内，同时满足跟踪干扰的时延 $0 < \tau < T_H$，其中 τ 为线性时延函数，由两部分组成，一部分是干扰机的反应时间（含侦察引导或转发的时间），另一部分为发射机到干扰机、干扰机到接收机的传输时间与发射机到接收机的时间差，即

$$\tau = \frac{d_2 + d_1 - d_3}{v} + T_j \tag{2-13}$$

干扰机在实际的工作中，由于波形引导跟踪干扰要完全破译跳频图案，得到跳频通信频率的跳变规律及跳速信息，这样，按照其规律在每个跳频频率驻留时间内，就可以对跳频信号同步地实施干扰，干扰信号和跳频信号在理论上可以认为没有时延，故对于波形引导跟踪干扰，$\tau = 0$。而实际的跳频图案重复周期长，且算法复杂，因此波形引导跟踪干扰只是理论上存在的。因此本书后面讨论的跟踪干扰识别主要指引导跟踪干扰和转发跟踪干扰，而这两者都存在时延。

从通信机理上看，跳频通信并不惧怕定频干扰，但是跟踪干扰和阻塞干扰严重威胁跳频通信的质量。特别是跟踪干扰，当对方侦察到我方的跳频频点而迅速在同样的跳频频点上施放干扰时，会出现严重的同频干扰，必然会使跳频通信失效。跟踪干扰是对抗慢速跳频通信系统的最佳方式。由于本书的研究对象是慢速跳频通信系统，因此后续的干扰检测和抗干扰方式主要针对跟踪干扰展开研究。

2.3　本章小结

本章首先介绍了跳频通信的基本原理，接着对跳频通信面临的几种典型干扰进行了介绍，内容包括阻塞干扰和跟踪干扰的信号模型、产生和作用机理。对于阻塞干扰，主要讲解了宽带噪声干扰、部分频带噪声干扰、多音干扰、梳状干扰、宽带线扫频干扰；对于跟踪干扰，重点介绍了其类型和干扰椭圆，为后续研究奠定了基础。

参考文献

[1] 周志强. 跳频通信系统抗干扰关键技术研究[D]. 成都：电子科技大学，2010.

[2] 梅文华，王淑波，邱永红，等. 跳频通信[M]. 北京：国防工业出版社，2005.

[3] 徐明远，陈德章，冯云. 无线电信号频谱分析[M]. 北京：科学出版社，2007.

[4] Perez-Solano J J, Felici-Castell S, Rodriguez-Hernandez M A. Narrowband interference suppression in frequency-hopping spread spectrum using undecimated wavelet packets transform [J]. IEEE Trans. on Vehicular Technology, 2008, 57(3): 1620-1628.

[5] Richard A P. 现代通信干扰原理与技术[M]. 陈鼎鼎，译. 北京：电子工业出版社，2005.

[6] Pouttm A, Juntti J. Performance of Coded Slow Frequency Hopping M-ary FSK with Clamped Average Energy Metric in Follow-on and Partial Band Jamming[C]. The 8th IEEE International Symposium, 1997, 3: 1201-1205.

[7] Simon M K, Omura J K, Scholtz R A, et al, Spread Spectrum Communications Handbook[M]. New York: McGraw-Hill Inc, 2002.

[8] 陈亚丁. FFH/MFSK 系统抗干扰技术研究[D]. 成都：电子科技大学，2009.

[9] Han Y, Teh K C. Performance study of suboptimumMaximum-likelihood receivers for FFH/MFSK systems With multitone jamming over fading channels[J]. IEEE Trans on Vehicular Technology, 2005, 54(1): 82-90.

[10] 闫云斌，全厚德，崔佩璋. GMSK 跳频通信干扰模式分析及仿真[J]. 计算机测量与控制，2011, 19(12): 3082-3083.

[11] Gradshteyn I S, Ryzhik I M. Table of Integrals,Series,and Products[M]. 7th ed. Oxford, UK: Elsevier Academic Press, 2007.

[12] 李光球. Nakagami 衰落信道上组合 SC/MRC 的性能分析[J]. 电波科学学报，2007, 22(2): 187-190.

[13] 陈亚丁，程郁凡，李少谦，等. 窄带 FFH/MFSK 系统多音干扰抑制方法[J]. 电子科技大学学报，2010, 39(3): 346-350.

[14] Leonard E M, Jhong S L, Robert H F, et al. Analysis of an Antijam FH Acquisition Scheme[J]. IEEE Transactions On communications, 1992, 40(1): 160-170.

[15] 盛骤，谢式千，潘承毅. 概率论与数理统计[M]. 北京：高等教育出版社，2008.

[16] 姚富强. 通信抗干扰工程与实践[M]. 北京：电子工业出版社，2008.

[17] Torrieri D J. Fundamental Limitations on Repeater Jamming of Frequency-Hopping Communications[J]. IEEE Journal on Selected areas in Communications, 1989, 7(4): 569-575.

[18] 姚富强，张毅. 干扰椭圆分析与应用[J]. 解放军理工大学（自然科学版），2005, 6(1): 7-10.

第3章　单天线下跳频通信跟踪干扰检测方法研究

3.1　引言

在跳频通信中，跳频信号的载波可以按照预先设定的跳频频表随机跳变，从而有效地躲避有意干扰。但是当干扰信号与跳频信号频率相同而形成跟踪干扰时，会对跳频通信造成很大的威胁[1]。虽然，快速跳频通信系统通过提高跳频速率使得跟踪干扰很难有足够的时间侦测当前跳频频点，导致跟踪干扰失去效果。但是，当跳频速率提高时，跳频同步的难度也在增加，同时，在一些应用场合中，快速跳频通信系统也不适用。

目前，针对跳频通信跟踪干扰的抑制技术和抗干扰方法已有一些研究[2-9]，但是对抗跟踪干扰的前提是能够检测并识别出跟踪干扰。关于跟踪干扰的检测，鉴于军事应用和技术保密性，目前国内外公开发表的有关跳频通信跟踪干扰检测的文献很少。

对于跳频通信中部分频带噪声干扰和多音干扰的识别问题，文献[10]提出用宽带能量检测算法实现。该算法采用宽带接收机，将对单个跳频频点和单跳信号的观测转换为对所有跳频频点和连续多跳信号的观测，充分利用跳频通信中 PN 序列的均匀性，将跳频信号对干扰检测的影响均分到各个跳频频点中，利用认知无线电中的能量检测算法解决干扰检测问题。

跟踪干扰与部分频带噪声干扰和多音干扰的检测、识别有相似的地方，如果跳频信号被干扰，那么该跳频频点的能量将大于不存在干扰的跳频信号的能量。但是它们也有区别，对于部分频带噪声干扰和多音干扰的检测，由于跳频信号和干扰信号是不相关的，所以干扰的跳频频点是固定的。检测的核心是跳频工作频段内频点是否被干扰，跟踪干扰检测的核心是观测时间对每跳信号被干扰情况的统计。

本章所讨论的跟踪干扰检测的应用场景与认知无线电频谱感知技术有些类似[11]，其中，每跳信号是否存在干扰的检测等价于单个认知用户独立完成对授权用户的检测。在感知时间有限的情况下，单凭单个认知用户无法可靠地检测出授权用户[12]，同理，仅仅通过单跳信号受干扰的情况并不能判断此时存在的是什么干扰。参考认知无线电协作频谱感知中数据融合的方式[13]，利用感知信息融合得到最终判决结果[14]，即通过对观测时间内每跳信号受干扰的情况进行信息融合来最终判断是否存在跟踪干扰。

本章将认知无线电协作频谱感知应用到跳频通信的跟踪干扰的检测中，利用能量检测算法，提出了针对噪声跟踪干扰和音调跟踪干扰的检测算法，以数学方法推导了 AWGN 信道、瑞利衰落信道和 Nakagami-m 衰落信道下单跳信号存在干扰的检测概率与虚警概率。在此基础上，应用认知无线电协作频谱感知中的"k out of n"准则，在融合中心分析噪声跟踪干扰和音调跟踪干扰的检测性能。最后通过理论分析和数值仿真验证了检测算法的有效性。

3.2 噪声跟踪干扰检测方法

3.2.1 系统模型

考虑一个 MFSK 调制的跳频通信系统，图 3-1 给出了基于跳频通信系统接收机结构的跟踪干扰检测模型。为了突出重点，不失一般性，图 3-1 中省略了前置放大、自动增益控制等单元。跳频通信系统工作的总带宽为 W_{ss}，每跳信号的调制带宽为 B。

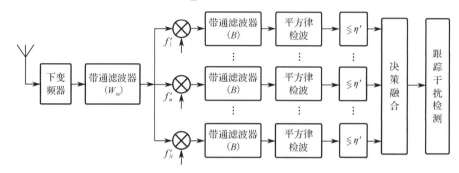

图 3-1 基于跳频通信系统接收机结构的跟踪干扰检测模型

如图 3-1 所示，假定跳频信号在跳频频率中集中选取 N 个跳频频点，接收端基于发送端的跳频图案及跳频速率的先验信息，在跳频同步后，使用本地载波进行解跳，通过带通滤波器（中心频率为 f_0，带宽为 B）后，进行平方律检波。假定在观测时间 T 内共得到 L 跳信号。

在接收端，经过同步解跳后的接收信号可以表示为

$$r_l(t) = \sqrt{2}a_s \cos[2\pi(f_0 + d_0 f_d)t + \phi_s] + qJ(t) + W(t), \quad (l-1)T_h < t < lT_h \quad （3-1）$$

式中，$\sqrt{2}a_s$ 为发送信号的幅度；T_h 为跳频时隙；f_0 为解跳后的中心频率；$d_0 \in [0, 1, \cdots, M-1]$，为信息符号；$f_d$ 为两个相邻的 MFSK 音调；ϕ_s 为均匀分布于 0 到 2π 的随机相位；$W(t)$ 为均值是 0、方差为 $\sigma_w^2 = N_0 B$ 的加性高斯白噪声，且满足 $B = 1/T_h$；$q = 1$ 或 0，$q = 1$ 表示该跳信号受到干扰，$q = 0$ 表示该跳信号未受到干扰；$J(t)$ 为噪声跟踪干扰，在实施干扰的过程中，干扰机首先侦测想要干扰的第 l 跳信号的载波频率和频谱，然后直接在跳频时隙内于相同的载波频率上发送一个经过调制的窄带噪声，也称为噪声跟踪干扰。该干扰不需要跳频信号准确的先验信息，通常发射类似噪声的信号，覆盖跳频信号的一部分。如果第 l 跳信号被跟踪，则解跳后的噪声跟踪干扰 $J(t)$ 可表示为[9]

$$J(t) = n_J(t)\cos\left(2\pi\left(\frac{f_0 + B_J}{2}\right)t\right) \quad （3-2）$$

式中，$n_J(t)$ 是一个等效的带限信号，其带宽为 B_J，可以建模为一个零均值带限高斯随机变量，其等效单边功率谱密度为 N_J，干扰功率为 $\sigma_J = N_J B_J$，且 $n_J(t)$ 和 $W(t)$ 相互独立。

对于部分频带噪声干扰和噪声跟踪干扰，其建模均为高斯白噪声，但是两者有着本质的区别。为了区分跟踪干扰和部分频带噪声干扰，图 3-2 给出了它们的时频分布示意图，其中 x

轴和 y 轴分别表示时域和频域。

如图 3-2 所示，部分频带噪声干扰不需要知道跳频信号的先验信息，只是在跳频工作频段中选取一段频率进行干扰；而噪声跟踪干扰则首先需要侦测跳频信号的载波频率，并在载波频率上施放一定带宽的窄带噪声。

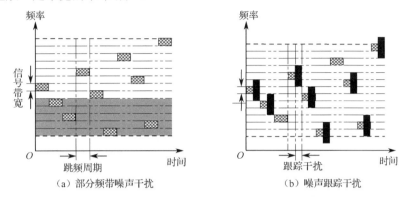

图 3-2　时频分布示意图

分别将平方律检波后得到的第 l 跳信号 r_l $(1 \le l \le L)$ 与门限 η' 进行比较，比较的结果是一个二进制的序列 d_{nl}，可以表示为

$$d_{nl} = \begin{cases} 1 & r_l > \eta' \\ 0 & r_l < \eta' \end{cases} \tag{3-3}$$

当观测到的每跳信号独立完成是否存在干扰的检测后，将得到的 0/1 硬判决结果通过信息融合技术传送给融合中心，融合中心按照一定的融合规则进行决策融合，最终判断是否存在噪声跟踪干扰。

为了后续推导方便，记信噪比（SNR）为 γ，且定义 γ 为

$$\gamma = \frac{P_s}{P_N} = \frac{2a_s^2}{\sigma_w^2} \tag{3-4}$$

记信干噪比（SINR）为 γ_T，且定义 γ_T 为

$$\gamma_T = \frac{P_s}{P_N + P_J} = \frac{2a_s^2}{\sigma^2} \tag{3-5}$$

式中，P_s、P_N 和 P_J 分别表示接收端的信号功率、噪声功率和干扰功率；σ^2 为噪声功率和干扰功率之和，表示为

$$\sigma^2 = \sigma_w^2 + \sigma_J^2 \tag{3-6}$$

在判断是否存在噪声跟踪干扰时，首先判断每跳信号的受干扰情况。在某跳信号解跳后，依据该跳信号是否存在噪声跟踪干扰判决变量分布的条件概率密度可表示为[15]

$$p(r_l \mid q=1) = \frac{1}{2\sigma^2} \exp\left(-\frac{r_l + 2a_s^2}{2\sigma^2}\right) I_0\left(\sqrt{r_l}\,\frac{\sqrt{2}a_s}{\sigma^2}\right) U(r_l) \tag{3-7}$$

$$p(r_l \mid q=0) = \frac{1}{2\sigma_w^2} \exp\left(-\frac{r_l + 2a_s^2}{2\sigma_w^2}\right) I_0\left(\sqrt{r_l}\,\frac{\sqrt{2}a_s}{\sigma_w^2}\right) U(r_l) \tag{3-8}$$

式中，$I_0(\cdot)$ 表示修正的第一类零阶贝塞尔函数；$U(\cdot)$ 为单位阶跃函数。

3.2.2 AWGN 信道下的性能分析

对于某跳信号是否存在干扰的检测,检测概率 P_d 和虚警概率 P_f 是两个非常重要的性能衡量指标。P_d 是指当某一跳信号存在干扰时能够正确进行检测的概率,而 P_f 则是指当某一跳信号不存在干扰而误认为其受到干扰的概率。在给出概率密度函数后,设定合适的门限 η',得到对第 l 跳信号存在干扰信号的检测概率为

$$
\begin{aligned}
P_d &= \Pr(r_l > \eta' \mid q = 1) = \int_{\eta'}^{\infty} p(r_l \mid q = 1) \mathrm{d} r_l \\
&= \int_{\eta'}^{\infty} \frac{1}{2\sigma^2} \exp\left(-\frac{r_l + 2a_s^2}{2\sigma^2}\right) I_0\left(\sqrt{r_l} \frac{\sqrt{2}a_s}{\sigma^2}\right) U(r_l) \mathrm{d} r_l
\end{aligned} \tag{3-9}
$$

令 $r_l/\sigma^2 = x^2$,则有 $\mathrm{d} r_l = 2\sigma^2 x \mathrm{d} x$,代入式(3-9)可得

$$
P_d = \int_{\sqrt{\eta'}/\sigma}^{\infty} x \exp\left(-\frac{x^2 + (\sqrt{2}a_s/\sigma)^2}{2}\right) I_0\left(\frac{\sqrt{2}a_s}{\sigma}x\right) \mathrm{d} x \tag{3-10}
$$

由于 Marcum Q 函数 $Q(a,b)$ 定义为

$$
Q(a,b) = \int_{b}^{\infty} x \exp\left[-\frac{(x^2 + a^2)}{2}\right] I_0(ax) \mathrm{d} x \tag{3-11}
$$

定义 $K = \sigma_J^2/\sigma_w^2$,$\eta = \eta'/\sigma_w^2$,可得

$$
\sigma^2 = \sigma_w^2 + \sigma_J^2 = \sigma_w^2(1+K) \tag{3-12}
$$

故可知

$$
P_d = Q\left(\frac{\sqrt{2}a_s}{\sigma}, \frac{\sqrt{\eta'}}{\sigma}\right) = Q\left(\sqrt{2\gamma_T}, \sqrt{\frac{\eta}{1+K}}\right) \tag{3-13}
$$

同理,可以求出对应的虚警概率:

$$
\begin{aligned}
P_f &= \Pr(r_l > \eta' \mid q = 0) = \int_{\eta'}^{\infty} p(r_l \mid q = 0) \mathrm{d} b_l \\
&= \int_{\eta'}^{\infty} \frac{1}{2\sigma_w^2} \exp\left(-\frac{r_l + 2a_s^2}{2\sigma_w^2}\right) I_0\left(\sqrt{r_l} \frac{\sqrt{2}a_s}{\sigma_w^2}\right) U(r_l) \\
&= Q\left(\frac{\sqrt{2}a_s}{\sigma_w}, \frac{\sqrt{\eta'}}{\sigma_w}\right) = Q(\sqrt{2\gamma}, \sqrt{\eta})
\end{aligned} \tag{3-14}
$$

在采用能量检测算法的过程中,门限值的设定是一个较为关键的问题,因为门限值将直接影响检测的性能。对于不同的应用场景,必须运用不同的门限设置算法。在进行干扰检测时,一方面要尽量增大 P_d,同时保证减小 P_f。此时,门限值的设定就非常重要。如果门限值增大,那么虽然会使 P_f 减小,但也会使 P_d 减小;如果门限值减小,虽然能保证 P_d 增大,但也会使 P_f 不断增大。

通常情况下,门限值通过 Newman-Person 准则设定,即在虚警概率 P_f 满足 $P_f = \alpha$(α 为某一确定值)的情况下,检测概率达到最大,该门限值设定称为恒虚警概率准则(CFAR[16])。此时,门限值的设定问题变成了在虚警概率一定的条件下,使得检测概率 P_d 最大化的一个优化问题。由于跟踪干扰在实施时需要对跳频信号进行侦察、引导和实施,所以在跳频通信刚

开始的一段时间内不存在跟踪干扰，可利用这段时间设定门限值。

当 $b \gg 1$ 且 $b \gg b-a$ 时，$Q(a,b)$ 函数具有如下性质：

$$Q(a,b) \approx Q(b-a) \tag{3-15}$$

根据式（3-15），可将式（3-14）化简为

$$P_{\mathrm{f}} = Q(\sqrt{2\gamma}, \sqrt{\eta}) \approx Q(\sqrt{\eta} - \sqrt{2\gamma}) \tag{3-16}$$

当给定虚警概率为 α 时，可知此时的门限值为

$$\eta' = \sigma_{\mathrm{w}}^2 (Q^{-1}(\alpha) + \sqrt{2\gamma})^2 \tag{3-17}$$

在检测过程中，σ_{w}^2 通常不能得到准确值[17]。通常噪声功率由参考频段的噪声方差进行估计获得。

假设用于估计的噪声样点数为 K，$z(i)$ 表示从参考频段获得的噪声样点，那么估计得到的 $\hat{\sigma}_{\mathrm{w}}^2$ 可以表示为

$$\hat{\sigma}_{\mathrm{w}}^2 = \frac{1}{K} \sum_{i=1}^{K} |z(i)|^2 \tag{3-18}$$

跳频信号在传输过程中会受到人为干扰，包括部分频带噪声干扰、多音干扰和宽带线扫频干扰，如果仅用单跳信号的干扰情况来判断此时存在的干扰类型，那么是不现实的。因此，为了判断具体的干扰类型，采用多跳信号相互协作的方法来判断。

参与协作的每跳信号首先独立完成本地的干扰检测过程，获得本地判决结果；然后通过信息融合技术将各自的原始本地检测信息传送到融合中心，融合中心按照一定的融合规则最终判断跟踪干扰是否存在。

由于本书只需对是否存在噪声跟踪干扰进行判断，因此采用硬判决就可实现。具体方法为当每跳信号利用能量检测算法完成是否被干扰的判决后，每跳信号把所得的结果 d_{nl} 送至融合中心，由融合中心对这 L 个判决结果进行融合并得到最终的判决结果。对得到的 L 个结果 d_{nl} 进行求和，记为 C：

$$C = \sum_{l=1}^{L} d_{nl} \tag{3-19}$$

根据 "k out of n" 准则进行如下判决：

$$\delta = \begin{cases} 1, & \text{if } C \geq k, \quad H_1 \\ 0, & \text{if } C < k, \quad H_0 \end{cases} \tag{3-20}$$

式中，k 是噪声跟踪干扰检测的最终判决门限；δ 是噪声跟踪干扰的判决结果。如果 $\delta = 1$，则表示判决 H_1 为真，即此时跳频通信系统存在噪声跟踪干扰；当 $\delta = 0$ 时，表示判决 H_0 为真，即判定此时跳频通信中不存在噪声跟踪干扰。设噪声跟踪干扰的检测概率为 P_{D}，虚警概率为 P_{F}，对应可以求出采用 "k out of n" 准则时的噪声跟踪干扰的检测概率和虚警概率：

$$P_{\mathrm{D}} = \Pr(C \geq k \mid H_1) = \sum_{j=k}^{L} B(j; L, P_{\mathrm{d}}) = \sum_{j=k}^{L} C_L^j P_{\mathrm{d}}^j (1 - P_{\mathrm{d}})^{L-j} \tag{3-21}$$

$$P_{\mathrm{F}} = \Pr(C \geq k \mid H_0) = \sum_{j=k}^{L} B(j; L, P_{\mathrm{f}}) = \sum_{j=k}^{L} C_L^j P_{\mathrm{f}}^j (1 - P_{\mathrm{f}})^{L-j} \tag{3-22}$$

式中，$B(k; n, p)$ 表示伯努利概率密度函数。

文献[18]指出，对于 50～500Hop/s 的慢速跳频通信，需要干扰 50% 以上的信道才能奏效。因此，假定观测时间内有 L 跳信号参与协作，则门限值 k 通常取 $0.5 \times L$。

3.2.3 瑞利衰落信道下的性能分析

瑞利衰落信道模型被广泛用于对收发两端不存在直接视线路径（Direct Line-of-Sight，DLOS）的多径衰落进行建模。

3.2.2 节中的式（3-13）和式（3-14）给出了在 AWGN 信道下单跳信号存在干扰的检测概率和虚警概率。而在瑞利衰落信道下，每跳信号的幅度 a_s 是服从瑞利分布（Rayleigh Distribution）的随机变量：

$$p(a_s) = \frac{a_s}{\sigma_\alpha^2} \exp\left(-\frac{a_s^2}{2\sigma_\alpha^2}\right) U(a_s) \tag{3-23}$$

对应的接收端的 SINR 和 SNR 服从如下的指数分布（Exponential Distribution）[19]：

$$f(\gamma_T) = \frac{1}{\overline{\gamma}_T} \exp\left(\frac{-\gamma_T}{\overline{\gamma}_T}\right) \tag{3-24}$$

$$f(\gamma) = \frac{1}{\overline{\gamma}} \exp\left(\frac{-\gamma}{\overline{\gamma}}\right) \tag{3-25}$$

式中，$\gamma_T = 2a_s^2/(N_0 B + N_J B_J)$ 表示瞬时信干噪比；$\overline{\gamma}_T = E(\gamma_T)$ 表示平均信干噪比（$SINR_a$）；$\gamma = 2a_s^2/N_0 B$ 表示瞬时信噪比；$\overline{\gamma} = E(\gamma)$ 表示平均信噪比（SNR_a），也是指数分布概率密度函数的唯一参数。$E(X)$ 为求解随机变量 X 的数学期望。

对 AWGN 信道下的检测概率 P_d 和虚警概率 P_f 在 γ_T 与 γ 的概率分布上求积分，可以获得瑞利衰落信道下的平均检测概率 $\overline{P}_{d,Rayl}$ 和平均虚警概率 $\overline{P}_{f,Rayl}$。

其中，平均检测概率可表示为

$$\overline{P}_{d,Rayl} = \int_0^\infty P_d f(\gamma_T) \mathrm{d}\gamma_T = \int_0^\infty Q\left(\sqrt{2\gamma_T}, \sqrt{\frac{\eta_{Rayl}}{(1+K)}}\right) \frac{1}{\overline{\gamma}_T} \exp\left(\frac{-\gamma_T}{\overline{\gamma}_T}\right) \mathrm{d}\gamma_T \tag{3-26}$$

令 $\sqrt{2\gamma_T} = \lambda$，则有 $\gamma_T = \lambda^2/2$，$\mathrm{d}\gamma_T = \lambda \mathrm{d}\lambda$，代入式（3-26）可得

$$\overline{P}_{d,Rayl} = \frac{1}{\overline{\gamma}_T} \int_0^\infty \lambda \mathrm{d}\lambda Q\left(\lambda, \sqrt{\frac{\eta_{Rayl}}{1+K}}\right) \exp\left(-\frac{1}{\overline{\gamma}_T} \frac{\lambda^2}{2}\right) \tag{3-27}$$

由于 $Q(ax,b)$ 和指数函数相乘的积分可以表示为

$$\int_c^\infty x \mathrm{d}x \exp(-p^2 x^2/2) Q(ax,b) =$$
$$\frac{1}{2}\left\{ \exp(-p^2 c^2/2) Q(ac,b) + \exp\left(\frac{-p^2 b^2}{2(a^2+p^2)}\right) \left[1 - Q\left(c\sqrt{a^2+p^2}, \frac{ab}{\sqrt{a^2+p^2}}\right)\right] \right\} \tag{3-28}$$

令 $a=1$，$b = \sqrt{\eta_{Rayl}/(1+K)}$，$p^2 = 1/\overline{\gamma}$，$c=0$，利用式（3-28）可知

$$\overline{P}_{d,Rayl} = \frac{1+K}{\overline{\gamma}} \int_0^\infty \lambda \mathrm{d}\lambda Q\left(\lambda, \sqrt{\frac{\eta_{Rayl}}{1+K}}\right) \exp\left(\frac{-(1+K)}{\overline{\gamma}} \frac{\lambda^2}{2}\right)$$

$$= \frac{1}{2\overline{\gamma}}\left\{ Q\left(0, \sqrt{\frac{\eta_{Rayl}}{1+K}}\right) + \exp\left(-\frac{\eta_{Rayl}}{2(1+K)(\overline{\gamma}_T+1)}\right) \left[1 - Q\left(0, \sqrt{\frac{\eta_{Rayl}\overline{\gamma}_T}{(1+K)(\overline{\gamma}_T+1)}}\right)\right] \right\} \tag{3-29}$$

由于 $Q(a,b)$ 函数具有下列性质：

$$Q(0,x) = \exp\left(-\frac{x^2}{2}\right) \tag{3-30}$$

因此利用式（3-29）和式（3-30）可得

$$\overline{P}_{d,Rayl} = \frac{1}{2\overline{\gamma}_T}\left\{\exp\left(-\frac{\eta_{Rayl}}{2(1+K)}\right) + \exp\left(-\frac{\eta_{Rayl}}{2(1+K)(\overline{\gamma}_T+1)}\right)\times \right.$$
$$\left.\left[1 - \exp\left(-\frac{\eta_{Rayl}\overline{\gamma}_T}{(1+K)(\overline{\gamma}_T+1)}\right)\right]\right\} \tag{3-31}$$

平均虚警概率可以表示为

$$\overline{P}_{f,Rayl} = \int_0^\infty P_f f(\gamma)\mathrm{d}\gamma = \int_0^\infty Q(\sqrt{2\gamma},\sqrt{\eta_{Rayl}})\frac{1}{\gamma}\exp\left(\frac{-\gamma}{\overline{\gamma}}\right)\mathrm{d}\gamma \tag{3-32}$$

同理，令 $\sqrt{2\gamma} = \lambda$，有 $\gamma = \lambda^2/2$，$\mathrm{d}\gamma = \lambda\mathrm{d}\lambda$，代入式（3-32）可得

$$\overline{P}_{f,Rayl} = \frac{1}{\overline{\gamma}}\int_0^\infty \lambda\mathrm{d}\lambda Q(\lambda,\sqrt{\eta_{Rayl}})\exp\left(\frac{-\lambda^2}{2\overline{\gamma}}\right) \tag{3-33}$$

令 $a = 1$，$b = \sqrt{\eta_{Rayl}}$，$p^2 = 1/\overline{\gamma}$，$c = 0$，利用式（3-28）可知

$$\overline{P}_{f,Rayl} = \int_0^\infty Q(\lambda,\sqrt{\eta_{Rayl}})\frac{1}{\overline{\gamma}}\exp\left(\frac{-\lambda^2}{2\overline{\gamma}}\right)\mathrm{d}\lambda$$
$$= \frac{1}{2\overline{\gamma}}\left\{Q(0,\sqrt{\eta_{Rayl}}) + \exp\left(\frac{\eta}{2(\overline{\gamma}+1)}\right)\left[1 - Q\left(0,\sqrt{\frac{\eta_{Rayl}\overline{\gamma}}{\overline{\gamma}+1}}\right)\right]\right\} \tag{3-34}$$

由式（3-30）可得

$$\overline{P}_{f,Rayl} = \frac{1}{2\overline{\gamma}}\left\{\exp\left(-\frac{\eta_{Rayl}}{2}\right) + \exp\left(\frac{\eta_{Rayl}}{2(\overline{\gamma}+1)}\right)\left[1 - \exp\left(\frac{\eta_{Rayl}\overline{\gamma}}{2(\overline{\gamma}+1)}\right)\right]\right\} \tag{3-35}$$

对 AWGN 信道下的门限 η' 在信噪比 γ 的概率分布上求积分，可以获得瑞利衰落信道下的平均检测门限：

$$\eta_{Rayl} = \int_0^\infty \eta' f(\gamma)\mathrm{d}\gamma = \int_0^\infty \left[(Q^{-1}(\alpha) + \sqrt{2\gamma})^2\right]\frac{1}{\overline{\gamma}}\exp\left(\frac{-\gamma}{\overline{\gamma}}\right)\mathrm{d}\gamma$$
$$= \int_0^\infty \left[(Q^{-1}(\alpha))^2 + 2\sqrt{2\gamma}Q^{-1}(\alpha) + 2\gamma\right]\frac{1}{\overline{\gamma}}\exp\left(\frac{-\gamma}{\overline{\gamma}}\right)\mathrm{d}\gamma \tag{3-36}$$

利用 $\int_0^\infty \exp(-ax)\mathrm{d}x = 1/a$、$\int_0^\infty \sqrt{x}\exp(-qx)\mathrm{d}x = (1/2q)\sqrt{\pi/q}$ 和 $\int_0^\infty x^n\exp(-ax)\mathrm{d}x = n!/a^{n+1}$，式（3-36）可以化简为

$$\eta_{Rayl} = (Q^{-1}(\alpha))^2 + \sqrt{2\pi\overline{\gamma}}Q^{-1}(\alpha) + 2\overline{\gamma} \tag{3-37}$$

当平均检测概率和平均虚警概率求出以后，利用 3.2.2 节的决策融合方法，可以求出瑞利衰落信道下噪声跟踪干扰的检测概率和虚警概率分别为

$$P_{D,Rayl} = \Pr(C \geq k \mid H_1) = \sum_{j=k}^L B(j;L,\overline{P}_{d,Rayl}) = \sum_{j=k}^L C_L^j \overline{P}_d^j (1-\overline{P}_{d,Rayl})^{L-j} \tag{3-38}$$

$$P_{\text{F, Ragl}} = \Pr\left(C \geq k \mid H_0\right) = \sum_{j=k}^{L} B\left(j; L, \overline{P}_{\text{f,Rayl}}\right) = \sum_{j=k}^{L} C_L^j \overline{P}_\text{f}^j \left(1 - \overline{P}_{\text{f,Rayl}}\right)^{L-j} \tag{3-39}$$

3.2.4 Nakagami-m 衰落信道下的性能分析

瑞利衰落信道模型适合于对短距离通信信道中的快衰落进行仿真，但并不适合描述某些长距离衰落信道中的快衰落。而 Nakagami-m 衰落信道模型能更充分地描述多径衰落，因此在现代通信理论和应用研究中得到广泛重视[20-24]。相对于瑞利衰落信道和莱斯衰落信道，Nakagami-m 是一种更为一般的衰落信道模型。当衰落参数 $m = 0.5$ 时，Nakagami-m 分布对应为单边高斯分布；当 $m = 1$ 时，对应为瑞利分布；当 $m > 1$ 时，与莱斯分布相对应；当 $m \to +\infty$ 时，Nakagami-m 衰落信道转换成高斯白噪声信道[25]。

对于 Nakagami-m 衰落信道，每跳信号幅度中的 a_s 服从 Nakagami-m 分布，其概率密度为

$$P(a_\text{s}) = \frac{2}{\Gamma(m)} \left(\frac{m}{\Omega}\right)^m a_\text{s}^{2m-1} \exp(-m a_\text{s}^2 / \Omega) U(a_\text{s}) \tag{3-40}$$

同时接收端的信干噪比和信噪比服从如下的伽马分布（Gammar Distribution）：

$$g(\gamma_\text{T}) = \frac{m^m \gamma^{m-1}}{\overline{\gamma}_\text{T}^m \Gamma(m)} \exp\left(\frac{-m \gamma_\text{T}}{\overline{\gamma}_\text{T}}\right) \tag{3-41}$$

$$g(\gamma) = \frac{m^m \gamma^{m-1}}{\overline{\gamma}^m \Gamma(m)} \exp\left(\frac{-m \gamma}{\overline{\gamma}}\right) \tag{3-42}$$

式中，m 是 Nakagami-m 衰落信道的衰减因子，取值为 $[0.5, +\infty]$；$\Gamma(\cdot)$ 为伽马函数；$U(\cdot)$ 为单位阶跃函数。与 3.2.3 节一样，需要对 AWGN 信道下的 P_d 和 P_f 在 γ_T 与 γ 的概率分布上求积分，可以获得 Nakagami-m 衰落信道下的平均检测概率 $\overline{P}_{\text{d,Nakm}}$ 和平均虚警概率 $\overline{P}_{\text{f,Nakm}}$。

在 Nakagami-m 衰落信道下，平均检测概率可以表示为

$$\overline{P}_{\text{d,Nakm}} = \int_0^\infty P_\text{d} g(\gamma_\text{T}) \mathrm{d}\gamma_\text{T} = \int_0^\infty Q\left(\sqrt{2\gamma_\text{T}}, \sqrt{\frac{\eta_{\text{Nakm}}}{(1+K)}}\right) \frac{m^m \gamma_\text{T}^{m-1}}{\overline{\gamma}_\text{T}^m \Gamma(m)} \exp\left(\frac{-m \gamma_\text{T}}{\overline{\gamma}_\text{T}}\right) \mathrm{d}\gamma_\text{T} \tag{3-43}$$

因为 $Q(a,b)$ 可等价表达为[26]

$$Q(a,b) = 1 - \exp\left(-\frac{a^2 + b^2}{2}\right) \sum_{n=1}^\infty \left(\frac{b}{a}\right)^n I_n(ab) \tag{3-44}$$

所以式（3-43）中的 $Q\left(\sqrt{2\gamma_\text{T}}, \sqrt{\eta_{\text{Nakm}}/(1+K)}\right)$ 利用式（3-44）可以得其等价表达为

$$Q\left(\sqrt{2\gamma_\text{T}}, \sqrt{\eta_{\text{Nakm}}/(1+K)}\right) = 1 - \exp\left(-\frac{2\gamma_\text{T} + (\eta_{\text{Nakm}}/(1+K))}{2}\right) \times$$
$$\sum_{n=1}^\infty \left(\frac{\eta_{\text{Nakm}}}{2(1+K)\gamma_\text{T}}\right)^{n/2} I_n\left(\sqrt{\frac{2\gamma_\text{T} \eta_{\text{Nakm}}}{1+K}}\right) \tag{3-45}$$

将式（3-45）代入式（3-43），并定义 $\mu = 1 + m / \overline{\gamma}_\text{T}$，可得

$$\overline{P}_{\text{d,Nakm}} = 1 - \frac{m^m}{\overline{\gamma}_{\text{T}}^m \Gamma(m)} \exp\left(-\frac{\eta_{\text{Nakm}}}{2(1+K)}\right) \sum_{n=1}^{\infty} \left(\frac{\eta_{\text{Nakm}}}{2(1+K)}\right)^{n/2} \times$$

$$\int_0^\infty \gamma_{\text{T}}^{m-\frac{n}{2}-1} \exp(-\mu\gamma_{\text{T}}) I_n\left(\sqrt{\frac{2\gamma_{\text{T}}\eta_{\text{Nakm}}}{(1+K)}}\right) \mathrm{d}\gamma_{\text{T}} \tag{3-46}$$

在文献[27]中，式（3-46）中的积分项可以表示为

$$\int_0^\infty \gamma_{\text{T}}^{m-\frac{n}{2}-1} \exp(-\mu\gamma_{\text{T}}) I_n\left(\sqrt{\frac{2\gamma_{\text{T}}\eta_{\text{Nakm}}}{(1+K)}}\right) \mathrm{d}\gamma_{\text{T}} = \frac{\Gamma(m)}{\Gamma(n+1)}\left(\frac{\eta_{\text{Nakm}}}{2(1+K)}\right)^{-\frac{1}{2}} \times$$

$$\exp\left(\frac{\eta_{\text{Nakm}}}{4\mu(1+K)}\right) \mu^{\frac{n}{2}+\frac{1}{2}-m} M_{\frac{n}{2}+\frac{1}{2}-m,\frac{n}{2}}\left(\frac{\eta_{\text{Nakm}}}{2\mu(1+K)}\right) \tag{3-47}$$

式中，$M_{a,b}(x)$ 为惠特克（Whittaker）函数，且有

$$M_{\frac{n}{2}+\frac{1}{2}-m,\frac{n}{2}}\left(\frac{\eta_{\text{Nakm}}}{2\mu(1+K)}\right) = \left(\frac{\eta_{\text{Nakm}}}{2\mu(1+K)}\right)^{\frac{n+1}{2}} \exp\left(-\frac{\eta_{\text{Nakm}}}{4\mu(1+K)}\right) \times$$

$$_1F_1\left(m,n+1,\frac{\eta_{\text{Nakm}}}{2\mu(1+K)}\right) \tag{3-48}$$

式中，$_1F_1(a,b,x)$ 为合流超几何函数，定义为

$$_1F_1(a,b,x) = \frac{\Gamma(b)}{\Gamma(b-a)\Gamma(a)} \int_0^1 \exp(xt) t^{a-1}(1-t)^{b-a-1} \mathrm{d}t \tag{3-49}$$

将式（3-47）和式（3-48）代入式（3-46）可得

$$\overline{P}_{\text{d,Nakm}} = 1 - \exp\left(-\frac{\eta_{\text{Nakm}}}{2(1+K)}\right) \left(\frac{m}{\overline{\gamma}_{\text{T}}\mu}\right)^m \sum_{n=1}^{\infty} \frac{1}{\Gamma(n+1)}\left(\frac{\eta_{\text{Nakm}}}{2(1+K)}\right)^n \times$$

$$_1F_1\left(m,n+1,\frac{\eta_{\text{Nakm}}}{2\mu(1+K)}\right) \tag{3-50}$$

而在 Nakagami-m 衰落信道下的虚警概率 $\overline{P}_{\text{f,Nakm}}$ 可以表示为

$$\overline{P}_{\text{f,Nakm}} = \int_0^\infty P_{\text{f}} g(\gamma) \mathrm{d}\gamma = \int_0^\infty Q(\sqrt{2\gamma},\sqrt{\eta_{\text{Nakm}}}) \frac{m^m \gamma^{m-1}}{\overline{\gamma}^m \Gamma(m)} \exp\left(\frac{-m\gamma}{\overline{\gamma}}\right) \mathrm{d}\gamma \tag{3-51}$$

同样，利用式（3-44）可得

$$Q(\sqrt{2\gamma},\sqrt{\eta_{\text{Nakm}}}) = 1 - \exp\left(-\frac{2\gamma+\eta_{\text{Nakm}}}{2}\right) \sum_{n=1}^{\infty} \left(\frac{\eta_{\text{Nakm}}}{2\gamma}\right)^{n/2} I_n(\sqrt{2\gamma\eta_{\text{Nakm}}}) \tag{3-52}$$

将式（3-52）代入式（3-51），并定义 $\beta = 1 + m/\overline{\gamma}$，通过与 $\overline{P}_{\text{d,Nakm}}$ 类似的推导可得

$$\overline{P}_{\text{f,Nakm}} = 1 - \exp\left(-\frac{\eta_{\text{Nakm}}}{2}\right) \left(\frac{m}{\overline{\gamma}\beta}\right)^m \sum_{n=1}^{\infty} \frac{1}{\Gamma(n+1)}\left(\frac{\eta_{\text{Nakm}}}{2}\right)^n {}_1F_1\left(m,n+1,\frac{\eta_{\text{Nakm}}}{2\beta}\right) \tag{3-53}$$

同理，对 AWGN 信道下的门限 η' 在 γ 的概率分布上求积分可得 Nakagami-m 衰落信道下的平均检测门限为

$$\eta_{\text{Nakm}} = \int_0^\infty \eta' f(\gamma) \mathrm{d}\gamma = \int_0^\infty [(Q^{-1}(\alpha) + \sqrt{2\gamma})^2] \frac{m^m \gamma^{m-1}}{\overline{\gamma}^m \Gamma(m)} \exp\left(\frac{-m\gamma}{\overline{\gamma}}\right) \mathrm{d}\gamma \tag{3-54}$$

即当 m 值确定时，利用式（3-54）就可以求出对应的平均检测门限。

当求出平均检测概率和平均虚警概率以后，利用 3.2.2 节的决策融合方法，可以求出在 Nakagami-m 衰落信道下，噪声跟踪干扰的平均检测概率和平均虚警概率分别为

$$\overline{P}_{D,Nakm} = \Pr(C \geq k|H_1) = \sum_{j=k}^{L} B(j;L,\overline{P}_{d,Nakm}) = \sum_{j=k}^{L} C_L^j \overline{P}_d^j (1-\overline{P}_{d,Nakm})^{L-j} \quad （3-55）$$

$$\overline{P}_{F,Nakm} = \Pr(C \geq k|H_0) = \sum_{j=k}^{L} B(j;L,\overline{P}_{f,Nakm}) = \sum_{j=k}^{L} C_L^j \overline{P}_f^j (1-\overline{P}_{f,Nakm})^{L-j} \quad （3-56）$$

3.2.5 数值计算与结果分析

利用 MATLAB 仿真软件对本节所提出的噪声跟踪干扰检测方法的检测性能进行仿真，给出本节所提出的噪声跟踪干扰检测方法的性能的一些数值结果。其中，理论值计算根据本书推导的结果；仿真采用蒙特卡罗仿真，仿真次数为 10^4。

分别对 AWGN 信道、瑞利衰落信道和 Nakagami-m 衰落信道下检测方法的性能进行仿真与分析。仿真中设置跳频频点数 $N=64$，调制方式采用 BFSK，跳频速率为 200Hop/s，跳频周期为 0.005s。在存在噪声跟踪干扰的条件下，观测时间内共有 100 跳信号。

图 3-3～图 3-5 给出了单跳信号在 AWGN 信道、瑞利衰落信道和 Nakagami-m 衰落信道下，在不同信干噪比（衰落信道下为平均信干噪比 $\mathrm{SINR_a}$）的情况下推导所得的 ROC（Receiver Operating Characteristic）曲线和仿真得到的 ROC 曲线。将信噪比 SNR（衰落信道下为平均信噪比 $\mathrm{SNR_a}$）设置为 5dB；在 Nakagami-m 衰落信道中，设置 $m=5$。

从图 3-3～图 3-5 可以看出，随着虚警概率的不断增大，检测概率也随之增大。而在指定的虚警概率下，检测概率随着信干噪比的减小而增大。这是因为，在虚警概率恒定的情况下，信干噪比减小，干扰的功率会增大，在相同的检测门限下，干扰功率增大，检测性能就会变好。对比 3 种信道，在相同的信干噪比和虚警概率下，AWGN 信道的检测性能最好，瑞利衰落信道的检测性能最差。同时，对比理论分析和蒙特卡罗仿真结果，基本吻合，说明本书推导结果是正确的。

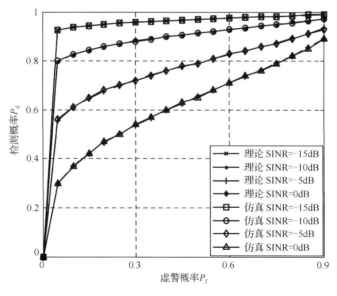

图 3-3 AWGN 信道下单跳信号干扰检测理论与仿真互补 ROC 曲线

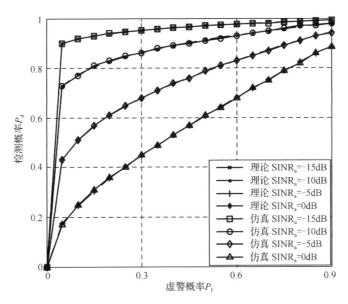

图 3-4 瑞利衰落信道下单跳信号干扰检测理论与仿真互补 ROC 曲线

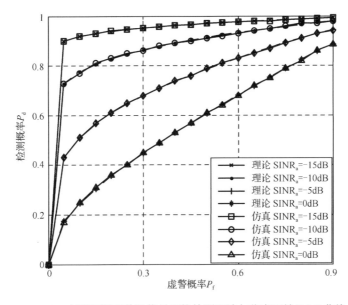

图 3-5 Nakagami-*m* 衰落信道下单跳信号干扰检测理论与仿真互补 ROC 曲线（*m*=5）

图 3-6～图 3-8 给出了单跳信号在 AWGN 信道、瑞利衰落信道和 Nakagami-*m* 衰落信道下，不同信噪比的检测概率 P_d 随信干噪比（衰落信道下为平均信干噪比）变化的曲线。其中，将目标虚警概率 P_f 设置为 0.1（该参数值参照 IEEE 802.22 工作组建议）；在 Nakagami 衰落信道中，设置 $m=5$。

从图 3-6～图 3-8 中可以看出，随着信干噪比的减小，单跳信号存在干扰的检测性能逐渐变好。而在信干噪比一定的情况下，随着信噪比的增大，单跳信号存在干扰的检测性能也逐渐变好。对比 3 种信道，在相同的信干噪比下，AWGN 信道的检测性能最好，瑞利衰落信道最差。例如，当信干噪比为 0dB、信噪比为 5dB 时，AWGN 信道下的检测概率为 38%，瑞利衰落信道下的检测概率为 18%，Nakagami-m 衰落信道下的检测概率为 30%。这是因为 Nakagami-m 衰落信道是一种更加广泛的衰落模型，当 $m=1$ 时，对应瑞利衰落信道；当 $m \to +\infty$ 时，对应 AWGN 信道。

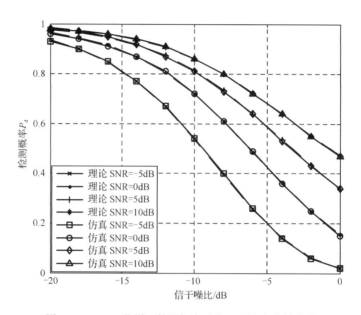

图 3-6　AWGN 信道下检测概率随信干噪比变化的曲线

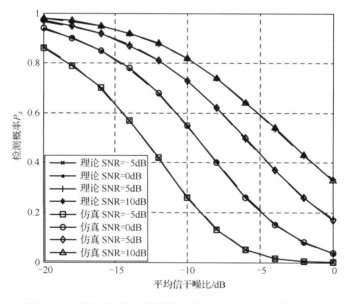

图 3-7　瑞利衰落信道下检测概率随平均信干噪比变化的曲线

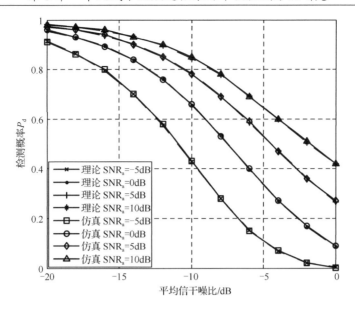

图 3-8　Nakagami-m 衰落信道下检测概率随平均信干噪比变化的曲线

图 3-9 给出了 Nakagami-m 衰落信道下的 m 值变化对检测性能的影响，参数设置为 $\mathrm{SNR_a}=5\mathrm{dB}$。从图 3-9 中可知，随着 m 的增大，检测性能逐渐变好。这与前面分析的结果一致。

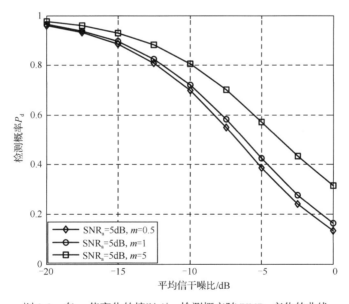

图 3-9　在 m 值变化的情况下，检测概率随 $\mathrm{SINR_a}$ 变化的曲线

当观测时间内共有 100 跳信号时，设置 "k out of n" 准则门限为 $k=50$。图 3-10～图 3-12 给出了在 3 种信道下，不同信噪比的噪声跟踪干扰检测概率随信干噪比变化的曲线。在参数设置中，对于 Nakagami-m 衰落信道，$m=5$。

从图 3-10～图 3-12 中可知，随着信干噪比的增大，检测概率均逐渐减小。而对于特定的噪声跟踪干扰检测概率 P_{D}，随着信噪比的增大，对于噪声跟踪干扰的检测和跟踪干扰的功率要求将逐渐降低。从图 3-10～图 3-12 中可知，在相同信噪比和信干噪比的情况下，AWGN 信道下的检测性能最好，Nakagami-*m* 衰落信道次之，瑞利衰落信道最差。此处的分析结果与单跳信号一致。而在这 3 种信道下，噪声跟踪干扰的检测性能还具有相同的趋势。这里以瑞利衰落信道为例来说明。在图 3-11 中，当检测概率大于 80%且平均信噪比为 0dB 时，要求平均信干噪比为−8dB；而当平均信噪比为 5dB 时，只要求平均信噪比为−5dB 即可。

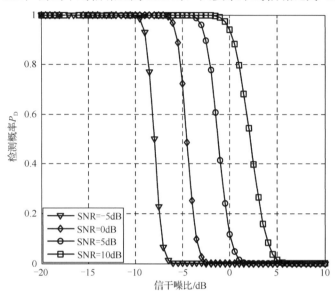

图 3-10　AWGN 信道下噪声跟踪干扰检测概率随信干噪比变化的曲线

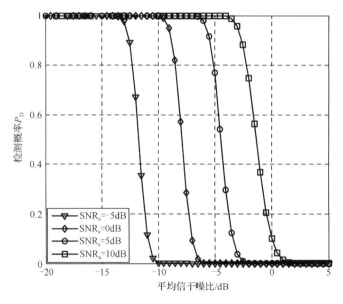

图 3-11　瑞利衰落信道下噪声跟踪干扰检测概率随平均信干噪比变化的曲线

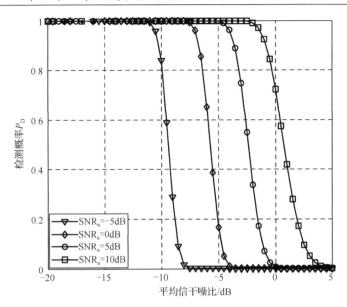

图 3-12　Nakagami-m 衰落信道下噪声跟踪干扰检测概率随平均信干噪比变化的曲线

对比图 3-7 和图 3-11（以瑞利衰落信道为例），采用硬判决"k out of n"准则后，干扰的检测性能与单跳信号相比得到了明显的提高。例如，在 $SNR_a = 5dB$、$SINR_a = -5dB$ 时，单跳信号的检测概率约为 42%，而噪声跟踪干扰的检测概率可以达到 78%。

根据上述实验仿真结果，分析了 AWGN 信道、瑞利衰落信道和 Nakagami-m 衰落信道下单跳信号与噪声跟踪干扰的检测性能。理论分析和仿真结果表明，该检测方法能够实现噪声跟踪干扰的检测，具有较好的检测性能。

3.3　音调跟踪干扰检测方法

3.3.1　系统模型

在接收端，经过同步解跳后的接收信号可以表示为

$$r_l(t) = \sqrt{2}a_s \cos[2\pi(f_0 + d_0 f_d)t + \phi_s] + qJ_t(t) + W(t) \quad (l-1)T_h < t < lT_h \tag{3-57}$$

式中，$\sqrt{2}a_s$ 为发送信号的幅度；T_h 为跳频时隙；f_0 为解跳后的中频频率；$d_0 \in [0,1,\cdots,M-1]$ 为信息符号；f_d 为两个相邻的 MFSK 音调；ϕ_s 为均匀分布于 0 到 2π 的随机相位；$q = 1$ 或 0，表示第 l 跳信号受到或未受到干扰；$W(t)$ 为均值是 0、方差是 $\sigma_w^2 = N_0 B$ 的加性高斯白噪声，且满足 $B = 1/T_h$；$J(t)$ 为音调跟踪干扰。在实施过程中，干扰机首先侦测想要干扰的第 l 跳信号的载波频率，然后直接在跳频时隙内于相同的载波频率上发送一个经过调制的单音信号，称为音调跟踪干扰。如果第 l 跳信号被跟踪上，则解跳后的音调跟踪干扰 $J_t(t)$ 可表示为

$$J_t(t) = \sqrt{2}a_j \cos(2\pi f_0(t) + \phi_j) \tag{3-58}$$

式中，$\sqrt{2}a_{\mathrm{j}}$ 为音调跟踪干扰信号的幅度；ϕ_{j} 为 $[-\pi,\pi]$ 上均匀分布的随机相位。

分别将平方律检波后得到的第 l 跳信号 r_l $(1 \leqslant l \leqslant L)$ 与一固定的门限 η' 进行比较，比较的结果是一个二进制序列 d_{tl}，可以表示为

$$d_{tl} = \begin{cases} 1 & r_l > \eta' \\ 0 & r_l < \eta' \end{cases} \tag{3-59}$$

当观测到的每跳信号独立完成是否存在干扰的检测后，将得到的 0／1 硬判决结果通过信息融合技术传送给融合中心，融合中心按照一定的融合规则进行决策融合，最终判断是否存在音调跟踪干扰。

为了后续推导方便，记信噪比（SNR）为 γ，且 γ 定义为

$$\gamma = \frac{P_{\mathrm{s}}}{P_{\mathrm{N}}} = \frac{2a_{\mathrm{s}}^2}{\sigma_{\mathrm{w}}^2} \tag{3-60}$$

记信干比（ISR）为 γ_{J}，且 γ_{J} 定义为

$$\gamma_{\mathrm{J}} = \frac{P_{\mathrm{J}}}{P_{\mathrm{s}}} = \frac{2a_{\mathrm{j}}^2}{2a_{\mathrm{s}}^2} \tag{3-61}$$

在判断是否存在音调跟踪干扰时，首先判断每跳信号的受干扰情况。假定某一跳信号在解跳后，根据该跳信号是否存在音调跟踪干扰，它们所对应的平方律检波输出的条件概率密度函数可以分别表示为[28]

$$p(r_l|q=1) = \frac{1}{2\sigma_{\mathrm{w}}^2} \exp\left(-\frac{r_l + A^2}{2\sigma_{\mathrm{w}}^2}\right) I_0\left(\sqrt{r_l}\,\frac{A}{\sigma_{\mathrm{w}}^2}\right) U(r_l) \tag{3-62}$$

$$p(r_l|q=0) = \frac{1}{2\sigma_{\mathrm{w}}^2} \exp\left(-\frac{r_l + 2a_{\mathrm{s}}^2}{2\sigma_{\mathrm{w}}^2}\right) I_0\left(\sqrt{r_l}\,\frac{\sqrt{2}a_{\mathrm{s}}}{\sigma_{\mathrm{w}}^2}\right) U(r_l) \tag{3-63}$$

式中，A 为发送的第 l 跳信号与对应的干扰信号的幅度和，表示为

$$A = \sqrt{2(a_{\mathrm{s}}^2 + a_{\mathrm{j}}^2 + 2(a_{\mathrm{s}}a_{\mathrm{j}})\cos\phi_{\mathrm{s,j}})} \tag{3-64}$$

3.3.2 AWGN 信道下的性能分析

在给出条件概率密度函数后，设定合适的门限 η'，得到对第 l 跳信号存在干扰信号的检测概率为

$$\begin{aligned} P_{\mathrm{d}} &= \Pr(r_l > \eta'|q=1) = \int_{\eta'}^{\infty} p(r_l|q=1)\mathrm{d}r_l \\ &= \int_{\eta'}^{\infty} \frac{1}{2\sigma_{\mathrm{w}}^2} \exp\left(-\frac{r_l + A^2}{2\sigma_{\mathrm{w}}^2}\right) I_0\left(\sqrt{r_l}\,\frac{A}{\sigma_{\mathrm{w}}^2}\right) U(r_l)\mathrm{d}r_l \end{aligned} \tag{3-65}$$

做变量代换，令 $r_l/\sigma_{\mathrm{w}}^2 = x^2$，则有 $\mathrm{d}r_l = 2\sigma_{\mathrm{w}}^2 x\mathrm{d}x$，代入式（3-65）可得

$$P_{\mathrm{d}} = \int_{\sqrt{\eta'}/\sigma_{\mathrm{w}}}^{\infty} x \exp\left(-\frac{x^2 + (A/\sigma_{\mathrm{w}})^2}{2}\right) I_0\left(x\frac{A}{\sigma_{\mathrm{w}}}\right)\mathrm{d}x \tag{3-66}$$

定义等效随机信噪比为

$$\gamma_1(\beta) = \frac{A^2}{2\sigma_w^2} = \frac{(a_s^2 + a_j^2 + 2(a_s a_j)\cos\phi_{s,j})}{\sigma_w^2}$$

$$= \frac{\gamma}{2}(1 + \gamma_J + 2\sqrt{\gamma_J}\cos\beta), \quad \beta = \phi_{s,j} \tag{3-67}$$

虽然跳频信号和干扰信号的相位差 β 在区间 $[0,4\pi]$ 上服从三角形分布，但是 $\cos\beta$ 在 $[0,2\pi]$ 上服从均匀分布[29]：

$$\Pr\{\cos\beta \leqslant x\} = 1 - \frac{1}{\pi}\cos^{-1}x \quad |x| \leqslant 1 \tag{3-68}$$

通过上面的分析，对于音调跟踪干扰，根据式（3-11）可知每跳信号存在干扰的检测概率可以表示为

$$P_d = \frac{1}{2\pi}\int_0^{2\pi} Q(\sqrt{2\gamma_1(\beta)}, \sqrt{\eta})\mathrm{d}\beta \tag{3-69}$$

与式（3-14）一样，可以求出对应的虚警概率：

$$P_f = Q\left(\frac{\sqrt{2}a_s}{\sigma_w}, \frac{\sqrt{\eta'}}{\sigma_w}\right) = Q(\sqrt{2\gamma}, \sqrt{\eta}) \tag{3-70}$$

对于门限值的选取，可以采用与 3.2.2 节一样的方式。当求出单跳信号下存在干扰的检测概率和虚警概率以后，设音调跟踪干扰的检测概率为 P_D、虚警概率为 P_F，采用 "k out of n" 准则得到对音调跟踪干扰的检测概率和虚警概率：

$$P_D = \Pr(C \geqslant k \mid H_1) = \sum_{j=1}^{L} B(j;L,P_d) = \sum_{j=k}^{L} C_L^j P_d^j (1-P_d)^{L-j} \tag{3-71}$$

$$P_F = \Pr(C \geqslant k \mid H_0) = \sum_{j=k}^{L} B(j;L,P_f) = \sum_{j=k}^{L} C_L^j P_f^j (1-P_f)^{L-j} \tag{3-72}$$

3.3.3　瑞利衰落信道下的性能分析

3.3.2 节中的式（3-69）和式（3-70）给出了在 AWGN 信道下每跳信号存在干扰的检测概率与虚警概率。对 AWGN 信道下的检测概率 P_d 在 γ_J 和 γ 的概率分布上求积分可以获得瑞利衰落信道下的平均检测概率 $\overline{P}_{d,\mathrm{Rayl}}$：

$$\overline{P}_{d,\mathrm{Rayl}} = \int_0^{\infty} f(\gamma)\int_0^{\infty} f(\gamma_J)P_d\mathrm{d}\gamma\mathrm{d}\gamma_J$$

$$= \frac{1}{2\pi}\int_0^{2\pi} f(\gamma)\int_0^{\infty} f(\gamma_J)\int_0^{\infty} Q\left(\sqrt{\frac{1}{2}\gamma(1+\gamma_J+2\sqrt{\gamma_J}\cos\beta)}, \sqrt{\eta_{\mathrm{Rayl}}}\right)\mathrm{d}\beta\mathrm{d}\gamma\mathrm{d}\gamma_J \tag{3-73}$$

由式（3-25）可知，对应的信噪比 γ 服从指数分布，故为了求解式（3-73），需要知道 γ_J 的概率密度函数。为了求取 γ_J 的概率密度函数，下面首先给出两个定理[30]。

定理 1　设随机变量 X 具有概率密度 $f_X(x)$，$-\infty < x < \infty$；又设函数 $g(x)$ 处处可导且恒有 $g'(x) > 0$（或恒有 $g'(x) < 0$），则 $Y = g(x)$ 是连续型随机变量，其概率密度函数为

$$f_Y(y) = \begin{cases} f_X[h(y)]|h'(y)|, & \alpha < y < \beta \\ 0, & \text{其他} \end{cases} \tag{3-74}$$

式中，$\alpha = \min(g(-\infty), g(\infty))$；$\beta = \max(g(-\infty), g(\infty))$；$h(y)$ 是 $g(x)$ 的反函数。

定理 2　对于 $Z = X + Y$ 的分布，设 (X,Y) 的概率密度为 $f(x,y)$，则 Z 的概率密度可以表示为

$$f_Z(z) = \int_{-\infty}^{\infty} f(z-y, y)\mathrm{d}y \tag{3-75}$$

特别地，当 X 和 Y 相互独立时，式（3-75）可以化为

$$f_Z(z) = \int_{-\infty}^{\infty} f_X(z-y) f_Y(y)\mathrm{d}y \tag{3-76}$$

令 $\gamma_J = R_0/R_1$，R_0 表示干噪比，R_1 表示信噪比。用 $f_{R_i}(r_i)$ $(i=0,1)$ 表示干噪比和信噪比对应的概率密度函数，可知

$$f(\gamma_N) = \frac{1}{\overline{\gamma}_N} \exp\left(-\frac{\gamma_N}{\overline{\gamma}_N}\right) \tag{3-77}$$

$$f(\gamma) = \frac{1}{\overline{\gamma}} \exp\left(-\frac{\gamma}{\overline{\gamma}}\right) \tag{3-78}$$

为了求取 $\gamma_J = R_0/R_1$，首先求取其等效判决量 $Z = \ln \gamma_J = \ln R_0 - \ln R_1$，$Z \in (-\infty, +\infty)$ 的概率密度函数。令 $V_i = \ln R_i$，$i = 0,1$，$V_i \in (-\infty, +\infty)$，通过定理 1 可以求取 $\ln R_i$ $(i=0,1)$ 的概率密度函数为

$$f_{V_0}(v_0) = \frac{\mathrm{e}^{v_0}}{\overline{\gamma}_N} \exp\left(-\frac{\mathrm{e}^{v_0}}{\overline{\gamma}_N}\right) \tag{3-79}$$

$$f_{V_1}(v_1) = \frac{\mathrm{e}^{v_1}}{\overline{\gamma}} \exp\left(-\frac{\mathrm{e}^{v_1}}{\overline{\gamma}}\right) \tag{3-80}$$

利用定理 2 中的式（3-76），可以得到 Z 的概率密度函数为

$$
\begin{aligned}
f_Z(z) &= \int_{-\infty}^{\infty} f_{V_0}(z+v_1) f_{V_1}(v_1)\mathrm{d}v_1 \\
&= \int_{-\infty}^{\infty} \frac{\mathrm{e}^{z+v_1}}{\overline{\gamma}_N} \exp\left(-\frac{\mathrm{e}^{z+v_1}}{\overline{\gamma}_N}\right) \frac{\mathrm{e}^{v_1}}{\overline{\gamma}} \exp\left(-\frac{\mathrm{e}^{v_1}}{\overline{\gamma}}\right) \mathrm{d}v_1 \\
&= \frac{\mathrm{e}^z}{\overline{\gamma}_N \overline{\gamma}} \int_{-\infty}^{\infty} \exp\left(2v_1 - \frac{\mathrm{e}^{z+v_1}}{\overline{\gamma}_N} - \frac{\mathrm{e}^{v_1}}{\overline{\gamma}}\right) \mathrm{d}v_1
\end{aligned}
\tag{3-81}
$$

令 $\mathrm{e}^{v_1} = t$，则 $v_1 = \ln t$，$\mathrm{d}v_1 = (1/t)\mathrm{d}t$，代入式（3-81）可得

$$
\begin{aligned}
f_Z(z) &= \frac{\mathrm{e}^z}{\overline{\gamma}_N \overline{\gamma}} \int_0^{\infty} \frac{1}{t} \exp\left(2\ln t - \left(\frac{\mathrm{e}^z}{\overline{\gamma}_N} + \frac{1}{\overline{\gamma}}\right)t\right) \mathrm{d}t \\
&= \frac{\mathrm{e}^z}{\overline{\gamma}_N \overline{\gamma}} \int_0^{\infty} t \exp\left(-\frac{(\mathrm{e}^z \overline{\gamma} + \overline{\gamma}_N)}{\overline{\gamma}_N \overline{\gamma}} t\right) \mathrm{d}t
\end{aligned}
\tag{3-82}
$$

而形如式（3-83）的积分可以表示为[31]

$$\int_0^{\infty} x^n \exp(-ax)\mathrm{d}x = \frac{n!}{a^{n+1}} \quad (a > 0) \tag{3-83}$$

利用式（3-83），可将式（3-82）化简为

$$f_Z(z) = \frac{\mathrm{e}^z \overline{\gamma}_N \overline{\gamma}}{(\mathrm{e}^z \overline{\gamma} + \overline{\gamma}_N)^2} \tag{3-84}$$

令平均信干比（$\mathrm{ISR_a}$）为 $\overline{\gamma}_\mathrm{J}$，可得

$$\overline{\gamma}_\mathrm{J} = \frac{\overline{\gamma}_\mathrm{N}}{\overline{\gamma}} \tag{3-85}$$

将式（3-84）的分子、分母同时除以 $\overline{\gamma}_\mathrm{N}\overline{\gamma}$，可得

$$f_Z(z) = \frac{\mathrm{e}^z}{\mathrm{e}^{2z}/\overline{\gamma}_\mathrm{J} + 2\mathrm{e}^z + \overline{\gamma}_\mathrm{J}} \tag{3-86}$$

进而可以得到

$$f(\gamma_\mathrm{J}) = \frac{1}{(\gamma_\mathrm{J}^2/\overline{\gamma}_\mathrm{J}) + 2\gamma_\mathrm{J} + \overline{\gamma}_\mathrm{J}} \tag{3-87}$$

把式（3-78）和式（3-87）代入式（3-73），可得

$$\overline{P}_{\mathrm{d,Rayl}} = \int_0^\infty f(\gamma)\int_0^\infty f(\gamma_\mathrm{J})P_\mathrm{d}\mathrm{d}\gamma\mathrm{d}\gamma_\mathrm{J} = \frac{1}{2\pi}\int_0^{2\pi}\mathrm{d}\beta\int_0^\infty \frac{1}{(\gamma_\mathrm{J}^2/\overline{\gamma}_\mathrm{J}) + 2\gamma_\mathrm{J} + \overline{\gamma}_\mathrm{J}}\mathrm{d}\gamma_\mathrm{J}$$

$$\int_0^\infty Q\left(\sqrt{\frac{1}{2}\gamma(1 + \gamma_\mathrm{J} + 2\sqrt{\gamma_\mathrm{J}}\cos\beta)}, \sqrt{\eta_{\mathrm{Rayl}}}\right)\frac{1}{\overline{\gamma}}\exp\left(-\frac{\gamma}{\overline{\gamma}}\right)\mathrm{d}\gamma \tag{3-88}$$

式（3-88）中最后的积分项，即

$$\int_0^\infty Q\left(\sqrt{\frac{1}{2}\gamma(1 + \gamma_\mathrm{J} + 2\sqrt{\gamma_\mathrm{J}}\cos\beta)}, \sqrt{\eta_{\mathrm{Rayl}}}\right)\frac{1}{\overline{\gamma}}\exp\left(-\frac{\gamma}{\overline{\gamma}}\right)\mathrm{d}\gamma \tag{3-89}$$

可以通过变量代换求取。做变量代换，令 $\sqrt{(1/2)\gamma(1 + \gamma_\mathrm{J} + 2\sqrt{\gamma_\mathrm{J}}\cos\beta)} = \lambda$，则有 $\gamma = 2\lambda^2/$ $(1 + \gamma_\mathrm{J} + 2\sqrt{\gamma_\mathrm{J}}\cos\beta)$，$\mathrm{d}\gamma = 4\lambda\mathrm{d}\lambda/(1 + \gamma_\mathrm{J} + 2\sqrt{\gamma_\mathrm{J}}\cos\beta)$，代入式（3-89），可得

$$\frac{4}{\overline{\gamma}(1 + \gamma_\mathrm{J} + 2\sqrt{\gamma_\mathrm{J}}\cos\beta)}\int_0^\infty \lambda\mathrm{d}\lambda Q(\lambda, \sqrt{\eta_{\mathrm{Rayl}}})\exp\left(-\frac{4}{\overline{\gamma}(1 + \gamma_\mathrm{J} + 2\sqrt{\gamma_\mathrm{J}}\cos\beta)}\frac{\lambda^2}{2}\right) \tag{3-90}$$

令 $a = 1$，$b = \sqrt{\eta_{\mathrm{Rayl}}}$，$p^2 = 4/\left[\overline{\gamma}(1 + \gamma_\mathrm{J} + 2\sqrt{\gamma_\mathrm{J}}\cos\beta)\right]$，$c = 0$，$d = \overline{\gamma}(1 + \gamma_\mathrm{J} + 2\sqrt{\gamma_\mathrm{J}}\cos\beta)$，根据式（3-28）和式（3-30），可知式（3-90）可表示为

$$\frac{2}{d}\left\{\exp\left(-\frac{\eta_{\mathrm{Rayl}}}{2}\right) + \exp\left(-\frac{2\eta_{\mathrm{Rayl}}}{d + 4}\right)\left[1 - \exp\left(-\frac{\eta_{\mathrm{Rayl}}d}{2(d + 4)}\right)\right]\right\} \tag{3-91}$$

把式（3-91）代入式（3-88）可以求出对应的平均检测概率。

对 AWGN 信道下的虚警概率 P_f 在信噪比 γ 的概率分布上求积分可以获得瑞利衰落信道下的平均检测概率 $\overline{P}_{\mathrm{f,Rayl}}$，其形式与噪声跟踪干扰时一致：

$$\overline{P}_{\mathrm{f,Rayl}} = \frac{1}{2\overline{\gamma}}\left\{\exp\left(-\frac{\eta_{\mathrm{Rayl}}}{2}\right) + \exp\left(\frac{\eta_{\mathrm{Rayl}}}{2(\overline{\gamma} + 1)}\right)\left[1 - \exp\left(\frac{\eta_{\mathrm{Rayl}}\overline{\gamma}}{2(\overline{\gamma} + 1)}\right)\right]\right\} \tag{3-92}$$

对于门限值的选取，与 3.2.3 节中的门限值的选取一致，这里不再赘述。

当平均检测概率和平均虚警概率求出以后，利用 3.3.2 节的决策融合方法，可以求出瑞利衰落信道下音调跟踪干扰的平均检测概率和平均虚警概率分别为

$$P_{\mathrm{D,Rayl}} = \Pr(C \geqslant k \mid H_1) = \sum_{j=k}^{L} B(j; L, \overline{P}_{\mathrm{d,Rayl}}) = \sum_{j=k}^{L} C_L^j \overline{P}_d^j (1 - \overline{P}_{\mathrm{d,Rayl}})^{L-j} \tag{3-93}$$

$$P_{\mathrm{F,Rayl}} = \Pr(C \geqslant k \mid H_0) = \sum_{j=k}^{L} B(j; L, \overline{P}_{\mathrm{f,Rayl}}) = \sum_{j=k}^{L} C_L^j \overline{P}_f^j (1 - \overline{P}_{\mathrm{f,Rayl}})^{L-j} \tag{3-94}$$

3.3.4 Nakagami-m 衰落信道下的性能分析

同理，对 3.3.2 节中的检测概率 P_d 在 γ_J 和 γ 的概率分布上求积分可以获得 Nakagami-m 衰落信道下的平均检测概率 $\overline{P}_{\mathrm{d,Nakm}}$：

$$\begin{aligned}
\overline{P}_{\mathrm{d,Nakm}} &= \int_0^\infty g(\gamma) \int_0^\infty g(\gamma_J) P_d \, \mathrm{d}\gamma \, \mathrm{d}\gamma_J \\
&= \frac{1}{2\pi} \int_0^{2\pi} g(\gamma) \int_0^\infty g(\gamma_J) \int_0^\infty Q\left(\sqrt{\frac{1}{2}\gamma(1 + \gamma_J + 2\sqrt{\gamma_J}\cos\beta)}, \sqrt{\eta_{\mathrm{Nakm}}} \right) \mathrm{d}\beta \mathrm{d}\gamma \mathrm{d}\gamma_J
\end{aligned} \tag{3-95}$$

令 $\gamma_J = R_0 / R_1$，R_0 表示干噪比，R_1 表示信噪比。用 $g_{R_i}(r_i)$ $(i = 0,1)$ 表示对应的干噪比和信噪比的概率密度函数，可知

$$g(\gamma_N) = \frac{m^m \gamma_N^{m-1}}{\overline{\gamma}_N^m \Gamma(m)} \exp\left(\frac{-m\gamma_N}{\overline{\gamma}_N} \right) \tag{3-96}$$

$$g(\gamma) = \frac{m^m \gamma^{m-1}}{\overline{\gamma}^m \Gamma(m)} \exp\left(\frac{-m\gamma}{\overline{\gamma}} \right) \tag{3-97}$$

在求取 $\gamma_J = R_0 / R_1$ 时，首先求取其等效判决量 $Z = \ln\gamma_J = \ln R_0 - \ln R_1$，$Z \in (-\infty, +\infty)$ 的概率密度函数。令 $V_i = \ln R_i$，$i = 0,1$，$V_i \in (-\infty, +\infty)$，通过 3.3.3 节中的定理 1 可以求取 $\ln R_i$ $(i = 0,1)$ 的概率密度函数为

$$g_{V_0}(v_0) = \frac{m^m (\mathrm{e}^{v_0})^{m-1}}{\overline{\gamma}_N^m \Gamma(m)} \exp\left(\frac{-m\mathrm{e}^{v_0}}{\overline{\gamma}_N} \right) \tag{3-98}$$

$$g_{V_1}(v_1) = \frac{m^m (\mathrm{e}^{v_1})^{m-1}}{\overline{\gamma}^m \Gamma(m)} \exp\left(\frac{-m\mathrm{e}^{v_1}}{\overline{\gamma}} \right) \tag{3-99}$$

同样，利用 3.3.3 节的定理 2 中的式（3-76），可以得到 Z 的概率密度函数为

$$\begin{aligned}
g_Z(z) &= \int_{-\infty}^\infty g_{V_0}(z + v_1) g_{V_1}(v_1) \, \mathrm{d}v_1 \\
&= \int_{-\infty}^\infty \frac{m^m (\mathrm{e}^{z+v_1})^m}{\overline{\gamma}_N^m \Gamma(m)} \exp\left(\frac{-m\mathrm{e}^{z+v_1}}{\overline{\gamma}_N} \right) \frac{m^m (\mathrm{e}^{v_1})^m}{\overline{\gamma}^m \Gamma(m)} \exp\left(\frac{-m\mathrm{e}^{v_1}}{\overline{\gamma}} \right) \mathrm{d}v_1 \\
&= \frac{m^{2m} \mathrm{e}^{zm}}{(\overline{\gamma}_N \overline{\gamma})^m (\Gamma(m))^2} \int_{-\infty}^\infty \exp\left(2mv_1 - \frac{m\mathrm{e}^{z+v_1}}{\overline{\gamma}_N} - \frac{m\mathrm{e}^{v_1}}{\overline{\gamma}} \right) \mathrm{d}v_1
\end{aligned} \tag{3-100}$$

令 $\mathrm{e}^{v_1} = t$，则 $v_1 = \ln t$，$\mathrm{d}v_1 = (1/t)\mathrm{d}t$，代入式（3-100），可得

$$g_Z(z) = \frac{m^{2m} e^{zm}}{(\overline{\gamma}_N \overline{\gamma})^m (\Gamma(m))^2} \int_0^\infty \frac{1}{t} \exp\left(2m \ln t - \left(\frac{m e^z}{\overline{\gamma}_N} + \frac{m}{\overline{\gamma}}\right) t\right) dt$$

（3-101）

$$= \frac{m^{2m} e^{zm}}{(\overline{\gamma}_N \overline{\gamma})^m (\Gamma(m))^2} \int_0^\infty t^{2m-1} \exp\left(-\frac{m(e^z \overline{\gamma} + \overline{\gamma}_N)}{\overline{\gamma}_N \overline{\gamma}} t\right) dt$$

利用式（3-83），式（3-101）可简化为

$$g_Z(z) = \frac{e^{zm}(2m-1)!}{(\Gamma(m))^2} \left(\frac{\overline{\gamma}_N \overline{\gamma}}{\left(e^z \overline{\gamma} + \overline{\gamma}_N\right)^2}\right)^m$$

（3-102）

将式（3-102）的分子、分母同时除以 $\overline{\gamma}_N \overline{\gamma}$，可得

$$g_\alpha(z) = \frac{e^{zm}(2m-1)!}{(\Gamma(m))^2} \left(\frac{1}{e^{2z}/\overline{\gamma}_J + 2e^2 + \overline{\gamma}_J}\right)^m$$

（3-103）

进而可以得到

$$g(\gamma_J) = \frac{\gamma_J^{m-1}(2m-1)!}{(\Gamma(m))^2} \left(\frac{1}{(\gamma_J^2/\overline{\gamma}_J) + 2\gamma_J + \overline{\gamma}_J}\right)^m$$

（3-104）

把式（3-97）和式（3-104）代入式（3-73），可得

$$\begin{aligned}
\overline{P}_{d,\text{Nakm}} &= \int_0^\infty g(\gamma) \int_0^\infty g(\gamma_J) P_d \, d\gamma \, d\gamma_J \\
&= \frac{1}{2\pi} \int_0^{2\pi} d\beta \int_0^\infty \frac{\gamma_J^{m-1}(2m-1)!}{(\Gamma(m))^2} \left(\frac{1}{(\gamma_J^2/\overline{\gamma}_J) + 2\gamma_J + \overline{\gamma}_J}\right)^m d\gamma_J
\end{aligned}$$

（3-105）

$$\int_0^\infty Q\left(\sqrt{\frac{1}{2}\gamma(1 + \gamma_J + 2\sqrt{\gamma_J}\cos\beta)}, \sqrt{\eta_{\text{Nakm}}}\right) \frac{m^m \gamma^{m-1}}{\overline{\gamma}^m \Gamma(m)} \exp\left(\frac{-m\gamma}{\overline{\gamma}}\right) d\gamma$$

式（3-105）中最后面的积分项，即

$$\int_0^\infty Q\left(\sqrt{\frac{1}{2}\gamma(1 + \gamma_J + 2\sqrt{\gamma_J}\cos\beta)}, \sqrt{\eta_{\text{Nakm}}}\right) \frac{m^m \gamma^{m-1}}{\overline{\gamma}^m \Gamma(m)} \exp\left(\frac{-m\gamma}{\overline{\gamma}}\right) d\gamma$$

（3-106）

可以通过变量代换求取。定义 $t = 1 + \gamma_J + 2\sqrt{\gamma_J}\cos\beta$，代入式（3-106），利用式（3-44），式（3-106）中的 $Q\left(\sqrt{(1/2)\gamma(1 + \gamma_J + 2\sqrt{\gamma_J}\cos\beta)}, \sqrt{\eta_{\text{Nakm}}}\right)$ 可以等价为

$$Q\left(\sqrt{\frac{1}{2}t\gamma}, \sqrt{\eta_{\text{Nakm}}}\right) = 1 - \exp\left(-\frac{t\gamma/2 + \eta_{\text{Nakm}}}{2}\right) \sum_{n=1}^\infty \left(\frac{2\eta_{\text{Nakm}}}{t\gamma}\right)^{\frac{n}{2}} I_n\left(\sqrt{\frac{1}{2}\eta_{\text{Nakm}} t\gamma}\right)$$

（3-107）

将式（3-107）代入式（3-106），并定义 $\mu = m/\overline{\gamma}_T + t/4$，得到

$$1 - \frac{m^m}{\overline{\gamma}^m \Gamma(m)} \exp\left(-\frac{\eta_{\text{Nakm}}}{2}\right) \sum_{n=1}^\infty \left(\frac{2\eta_{\text{Nakm}}}{t}\right)^{\frac{n}{2}} \int_0^\infty \gamma^{m - \frac{n}{2} - 1} \exp(-\mu\gamma) I_n\left(\sqrt{\frac{1}{2}\eta_{\text{Nakm}} t\gamma}\right) d\gamma$$

（3-108）

同理，利用文献[28]可得到式（3-108）中的积分项可以表示为

$$\int_0^\infty \gamma^{m-\frac{n}{2}-1} \exp(-\mu\gamma) I_n\left(\sqrt{2\left(\frac{1}{4}\eta_{\mathrm{Nakm}}t\right)\gamma}\right)\mathrm{d}\gamma = \frac{\Gamma(m)}{\Gamma(n+1)}\left(\frac{\eta_{\mathrm{Nakm}}}{2}\right)^{-\frac{1}{2}}$$

$$\exp\left(\frac{\frac{1}{4}\eta_{\mathrm{Nakm}}t}{4\mu}\right)\mu^{\frac{n}{2}+\frac{1}{2}-m} M_{\frac{n}{2}+\frac{1}{2}-m,\frac{n}{2}}\left(\frac{\frac{1}{4}\eta_{\mathrm{Nakm}}t}{2\mu}\right) \tag{3-109}$$

式中

$$M_{\frac{n}{2}+\frac{1}{2}-m,\frac{n}{2}}\left(\frac{\frac{1}{4}\eta_{\mathrm{Nakm}}t}{2\mu}\right)\left(\frac{\eta_{\mathrm{Nakm}}}{2\mu(1+K)}\right) = \left(\frac{\frac{1}{4}t\eta_{\mathrm{Nakm}}}{2\mu}\right)^{\frac{n+1}{2}}\exp\left(\frac{\frac{1}{4}t\eta_{\mathrm{Nakm}}}{4\mu}\right)$$

$$_1F_1\left(m,n+1,\frac{\frac{1}{4}t\eta_{\mathrm{Nakm}}}{2\mu}\right) \tag{3-110}$$

把式（3-108）代入式（3-88）可以求出对应的平均检测概率。

对 AWGN 信道下的虚警概率 P_{f} 在 γ 的概率分布上求积分可以获得 Nakagami-m 衰落信道下的平均检测概率 $\overline{P}_{\mathrm{f,Nakm}}$，其形式与噪声跟踪干扰时一致：

$$\overline{P}_{\mathrm{f,Nakm}} = 1 - \exp\left(-\frac{\eta_{\mathrm{Nakm}}}{2}\right)\left(\frac{m}{\gamma\beta}\right)^m\sum_{n=1}^{\infty}\frac{1}{\Gamma(n+1)}\left(\frac{\eta_{\mathrm{Nakm}}}{2}\right)^n {_1F_1}\left(m,n+1,\frac{\eta_{\mathrm{Nakm}}}{2\beta}\right) \tag{3-111}$$

对于门限值的选取，与 3.2.4 节中的门限值的选取一致，这里不再赘述。

同理，当平均检测概率和平均虚警概率求出以后，利用 3.2.2 节的决策融合方法，可以求出 Nakagami-m 衰落信道下音调跟踪干扰的平均检测概率和平均虚警概率分别为

$$\overline{P}_{\mathrm{D,Nakm}} = \Pr(C \ge k|H_1) = \sum_{j=k}^{L} B(j;L,\overline{P}_{\mathrm{d,Nakm}}) = \sum_{j=k}^{L} C_L^j \overline{P}_{\mathrm{d}}^j(1-\overline{P}_{\mathrm{d,Nakm}})^{L-j} \tag{3-112}$$

$$\overline{P}_{\mathrm{F,Nakm}} = \Pr(C \ge k|H_0) = \sum_{j=k}^{L} B(j;L,\overline{P}_{\mathrm{f,Nakm}}) = \sum_{j=k}^{L} C_L^j \overline{P}_{\mathrm{f}}^j(1-\overline{P}_{\mathrm{f,Nakm}})^{L-j} \tag{3-113}$$

3.3.5　数值计算与结果分析

本节通过计算机仿真对前面所提出的音调跟踪干扰检测方法的检测性能进行验证，其中，理论值计算根据本书推导的结果；仿真采用蒙特卡罗仿真，仿真次数为 10^4。仿真中设置跳频频点数 $N=64$，调制方式采用 BFSK，跳频速率为 200Hop/s，跳频周期为 0.005s。在存在音调跟踪干扰的条件下，观测时间内共有 100 跳信号。

图 3-13～图 3-15 给出了单跳信号在 AWGN 信道、瑞利衰落信道和 Nakagami-m 衰落信道下，针对不同信干比 ISR（对于衰落信道，指的是平均信干比 $\mathrm{ISR}_{\mathrm{a}}$）的情况推导所得的理论与仿真互补 ROC 曲线。将信噪比 SNR（对于衰落信道，指的是平均信噪比 $\mathrm{SNR}_{\mathrm{a}}$）设置为 5dB；在 Nakagami-$m$ 衰落信道中，设置 $m=5$。

从图 3-13～图 3-15 中可以看出，随着虚警概率的不断增大，检测概率随之增大。在虚警概率恒定的情况下，检测概率随着信干比的增大而增大。这是因为，当虚警概率恒定时，信

干比变大，干扰的功率就增大，在相同的检测门限下，干扰功率增大，检测性能就会变好。

对比 3 种信道，在相同的信干比和虚警概率下，AWGN 信道下的检测性能最好，瑞利衰落信道最差。同时，对比理论分析得到的结果和蒙特卡罗仿真结果，基本吻合，说明本书理论推导结果是正确的。

图 3-16～图 3-18 给出了单跳信号在 AWGN 信道、瑞利衰落信道和 Nakagami-m 衰落信道下，对于不同的信噪比，单跳信号检测概率 P_d 随信干比变化的曲线，其中，将目标虚警概率 P_f 设置为 0.1（该参数值的选取参照 IEEE 802.22 工作组的建议）；在 Nakagami-m 衰落信道中，设置 $m = 5$。

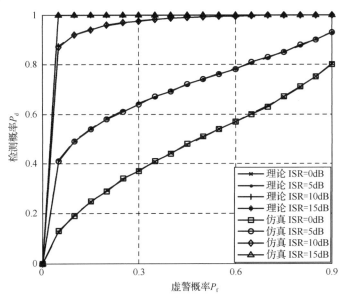

图 3-13　AWGN 信道下单跳信号干扰检测理论与仿真互补 ROC 曲线

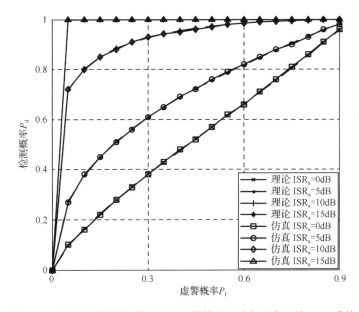

图 3-14　瑞利衰落信道下单跳信号干扰检测理论与仿真互补 ROC 曲线

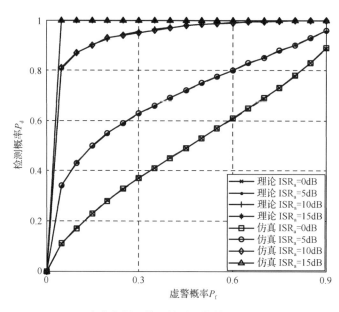

图 3-15　Nakagami-m 衰落信道下单跳信号干扰检测理论与仿真互补 ROC 曲线

从图 3-16～图 3-18 中可知,随着信干比的增大,单跳信号存在干扰的检测性能逐渐变好。在信干比一定的情况下，随着信噪比的增大，单跳信号存在干扰的检测性能也逐渐变好。对比 3 种信道，在相同的信干比下，AWGN 信道下的检测性能最好,瑞利衰落信道最差。例如，当信干比为10dB，信噪比为5dB 时，对应的 AWGN 信道、瑞利衰落信道和 Nakagami-m 衰落信道下的检测概率分别为90%、75%和84%。出现这种情况的原因与 3.2.5 节分析的一样，Nakagami-m 衰落信道是一种更加广泛的衰落模型，当 $m=1$ 时，对应瑞利衰落信道；当 $m \to +\infty$ 时，对应 AWGN 信道。本书中 $m=5$，因此其检测性能比瑞利衰落信道下的检测性能好，接近 AWGN 信道下的检测性能。

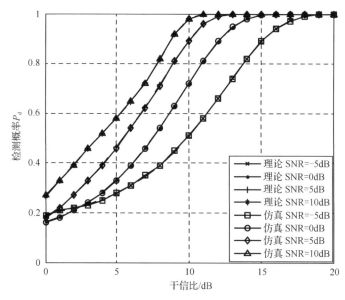

图 3-16　AWGN 信道下单跳信号干扰检测概率随信干比变化的曲线

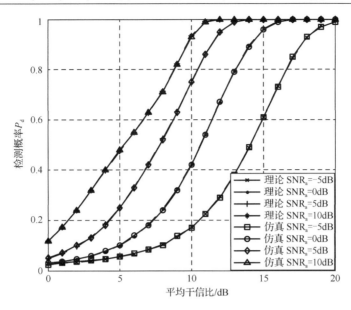

图 3-17　瑞利衰落信道下单跳信号干扰检测概率随平均信干比变化的曲线

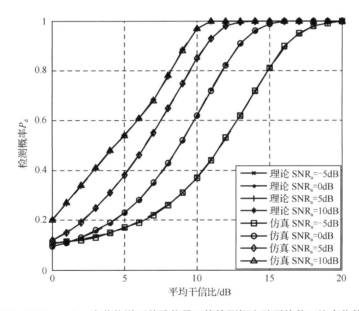

图 3-18　Nakagami-m 衰落信道下单跳信号干扰检测概率随平均信干比变化的曲线

当观测时间内共有 100 跳信号时，与 3.2.5 节一样，设置"k out of n"准则门限为 $k = 50$。图 3-19～图 3-21 给出了在 3 种信道下，不同信噪比对应的音调跟踪干扰检测概率随信干比变化的曲线。在参数设置中，Nakagami-m 衰落信道中的 $m = 5$。

从图 3-19～图 3-21 可知，随着信干比的增大，检测概率均逐渐增大；而且，在相同信噪比和信干比的情况下，AWGN 信道下的检测性能最好，Nakagami-m 衰落信道次之，瑞利衰落信道最差。例如，信噪比为 5dB，而信干比为 6dB 时，AWGN 信道、瑞利衰落信道和 Nakagami-m 衰落信道对应的检测概率分别为 99%、36% 和 91%。

对比 3 种信道下音调跟踪干扰的检测性能，具有相同的趋势。这里以 Nakagami-m 衰落信道为例来说明。为达到相同的检测概率 P_D，随着平均信噪比的增大，在对音调跟踪干扰的检测中，跟踪干扰对平均信干比的要求逐渐降低。例如，在图 3-21 中，要达到相同的检测概率 $P_D = 80\%$，当平均信噪比为-5dB、0dB、5dB 和 10dB 时，要求平均信干比分别为 11dB、8dB、6dB 和 3dB。

对比图 3-18 和图 3-21 可知，采用硬判决"k out of n"准则后，音调跟踪干扰的检测性能与单跳信号相比得到了明显的提高。以 Nakagami-m 衰落信道为例，在 $m = 5$、$\text{SNR}_a = 5\text{dB}$、$\text{ISR}_a = 6\text{dB}$ 时，单跳信号检测概率约为 45%，而音调跟踪干扰的检测概率可以达到 91%。

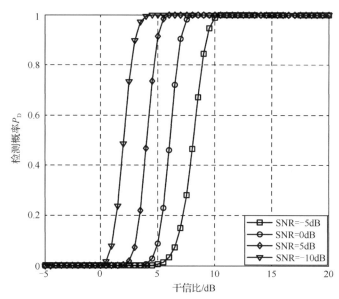

图 3-19 AWGN 信道下音调跟踪干扰检测概率随信干比变化的曲线

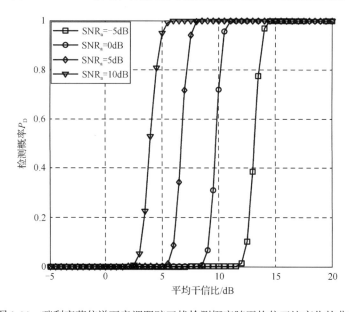

图 3-20 瑞利衰落信道下音调跟踪干扰检测概率随平均信干比变化的曲线

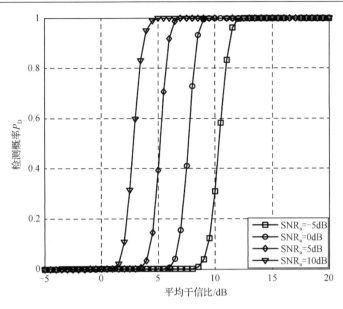

图 3-21　Nakagami-m 衰落信道下音调跟踪干扰检测概率随平均信干比变化的曲线

　　根据上述实验仿真结果，分析了 AWGN 信道、瑞利衰落信道和 Nakagami-m 衰落信道下单跳信号与音调跟踪干扰的检测性能。理论分析和仿真结果表明，该检测方法能够实现音调跟踪干扰的检测，具有较好的检测性能。

3.4　本章小结

　　跟踪干扰是对跳频通信系统最佳的干扰方式之一。为了对抗跟踪干扰，一个很重要的方面是能够检测出跟踪干扰。为此，本章首先提出了一种针对噪声跟踪干扰的检测方法。该检测方法应用认知无线电中协作频谱感知的方法，采用能量检测方案，对单跳信号存在干扰进行判断，同时详细分析并推导了 AWGN 信道、瑞利衰落信道和 Nakagami-m 衰落信道下单跳信号的检测性能。在此基础上，利用协作频谱感知的硬判决准则中的" k out of n "准则，在融合中心分析了噪声跟踪干扰的检测性能。数值和仿真结果表明，该检测方法能够实现噪声跟踪干扰的检测，具有较好的检测性能。与单跳信号的检测性能相比，噪声跟踪干扰的检测性能得以提高。以瑞利衰落信道为例，在 $\mathrm{SNR_a}=5\mathrm{dB}$ 且 $\mathrm{SINR_a}=-5\mathrm{dB}$ 时，单跳信号的检测概率约为 42%。而噪声跟踪干扰的检测概率可以达到 78%。

　　跟踪干扰的另外一种形式为音调跟踪干扰，利用相同的分析方法，本章提出了音调跟踪干扰的检测方法。同理，分析并推导了 AWGN 信道、瑞利衰落信道和 Nakagami-m 衰落信道下单跳信号的检测性能。利用" k out of n "准则，在融合中心分析了音调跟踪干扰的检测性能。数值和仿真结果表明，该方法能够实现音调跟踪干扰的检测，具有较好的检测性能。对比单跳信号，音调跟踪干扰的检测性能有大幅提高。以 Nakagami-m 衰落信道为例，在 $m=5$ ， $\mathrm{SNR_a}=5\mathrm{dB}$ ， $\mathrm{ISR_a}=6\mathrm{dB}$ 时，单跳信号的检测概率约为 45%，而音调跟踪干扰的检测概率可以达到 91%。

虽然本书的研究背景为慢速短波/超短波跳频电台，在仿真过程中也以超短波跳频电台的一些参数为例，但是本书研究的关于跟踪干扰检测的成果在快速跳频通信系统下依然可以使用。

参考文献

[1] Lee C, Jeong U, Ryoo Y J, et al. Performance of follower noise jammers considering practical tracking parameters [C]//IEEE Vehicular Technology Conference.IEEE, 2006(6): 61-65.

[2] 姚富强. 通信抗干扰工程与实践[M]. 北京：电子工业出版社，2008.

[3] 邱永红，甘仲民. 基于自适应数字波速形成的跳频干扰抑制研究[J]. 通信学报，2000, 21(7): 39-44.

[4] 陈长征，王华力. 应用星载多波束调零天线进行跳频跟踪干扰抑制[J]. 空间电子技术，2002 (3): 24-27.

[5] Eken F. Use of antenna nulling with frequency-hopping against the follower jammer [J]. IEEE Transactions on Antennas and Propagation, 1991, 39(9): 1391-1397.

[6] 邱永红，甘仲民，李广侠，等. 自适应调零天线对快速跟踪干扰抑制的研究[J]. 电子学报，2001, 29(4): 574-576.

[7] 段志强，张林永，朱永春. 基于自适应天线的跳频系统干扰抑制方法[J]. 电波科学学报，2004, 19(6): 296-299.

[8] 尚佳栋，王祝林，郭旭静，等. 基于二维虚拟空间平滑算法的跳频通信系统跟踪式干扰抑制研究[J]. 电子与信息学报，2011, 33(5): 1193-1197.

[9] Liu F, Nguyen-Le H, Ko C C. Vector similarity-based detection scheme for multi-antenna FH/MFSK systems in the presence of follower jamming[J]. IET Signal Processing, 2008, 2(4): 346-353.

[10] 周志强. 跳频通信系统抗干扰关键技术研究[D]. 成都：电子科技大学，2010.

[11] Zeng Y H, Liang Y C, Hoang A T, et al. A review on spectrum sensing for cognitive radio: challenges and solutions[J]. EURASIP Journal on advances in Signal Processing, 2010, ID 381465: 1-15.

[12] Zeng Y H, Liang Y C, Hoang A T. Reliability of spectrum sensing under noise and interference uncertainty[C]. IEEE International Conference on Communications Workshops, 2009: 376-380.

[13] Singh A, Bhatnagar M R, Mallik R K. Cooperative Spectrum Sensing in Multiple Antenna Based Cognitive Radio Network Using an Improved Energy Detector [J]. IEEE Communications Letters, 2012, 16(1): 64-67.

[14] Hossain K, Assra A. Cooperative Multiband Joint Detection With Correlated Spectral Occupancy in Cognitive Radio Networks[J]. IEEE Transactions on Signal Processing, 2012, 60(5): 2682-2687.

[15] Proakis J G. Digital Communications[M]. NEW York: McGraw-Hill, 2001.

[16] Peh E, Liang Y C. Optimization for cooperative sensing in cognitive radio networks[C]// Wireless Communications and Networking Conference, 2007. WCNC 2007. IEEE. IEEE, 2007.

[17] Tandra R, Sahai A. SNR walls for signal detection[J]. IEEE Journal of Selected Topics in signal processing, 2008, 2(1): 4-17.

[18] 梅文华，王淑波，邱永红，等. 跳频通信[M]. 北京：国防工业出版社，2005.

[19] 胡富平. 基于能量检测的认知无线电协作频谱检测研究[D]. 武汉：华中科技大学，2010.

[20] Hamdi K A, Pap L. A unified framework for interference analysis of noncoherent MFSK wireless communications[J]. IEEE Transaction on Communication, 2010, 58(8): 2333-2344.

[21] Lei X，Beaulieu N C，Fan P. Precise MGF performance analysis of amplify-and-forward cooperative diversity in Nakagami-m fading[C]. CWIT 2009, Ottawa, Canadian, 2009.

[22] Ikki S S, Ahmed M H. Performance of cooperative diversity using equal gain combining (EGC) over Nakagami-m fading channels[J]. IEEE Transactions on Wireless Communications, 2009, 8(2): 557-562.

[23] 屈晓旭，王殊，娄景艺. Nakagami 衰落信道下 NNC-DFH 接收机抗部分频带干扰性能分析[J]. 电子与信息学报，2011, 33(7): 1544-1549.

[24] 李光球. Nakagami 衰落信道上组合 SC/MRC 的性能分析[J]. 电波科学学报，2007, 22(2): 187-190.

[25] 周志强，程郁凡，李少谦. FFH/BFSK 选择分集合并接收机在部分频带干扰 Nakagami-m 信道下的性能分析[J]. 电子与信息学报，2010, 32(6): 1441-1445.

[26] Simon M K, Alouini M S. Digital Communication over Fading Channels[M]. 2nd ed, John Wiley & Sons, Inc, 2000.

[27] Gradshteyn I S, Ryzhik I M. Table of Integrals,Series,and Products[M]. 7th ed. Oxford, UK : Elsevier Academic Press, 2007.

[28] 陈亚丁，程郁凡，李少谦，等. 窄带 FFH/MFSK 系统多音干扰抑制方法[J]. 电子科技大学学报，2010, 39(3): 346-350.

[29] Leonard E M, Jhong S L, Robert H F, et al. Analysis of an Antijam FH Acquisition Scheme[J]. IEEE Transactions　On communications, 1992, 40(1): 160-170.

[30] 盛骤，谢式千，潘承毅. 概率论与数理统计[M]. 北京：高等教育出版社，2008.

[31] 金玉明. 常用积分表[M]. 合肥：中国科学技术大学出版社，2009.

第4章　基于稀疏分解的跳频通信跟踪干扰检测技术

4.1　引言

第3章研究的跟踪干扰的检测方法主要在单天线下使用，前提条件是跳频通信能够实现同步，但是当跳频通信中的同步信息被干扰[1]，导致跳频通信不能够准确实现同步时，第3章使用的跟踪干扰的检测方法将失效。而本章研究的跟踪干扰检测方法则能够在跳频同步前完成跟踪干扰的检测。

由第2章介绍的干扰椭圆可知，在一般情况下，跳频信号和跟踪干扰信号来自不同的方向。因此，可以利用阵列天线技术研究的相关成果，假设跳频信号和相关干扰信号在空域能够有效分离，通过对分离后的信号进行特征提取来判断是否存在跟踪干扰[2]。

当采用统计决策方法进行干扰检测时，首先要提取干扰信号的特征。而信号的特征提取通常借助时频分析方法，如 Wigner-Ville 分布（Wigner-Ville Distribution，WVD）、小波变换[3]等，但是当频率随时间非线性变化时，WVD 会出现严重的交叉项干扰现象，而小波变换等时频分析方法的性能与采样率、分析频带的选择有关，缺乏自适应性。

近年来，随着稀疏分解理论的逐步完善，其在信号处理领域的优势逐渐体现出来。稀疏分解的主要目的是从一个过完备的矢量集（或函数集）中选择尽量少的元素来表示已知信号[4,5]。当构造出与信号特征相匹配的冗余基后，稀疏分解就能挖掘出信号内部的精细结构，提高变换域的分辨能力。

由于稀疏分解不仅能够得到信号精确的时频分布，还不会产生交叉项干扰，所以被广泛应用于多分量信号的时频分析和参数估计中[6]。跳频信号恰好可以看作多个信号分量的线性组合。因此，可以采用稀疏分解对跳频信号进行时频分析[7]。跟踪干扰由于和跳频信号在时/频域均相同或近似，所以只有通过找出两者在特征参数空间的细微差异才能辨识出。因此，采用稀疏分解是解决这一问题的有力手段。

跟踪干扰信号可以看成是调制信息为单音信号、窄带噪声，存在时延的跳频信号。对于相关跳频信号的 DOA 估计和利用波束形成器进行分离已经有了非常多的研究。例如，文献[8]已经通过硬件实现了相关跳频信号的宽带测向和分离。因此，在本章的研究中，假定跳频信号和相关干扰信号在空域实现了分离，在此基础上判断相关干扰信号是否为跟踪干扰。

本章将稀疏分解引入跳频通信跟踪干扰的特征提取中。首先，依据稀疏分解理论，应用推广的正则化 FOCUSS 算法实现对跳频信号的重构；其次，利用跳频信号重构方法给出一种跳频信号时延估计方法；最后，在前面分析的基础上，分别对跳频信号和跟踪干扰信号进行重构，得到能够区分两者细微差异的特征参数，实现对跟踪干扰的检测。

4.2　稀疏分解理论基础

通过构建与信号本身自适应的过完备库，将信号在此过完备库上进行分解，得到信号简洁的表达形式，最终得到与少数几个原子相对应的比较大的输出，把得到信号稀疏表示的过程称为信号的稀疏分解[9]。目前，稀疏分解已在信号去噪[10]、信号编码、信号分类[11]、信号参数估计[12]、高精度信号分选[13,14]、信号盲分离[15]、信号重构[16]和图像处理[17]等方面得到了广泛应用。

4.2.1　稀疏分解基本数学模型

在实际研究过程中，许多待研究的问题均可归为求解如下线性系统模型[18,19]：

$$Ax = y \qquad (4\text{-}1)$$

式中，$A \in \mathbf{R}^{m \times n}$ 可看作一个观测矩阵；$y \in \mathbf{R}^m$ 为观测矢量；x 为输入的信号源矢量。在式（4-1）中，针对不同形式的观测矩阵 A，有不同的解。当 $\operatorname{rank}(A) = n \leqslant m$ 时，得到的是式（4-1）的最小二乘解；当 $\operatorname{rank}(A) = m \leqslant n$ 时，式（4-1）表示一个不定系统，解不唯一，可表示为 $x = x_{mn} + v$，其中，v 是矩阵 A 的核空间中的任一向量，x_{mn} 是最小范数解。

对于式（4-1）的求解，最直接的方法是通过 l_0-范数来求解：

$$\min_{x \in \mathbf{R}^n} \| x \|_0 \quad \text{s.t.} Ax = y \qquad (4\text{-}2)$$

但是，式（4-2）是一个 NP 难题，无法直接求解。通常采用某种稀疏度量 $d(\cdot)$ 来逼近 $\| \cdot \|_0$，从而可获得稀疏解。此时，优化问题转变为

$$\min_{x \in \mathbf{R}^n} d(\alpha) \quad \text{s.t.} Ax = y \qquad (4\text{-}3)$$

目前，常用的稀疏度量函数为 $d(\alpha) = \| \alpha \|_p = \sum_{i=1}^{K} (| \alpha_i |^p)^{\frac{1}{p}}$，$0 < p \leqslant 1$。如果 $p = 1$，那么此时得到的为 l_1-范数稀疏度量函数，该优化方法就是基追踪算法；而当 $0 < p < 1$ 时，该优化方法为 FOCUSS 算法[20]。

在信号的稀疏分解中，原子的选取、冗余基的构造、求解算法的设计 3 个问题是利用稀疏分解求解的关键。

4.2.2　冗余基构造方法

在对信号进行稀疏分解前，首先需要选取与待分解信号相匹配的冗余基。通常，冗余基的构造应满足冗余基与信号是自适应的条件。换句话说，字典一般是从信号中学习得到的。根据构造过程中是否经过训练，冗余基构造方法可分为无训练冗余基和有训练冗余基两类[21]。

无训练冗余基通常根据待分解信号的先验信息确定冗余基生成函数，通过冗余基生成函数的平移、伸缩、调制等运算确定冗余基的原子。该方法简单易行，一旦冗余基确定就不再

改变；缺点是需要大量的先验信息，稀疏分解的效果取决于冗余基生成函数是否能准确反映待分解信号的结构。

有训练冗余基通过对相关数据进行训练来获得与待分解信号结构相符的原子。有训练冗余基的原子通过大量实验数据训练得到，构造时不需要太多的先验信息；缺点是训练过程复杂，容易陷入局部最优。

4.2.3 稀疏分解中常见的求解算法

稀疏分解的目的是用过完备字典中最符合待分解信号的特点的匹配原子稀疏表示待分解信号。稀疏分解的求解算法可分为吐故纳新算法和竞争优化算法两类[22]。

吐故纳新算法中最常用的是匹配跟踪算法[23]、正交匹配跟踪算法[24]等。该类算法的主要特点是计算简单，但是，在迭代过程中一旦出现错误，会给最终结果带来极大的影响。

竞争优化算法主要包括再加权最小 2-范数法[25,26]（Focal Underdetermined System Solver，FOCUSS）、基于稀疏性度量的选择算法[27]，以及两者相结合的推广的正则化 FOCUSS 算法[18]等。该类算法在每一步计算过程中，各原子间都存在相互竞争的关系，因而可获得更优的稀疏性[19]。下面介绍与本书相关的求解算法。

1. 基追踪（Basis Pursuit，BP）算法

一般情况下，对于 BP 算法求解，需要满足以下条件的解[28]：

$$\min_{x \in \mathbf{R}^n} \| x \|_1 \quad \text{s.t.} Ax = y \tag{4-4}$$

最小 l_1 -范数条件下的优化问题与线性规划（Linear Program，LP）问题是等价的。LP 的标准形式为

$$\min_{x \in \mathbf{R}^n} c^{\mathrm{T}} x \quad \text{s.t.} Ax = y, \ x \geqslant 0 \tag{4-5}$$

求解式（4-5）主要用单纯形法或内点法。单纯形法的思想为：首先从原子库内任意选取 n 个线性独立的原子作为最初基，然后在每次迭代中以最优化改进函数为原则选取新原子到基中并替换相应的原子，最后收敛于最优基。内点法的思想为：首先找到一个满足 $Ax^{(0)} = y$ 的解 $x^{(0)} > 0$ ；然后在每次迭代中应用修正量中的系数得到新向量 $x^{(k)}$ ，要求 $x^{(k)}$ 满足 $Ax^{(k)} = y$ 及系数的稀疏性；最后根据该系数向量中的非零项找出对应的原子，得到信号的稀疏分解。

2. 推广的正则化 FOCUSS 算法

推广的正则化 FOCUSS 算法是指在正则化 FOCUSS 算法的基础上，结合稀疏度量函数应具有的性质，将正则化 FOCUSS 算法推广到使用一般性稀疏度量函数的情形。下面首先回顾一下 FOCUSS 算法的发展历程。

FOCUSS 算法[29]是由 Rao 和 Borodnitshy 等从生物医学成像的角度，以最小 l_2 -范数解为基础提出的，其基本迭代公式如下[30]：

$$x^{(k)} = W_k (AW_k)^+ y \tag{4-6}$$

式中，$W_k = \text{diag}\{x^{(k-1)}\}$ ；$E^+ = E^{\mathrm{H}} (EE^{\mathrm{H}})^{-1}$ 表示矩阵 E（$E = AW_k$）的 Moore-Penrose 广义逆。

当增加信号的稀疏性约束和观测噪声后，式（4-1）所示的系统模型应改写为

$$\hat{x} = \mathop{\arg\min}_{x} \parallel x \parallel_0 \quad \text{s.t.} \ Ax + n = y \tag{4-7}$$

式中，$\parallel x \parallel_0 = \text{Card}\{i: | x_i | \neq 0\}$，$\text{Card}(\cdot)$ 表示集合的势；n 为观测噪声。文献[26]结合 l_p-范数将基本 FOCUSS 算法推广到可用于噪声环境下的正则化 FOCUSS 算法：

$$x^{(k)} = \tilde{W}_k A_k^{\mathrm{H}} (A_k A_k^{\mathrm{H}} + \lambda I)^{-1} y \tag{4-8}$$

式中，$\tilde{W}_k = \text{diag}\{| x_i^{(k-1)} |^{1-(p/2)}\}$；$A_k = A \tilde{W}_k$；$\lambda$ 为与噪声水平有关的正则化参数。文献[18]在此基础上研究了一般性稀疏度量函数应具有的性质，并将正则化 FOCUSS 算法推广到使用一般性稀疏度量函数的情形，研究了算法的基本步骤，证明了算法的收敛性，提出了推广的正则化 FOCUSS 算法：

$$x^{(k+1)} = W_k A_k^{\mathrm{H}} [\lambda I + A_k A_k^{\mathrm{H}}]^{-1} y \tag{4-9}$$

式中，W_k 是与选取的稀疏度量函数有关的矩阵；λ 是与噪声水平有关的正则化参数。当 $\lambda \to 0^+$ 时，式（4-9）即观测噪声为 0 时的稀疏解。

对于正则化参数的选取，主要包括误差极小化、Arcangeli 准则[31]和 L 曲线法[32]等。其中，前两种方法都要预先估计出原始数据的误差水平，需要获取先验信息，主要应用于生物医学成像领域；而由 L 曲线法确定的正则化参数则不需要先验信息。在跳频信号重构中，由于被测参数的先验信息难以获取，因此本书采用 L 曲线法对跳频信号重构中的正则化参数进行选取。

推广的正则化 FOCUSS 算法在正则化 FOCUSS 算法的基础上首先研究了稀疏度量函数应具有的性质，然后将稀疏度量函数的选取范围进行推广，因此该算法的稀疏度量函数更具普遍性，只需满足文献[18]提出的严格凹函数、严格单调递增函数等 4 条性质，即可根据工程实践需求选取与项目背景相匹配的稀疏度量函数，使用方便，稀疏度量值易于求取，具有广阔的应用前景。

在推广的正则化 FOCUSS 算法的应用方面，文献[5]以雷达目标的几何绕射模型为基础研究了多频带测量下的散射中心估计问题，利用该算法能够得到散射中心参数的超分辨估计，实现了雷达目标的特征分析和识别；而文献[33]则构造了稀疏分解冗余基等效延迟时间单元，采用该算法估计出了基带信号的稀疏表示，最终实现了双基地 ISAR 一维距离成像。

由于跳频信号工作的环境中存在噪声，因此需要考虑噪声对跳频信号重构的影响。而推广的正则化 FOCUSS 算法在噪声环境下通过选取合适的正则化参数，能够对信号获得较好的稀疏解。

4.3　基于推广的正则化 FOCUSS 算法的跳频信号重构

4.3.1　系统模型

跳频信号属于载波频率在 PN 序列控制下随时间变化的非平稳信号。对于接收端，假设在观察时间 T 内，跳频接收机共收到 M 跳信号，则收到的信号可以表示为[9]

$$s(t) = \sqrt{2S} \sum_{k=1}^{M} m_k(t)\, \text{rect}_{T_H}(t - kT_H - t_1) \exp(\text{j}2\pi f_k(t - kT_H - t_1) + \text{j}\theta_k) + n(t),\ 0 < t \leqslant T$$

$$(4\text{-}10)$$

式中，S 为跳频信号的功率；$m_k(t)$ 为经过基带调制的传输数据；f_k 和 θ_k 为获得的第 k 跳信号的载波频率和相位；T_H 为跳频信号驻留时间；M 为观测时间内产生的跳频频点数；$n(t)$ 为高斯白噪声；rect_{T_H} 为宽度是 T_H 的矩形窗：

$$\text{rect}_{T_H}(t) = \begin{cases} 1, & t \in (-T_H/2, T_H/2) \\ 0, & \text{其他} \end{cases} \qquad (4\text{-}11)$$

若 t_1 是第一个跳变时刻，则第 k 个跳变时刻为 $t_1 + (k-1)T_H$。

前面提到，跟踪干扰是干扰信号能跟踪跳频信号频率跳变的一种干扰方式，由于它与跳频信号在时域和频域的特征相吻合，主要区别主要体现在时延和调制信号的不同上。因此，跟踪干扰属于和跳频信号相关的信号。判断跳频通信是否存在跟踪干扰，时间延迟（时延）是一个很重要的特征参数。假如在第 j 跳跟踪干扰跟踪上了跳频信号，则其数学模型可以表示为

$$s_j(t) = \sqrt{2J}\, \text{rect}_{T_H}(t - kT_H - t_1 - \tau)\, m_j(t) \exp(\text{j}2\pi f_k(t - kT_H - t_1 - \tau) + \text{j}\varphi_k),\ 0 < t \leqslant L$$

$$(4\text{-}12)$$

式中，J 为跟踪干扰信号功率；$m_j(t)$ 为跟踪干扰在基带调制后的干扰信号，被调制的干扰信息通常为单音信号和窄带噪声；f_k 为捕获的侦察到的跳频信号的载频；τ 为线性时延函数，它由两部分组成，一部分为干扰机的反应时间（含侦察引导或转发时间），另一部分为跳频发射机到干扰机、干扰机到跳频接收机的传输时间与跳频发射机到跳频接收机的时间之差[34,35]。由式（4-10）和式（4-12）可知，如果跟踪干扰跟踪上了跳频信号，就可以把跟踪干扰看成是调制信息不同，同时与跳频信号存在时延的特殊跳频信号。

4.3.2　跳频信号稀疏性分析

由式（4-10）可知，跳频信号的重构由 3 个参数决定，即时间中心 T_k、载波频率 f_k 和跳频信号驻留时间 T_H。由于本书研究的范围属于合作通信，因此跳频信号驻留时间是已知的。为了更好地实现跳频信号的重构，根据跳频信号的特点选取信号单位能量的加窗正弦函数作为过完备库中的原子，如下式所示：

$$\begin{cases} g_k(t) = \text{rect}_{T_H}(t - T_k)\exp(2\pi f_k(t - T_k)) \\ s_k(t) = g_k(t)/\sqrt{\| g_k(t) \|^2} \end{cases} \qquad (4\text{-}13)$$

式中，f_k 表示正弦函数对应的频率（载波频率），其取值为跳频信号所处的频段内所有的跳频频点，设跳频频点数为 N_f，T_k 为对应的第 k 跳信号的时间中心，$T_k \in [0, T_H/2]$，按照所需的精度均匀取值；$k = 1, 2, \cdots, N_t$，N_t 决定搜索精度，其值越大，搜索精度越高，而 N_t 的精度则由采样间隔 T_S 决定（其中 $T_S = 1/f_S$，f_S 为时域的采样频率）。原子库中原子的个数为 $M = N_f \times N_t$，根据式（4-13）构造如下稀疏冗余基：

$$\boldsymbol{\psi} = [S_0(t), S_1(t), \cdots, S_{N_f}(t), S_0(t - t_0), S_1(t - t_0), \cdots, S_{N_f}(t - t_0), \cdots,$$
$$S_0(t - N_t t_0), S_1(t - N_t t_0), \cdots, S_{N_f}(t - N_t t_0)]_{1 \times M}$$

$$(4\text{-}14)$$

假设 α_k 为第 k 跳信号对应的复包络，记 $\boldsymbol{\alpha}$ 为

$$\boldsymbol{\alpha}^{\mathrm{T}} = [\alpha_1, \alpha_2, \cdots, \alpha_k, \cdots, \alpha_M]_{1 \times M} \tag{4-15}$$

当 T 内没有该跳信号时，$\alpha_k = 0$。由于在 T 内，跳频信号出现的次数仅是很小一部分，所以 $\boldsymbol{\alpha}$ 中非零元素的个数 K 远小于原子库中原子的个数 M，说明跳频信号具有稀疏表示。

由式（4-12）可知，跟踪干扰信号具有与跳频信号类似的表达式，可以把跟踪干扰看成是一种调制信息为窄带噪声或单音信号的跳频信号。因此，跟踪干扰信号也具有跳频信号的稀疏表示。在本书后续的分析中，对跳频信号和跟踪干扰信号的重构将会采用相同的冗余基。

4.3.3　算法原理

经过 4.3.2 节的分析可知，跳频信号和跟踪干扰信号都可以采用由式（4-14）所生成的冗余基，本节主要以跳频信号的重构为例说明推广的正则化 FOCUSS 算法在跳频信号重构中的具体应用。通过式（4-14）式（4-15）可知，式（4-10）可以描述为

$$s(t) = \boldsymbol{\psi}\boldsymbol{\alpha} + n_i(t) \tag{4-16}$$

接收端得到的跳频信号经过采样间隔为 T_s 的 A/D 离散化后，式（4-16）可以表示为

$$s(n) = \boldsymbol{\psi}\boldsymbol{\alpha} + n_i(n) \tag{4-17}$$

式中

$$\boldsymbol{\psi} = \begin{bmatrix} s_1(d)_{D \times 1} & \mathbf{0}_{D \times 1} & \cdots & \mathbf{0} & \cdots & \mathbf{0} & \mathbf{0} \\ \mathbf{0} & s_2(d)_{D \times 1} & \cdots & & \cdots & \cdots & \mathbf{0} \\ \vdots & \mathbf{0} & \cdots & \mathbf{0} & \cdots & & \vdots \\ \mathbf{0} & \vdots & \mathbf{0} & s_i(d)_{D \times 1} & \mathbf{0} & \cdots & \mathbf{0} \\ \vdots & & \cdots & \mathbf{0} & \ddots & \mathbf{0} & \\ \mathbf{0} & \mathbf{0} & \cdots & \cdots & \mathbf{0} & s_{M-1}(d)_{D \times 1} & \mathbf{0} \\ \mathbf{0} & \mathbf{0} & \cdots & \mathbf{0} & \cdots & \mathbf{0}_{D \times 1} & s_M(d)_{D \times 1} \end{bmatrix}_{N \times M} \tag{4-18}$$

式中，$s_i(d)_{D \times 1}$（$i = 1, 2, \cdots, M$）为将稀疏基中的原子以频率 $f_s = 1/T_s$ 采样后得到的离散序列；$D = T_{\mathrm{H}}/T_s$；$N = D \times M$。

应用稀疏分解理论，采用推广的正则化 FOCUSS 算法[18]对接收端采样信号得到的观测值估计 $\boldsymbol{\alpha}$ 的问题可以描述为

$$\min_{x \in \mathbf{R}^N} f(\boldsymbol{\alpha}) \quad \text{s.t.} \ \boldsymbol{y}(t) = \boldsymbol{\psi}\boldsymbol{\alpha} + n_i(t) \tag{4-19}$$

利用惩罚函数法可以将式（4-19）变为无约束的模型：

$$J(\boldsymbol{\alpha}) = f(\boldsymbol{\alpha}) + \frac{M}{2} \| \boldsymbol{\psi}\boldsymbol{\alpha} - \boldsymbol{y} \|_2^2 \tag{4-20}$$

式中，$M = 1/\lambda$ 为惩罚因子。利用梯度分解法，求得式（4-20）的梯度分量为

$$\nabla J(\boldsymbol{\alpha}) = \boldsymbol{\Pi}_\alpha \cdot \boldsymbol{\alpha} + M[\boldsymbol{A}^{\mathrm{T}} \boldsymbol{A}\boldsymbol{\alpha} - \boldsymbol{A}^{\mathrm{T}} \boldsymbol{y}] \tag{4-21}$$

式中，$\boldsymbol{\Pi}_\alpha = \mathrm{diag}\left\{ \dfrac{\phi'(|\alpha_i|)}{|\alpha_i|} \right\}$，在此进行了梯度分解。进一步，目标函数 J 的近似 Hessian 矩阵为

$$\nabla^2 J(\boldsymbol{\alpha}) = \boldsymbol{\Pi}_{\alpha} + M\boldsymbol{A}^{\mathrm{T}}\boldsymbol{A} \tag{4-22}$$

利用拟牛顿迭代法，当搜索步长固定为 1 时，可以得到如下迭代公式：

$$\boldsymbol{\alpha}^{(k+1)} = [\lambda\boldsymbol{\Pi}_k + \boldsymbol{A}^{\mathrm{T}}\boldsymbol{A}]^{-1}\boldsymbol{A}^{\mathrm{T}}\boldsymbol{y} \tag{4-23}$$

具体迭代步骤如下。

（1）取初值 $\boldsymbol{\alpha}^{(0)} \in \mathbf{R}^N$，允许误差 $\varepsilon = 1 - e3$，设置 $k = 1$。

（2）对于已知的 $\boldsymbol{\alpha}^{(k)}$，计算对角矩阵 $\boldsymbol{\Pi}_k \triangleq \boldsymbol{\Pi}_{\boldsymbol{\alpha}^{(k)}} = \mathrm{diag}\left\{\dfrac{\phi'(|\boldsymbol{\alpha}^{(k)}|)}{|\boldsymbol{\alpha}^{(k)}|}\right\}$，由此可以得到稀疏分解的下一步迭代结果为式（4-23）。

（3）计算误差 error $= \|\boldsymbol{\alpha}^{(k+1)} - \boldsymbol{\alpha}^{(k)}\|_2$，如果满足停止条件 error $< \varepsilon$，则输出 $\boldsymbol{\alpha}^{(k+1)}$ 作为稀疏分解的估计值 $\boldsymbol{\alpha}$；否则进行步骤（4）。

（4）令 $\boldsymbol{\alpha}^{(k+1)} \to \boldsymbol{\alpha}^{(k)}$，$k+1 \to k$，返回步骤（2）。

（5）对跳频信号对应的包络稀疏表示系数 $\boldsymbol{\alpha}$ 取模，结合各非零分量对应的跳频载波频率和时间中心，即可重构收到的跳频信号。

综上所述，应用稀疏分解理论，采用推广的正则化 FOCUSS 算法对跳频信号进行重构的流程如图 4-1 所示。

在图 4-1 中，接收端得到的跳频信号经过采样后得到长度为 N 的采样值 $\boldsymbol{s}_{N\times 1}$。在跳频信号重构的过程中，稀疏求解算法采用推广的正则化 FOCUSS 算法，利用冗余基 $\boldsymbol{\psi}_{N\times M}$，从采样得到的数据中将包络稀疏表示系数 $\boldsymbol{\alpha}_{M\times 1}$ 恢复出来，对 $\boldsymbol{\alpha}_{M\times 1}$ 取模，结合各非零分量对应的跳频载波频率和出现的时间中心即可重构收到的跳频信号。

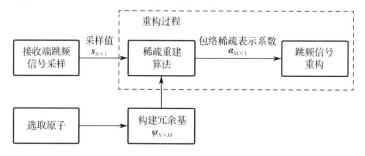

图 4-1 采用推广的正则化 FOCUSS 算法对跳频信号进行重构的流程

4.3.4 仿真结果及讨论

本节分析推广的正则化 FOCUSS 算法在跳频信号重构中的应用，利用仿真数据对提出的重构算法的正确性和有效性进行验证。假定跳频通信工作在 VHF 频段，仿真中的跳频信号参数如表 4-1 所示。

表 4-1 仿真中的跳频信号参数

参　　数	模拟值	参　　数	模拟值
工作频段	30～88MHz	换频时间	0.001s
频率间隔	25kHz	跳频频点 1［载波频率,归一化幅度]	(35MHz,1)

续表

参　　　数	模拟值	参　　　数	模拟值
跳频频点数目	2320	跳频频点 2［(载波频率，归一化幅度)］	(37.5MHz,1)
跳频周期	0.005s	跳频频点 3［(载波频率，归一化幅度)］	(42.5MHz,1)
驻留时间	0.004s	跳频频点 4［(载波频率，归一化幅度)］	(40MHz,1)

在仿真过程中，由于跳频工作的频率很高，在 MHz 数量级上，仿真时的采样频率要达到 200MHz 以上，因此，本书在仿真过程中，在不对仿真结果产生影响的基础上，适当地把载波频率和跳频频点的频率等比例降低到 kHz 数量级上，这样可以提高仿真速度。采样频率为 200kHz，噪声采用零均值的高斯白噪声，在 MATLAB 中，本书分别在无噪声和噪声环境下对采用推广的正则化 FOCUSS 算法的跳频信号重构的性能进行了仿真。

为了对比仿真中跳频信号的波形和频谱，通过示波器和频谱仪对某型 VHF 跳频电台的时域波形和频域频谱进行了采集。图 4-2 和图 4-3 分别给出了实际的 VHF 跳频电台在跳频工作模式下的时域波形和频域频谱。

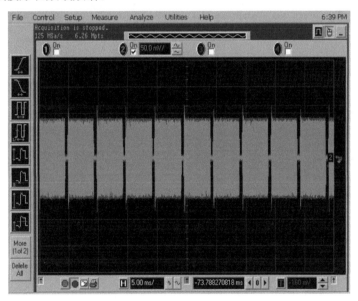

图 4-2　实际的 VHF 跳频电台在跳频工作模式下的时域波形

1. 不同信噪比下的跳频信号重构分析

首先考虑无噪声的情况，此时噪声方差 $\sigma^2 = 0$，采用稀疏分解方法，重构算法采用推广的正则化 FOCUSS 算法。通过分解得到以下参数：观测时间内获得的 4 个跳频频点对应的分解系数（包络稀疏表示系数）$\alpha = [0.982, 0.998, 0.999, 0.998]$，时间中心 $T_k = [0.003, 0.008, 0.013, 0.018]$（单位为 s），载波频率 $f_k = [35, 37.5, 42.5, 40]$（单位为 kHz）。通过上面的参数可以把无噪声的跳频信号重构出来，具体结果如图 4-4 所示。

在图 4-4 中，上面两幅图为原始跳频信号在无噪声的情况下接收端信号的时域波形和频域频谱，下面两幅图为通过稀疏分解后重构的跳频信号的时域波形和频域频谱。通过图 4-4

可知，该算法能够对收到的跳频信号实现完全无误差的重构。通过对比图 4-2、图 4-3 和图 4-4 可知，仿真中的时域波形、频域频谱与实际的基本一致。

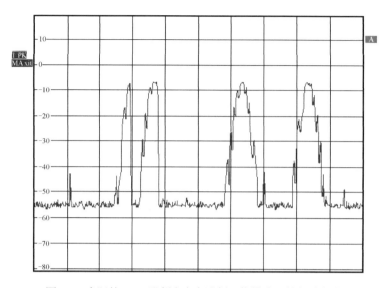

图 4-3   实际的 VHF 跳频电台在跳频工作模式下的频域频谱

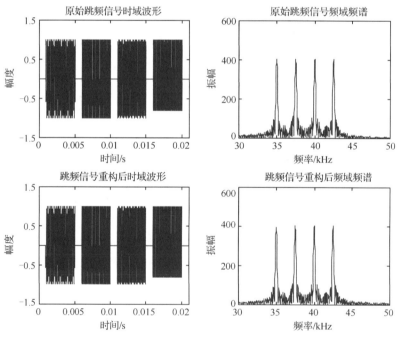

图 4-4   无噪声的跳频信号的重构

给收到的信号加上高斯白噪声，当噪声方差 $\sigma^2 = 0.1$ 和 $\sigma^2 = 0.3162$ 时，通过公式 $\text{SNR} = 10\lg(1/\sigma^2)$，可以计算出对应的信噪比分别为 10dB 和 5dB。在噪声存在的情况下，正则化参数的选取和信噪比有关，具体的值可以根据 L 曲线法进行估计。图 4-5（a）、（b）分别给出了在上述参数选定后的 L 曲线图。

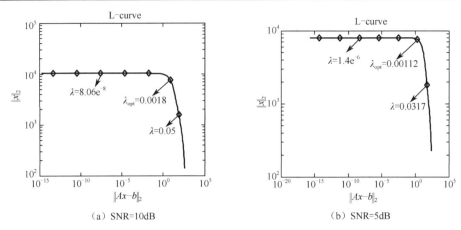

（a）SNR=10dB　　　　　　　　　（b）SNR=5dB

图 4-5　不同信噪比下的 L 曲线图

从图 4-5（a）、（b）中可以看到，图中出现了 L 曲线，横、纵坐标分别为解的范数和残差的范数，绘制出了可能的正则化参数对应的解，L 曲线表征了解的范数和残差的范数随正则化参数变化的情况，正则化参数不可能在 L 曲线之外的区域，所有的正则解必然位于 L 曲线上；在 L 曲线上出现了一个明显的拐点，该拐点就是残差的范数和解的范数的折中，所对应的拐点即最优正则化参数。此时可以看出，当 SNR=10dB 时，最优正则化参数为 $\lambda_{\mathrm{opt}}=0.0018$；当 SNR=5dB 时，$\lambda_{\mathrm{opt}}=0.00112$。

当 SNR=10dB 时，图 4-6 给出了选定正则化参数后，利用推广的正则化 FOCUSS 算法在接收端对含有噪声的跳频信号进行重构的一次实现。4 个跳频频点对应的分解系数 $\boldsymbol{\alpha}=[0.901,0.998,0.985,0.970]$、时间中心 $T_k=[0.003,0.008,0.013,0.018]$（单位为 s）、载波频率 $f_k=[35,37.5,42.5,40]$（单位为 kHz）。

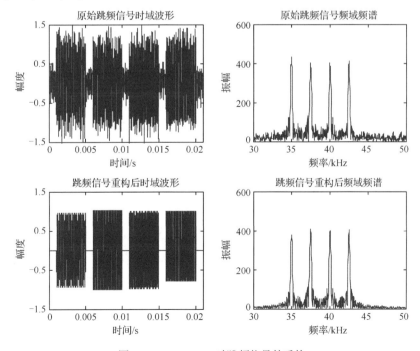

图 4-6　SNR=10dB 时跳频信号的重构

从图 4-6 中可以看出，噪声对原始跳频信号进行了干扰，使得原始跳频信号的部分特征消失。在未采用正则化参数之前，传统的 FOCUSS 算法不能实现跳频信号的重构，此时采用推广的正则化 FOCUSS 算法，正则化参数选择 L 曲线中对应的拐点值，即正则化参数选取 $\lambda_{\text{opt}} = 0.0018$，使用该方法可以实现对跳频信号进行几乎无误的重构。

同埋，当信噪比为 5dB 时，正则化参数选取 $\lambda_{\text{opt}} = 0.00112$ 时，图 4-7 给出了利用推广的正则化 FOCUSS 算法在接收端对跳频信号进行重构的一次实现。4 个跳频频点对应的分解系数 $\boldsymbol{\alpha} = [0.969, 1.007, 0.988, 0.977]$、时间中心 $T_k = [0.003, 0.008, 0.013, 0.018]$（单位为 s）、载波频率为 $f_k = [35, 37.5, 42.5, 40]$（单位为 kHz）。

由图 4-7 可以看出，噪声对原始跳频信号进行了干扰，使得原始跳频信号几乎淹没在噪声当中，而该方法依然能够把跳频信号重构出来。

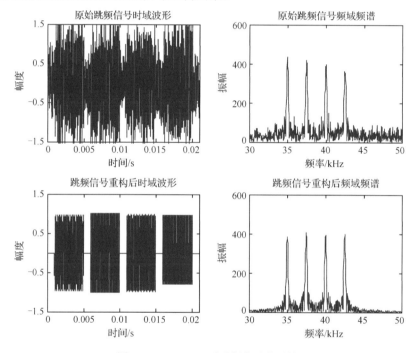

图 4-7　SNR=5dB 时跳频信号的重构

2．不同信噪比下的跳频信号时间中心和载波频率误差分析

为了更好地分析跳频信号的重构性能，定义信号参数的归一化重构误差如下：

$$\varepsilon = \sqrt{\sum_{i=1}^{m} (x_i' - x_i)^2} \bigg/ \sqrt{\sum_{i=1}^{m} x_i^2} \qquad (4\text{-}24)$$

式中，x_i' 为跳频信号第 i 跳信号重构后的参数值；x_i 为跳频信号第 i 跳信号的实际参数值。在此基础上，分析时间中心 T_k 和载波频率 f_k 在不同信噪比下的重构性能。

为了验证推广的正则化 FOCUSS 算法对跳频信号各参数的重构性能。本书分别用基追踪算法和推广的正则化 FOCUSS 算法对收到的跳频信号进行重构。在重构过程中，当信噪比小于 0dB 时，噪声已经完全淹没信号，信号的特征完全消失，重构算法不能实现信号重构。当信噪比从

0dB 到 25dB（以 1dB 为步长）变化时，接收端得到的跳频信号在同一信噪比下经过 100 次蒙特卡罗仿真实验，对跳频信号重构参数中的时间中心和载波频率求取重构误差，并取平均值。

图 4-8 和图 4-9 分别给出了跳频信号中重构参数时间中心和载波频率在不同信噪比下的重构误差。可以看出，当信噪比为 0～5dB 时，随着信噪比的增大，采用推广的正则化 FOCUSS 算法和基追踪算法的归一化重构误差都在减小。当信噪比在 5dB 以上时，采用推广的正则化 FOCUSS 算法的跳频信号的时间中心和载波频率的重构误差都基本趋近于零；而采用基追踪算法的跳频信号的时间中心的重构误差保持在 0.2 左右，载波频率的重构误差保持在 0.08 左右。采用基追踪算法使得重构误差增大的主要原因是基追踪算法对信号分解不完整，会出现丢失跳频频点的现象。

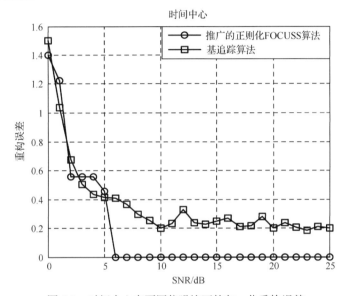

图 4-8　时间中心在不同信噪比下的归一化重构误差

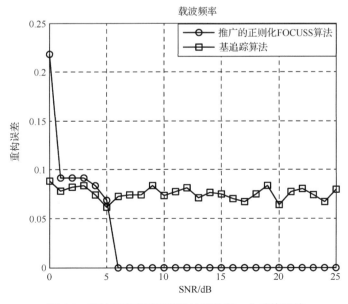

图 4-9　载波频率在不同信噪比下的归一化重构误差

3. 跳频频点增加时跳频信号时间中心和载波频率误差分析

在跳频信号重构的过程中，一次能够处理的跳频频点数越多，系统重构的实现难度越高，当一次能够重构的跳频频点数较少时，需要在很短的时间内完成，对系统重构的实现要求就很高。为此本书分析了跳频频点增加对跳频信号重构性能的影响。图 4-10 和图 4-11 给出了在观测时间内收到的跳频信号分别为 4 跳和 8 跳的情况下，采用推广的正则化 FOCUSS 算法，在不同信噪比下，时间中心和载波频率的重构误差。

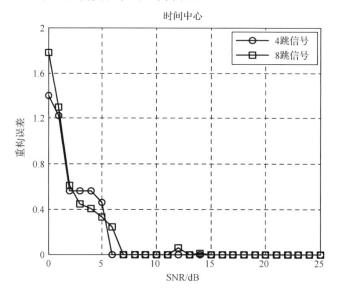

图 4-10　不同跳频频点下时间中心的归一化重构误差

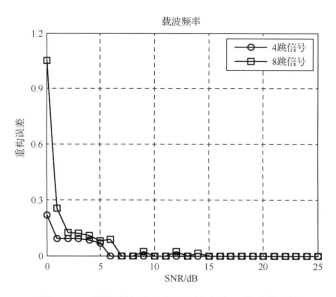

图 4-11　不同跳频频点下载波频率的归一化重构误差

从图 4-10 和图 4-11 中可以看出，随着信噪比的增大，重构误差都在逐渐减小。在观测时间内跳频频点为 8 跳且信噪比在 5dB 以下时，载波频率的重构误差略大于跳频频点为 4 跳的情况（指的是整体的趋势）；当信噪比大于 5dB 时，重构误差均趋近于零。

通过仿真实验结果，可以得出以下结论。

（1）通过对跳频信号的稀疏性分析，构建合适的时频原子字典，采用推广的正则化 FOCUSS 算法，在无噪声情况下能够精确地重构跳频信号；而在含有噪声的情况下，当信噪比大于 5dB 时，能够实现对跳频信号几乎无误的重构。

（2）通过对比基追踪算法和推广的正则化 FOCUSS 算法对跳频信号重构的性能可知，推广的正则化 FOCUSS 算法对跳频信号重构的性能整体优于基追踪算法，尤其当信噪比大于 5dB 时，基于推广的正则化 FOCUSS 算法能够实现对接收端跳频信号几乎无误的重构。

（3）采用推广的正则化 FOCUSS 算法，在观测时间内，随着跳频频点的增加，当信噪比小于 5dB 时，各参数的重构误差略有增加；而当信噪比大于 5dB 时，重构误差均趋近于零。因此，当信噪比大于 5dB 时，在观测时间内，跳频点数增加对跳频信号重构的影响不大。

本节通过对接收端跳频信号模型的稀疏性进行分析，根据跳频信号的特点构建了时频原子字典，将推广的正则化 FOCUSS 算法应用到了跳频信号的重构中。在此基础上，利用该算法实现了跳频信号在噪声环境下的重构。仿真结果表明，在无噪声情况下，跳频信号能够完全无误地被重构；而在噪声环境下，通过 L 曲线法选择合适的正则化参数，跳频信号在信噪比大于 5dB 时可以实现几乎无误的重构。在分析了跳频信号的重构之后，下面主要介绍跳频通信中跟踪干扰的特征提取及检测。

4.4　基于稀疏分解的跟踪干扰特征提取及检测

跟踪干扰信号区别于跳频信号的主要特征之一是其存在时延。对跟踪干扰信号进行识别，时延是一个很重要的特征参数，而跟踪干扰信号可以看成是调制信息为单音信号和窄带噪声且存在时延的跳频信号。本节给出一种针对跳频信号的时延估计方法。

4.4.1　跳频信号时延估计

我们已经知道，跳频信号是一种典型的非平稳信号，是噪声环境下的非平稳信号，文献[36]采用时频联合分析的方法，即使用短时傅里叶谱图的瞬时频域相关法实现了对时延的估计。但是对于频率随时间非线性变化的单分量信号或多分量信号，该方法会出现严重的交叉项干扰现象。文献[37]提出了一种基于循环互相关的时延估计方法，能够很好地处理具有周期平稳特性的信号。而跳频信号在实验的时间范围内不具有周期平稳特性[38]。因此，上述方法不适用于跳频信号的时延估计。目前，针对跳频信号的时延估计方法相对较少[7]。

本节提出一种基于稀疏分解的跳频信号的时延估计方法，分别对跳频信号和时延跳频信号进行重构，获得跳频信号每跳的时间中心，从而得到每跳的时延，最后通过仿真验证该时延估计方法的有效性。

1. 时延估计的信号模型

假设跳频信号和时延跳频信号分别为

$$x_0(t) = s(t) + n_0(t)$$
$$x_1(t) = s(t - \tau) + n_1(t) \qquad (4\text{-}25)$$

式中，$x_0(t)$ 为收到的跳频信号；$x_1(t)$ 为对应的时延跳频信号；$n_0(t)$ 和 $n_1(t)$ 为加性高斯白噪声；$s(t)$ 为接收端在观测时间内得到的跳频信号，其表达式如式（4-10）所示。由于在时延估计过程中只考虑时延参数 τ，因此跳频信号接收端模型可以简化，令跳频信号的幅度为 1，即

$$s(t) = \sum_{k=1}^{M} \mathrm{rect}_{T_H}(t - kT_H - t_1)\exp(\mathrm{j}2\pi f_k(t - kT_H - t_1) + \mathrm{j}\theta_k) + n(t),\ 0 < t \leqslant L \qquad (4\text{-}26)$$

2. 时延估计方法

基于稀疏分解的跳频信号时延估计框图如图 4-12 所示。从接收端分别得到跳频信号和时延跳频信号，经过射频滤波器后，分别对得到的信号进行稀疏分解，完成跳频信号的重构，获得相对应的跳频信号载波频率，以及对应的时间中心 $T_0(k)$ 和 $T_1(k)$，$k = 1, 2, \cdots, M$，而时延即两时间中心之差，即 $\tau(k) = T_1(k) - T_0(k)$，这样就估得了观测时间 T 内 M 跳信号的时延。因此，对跳频信号进行时延估计的关键是跳频信号的重构[7]。

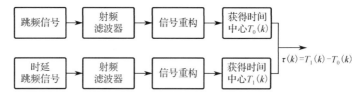

图 4-12 基于稀疏分解的跳频信号时延估计框图

为了形象地说明跳频信号的时延估计，图 4-13 给出了接收端收到的跳频信号和时延跳频信号的时域波形。可以直观地看出，这两路信号的时延可表示为它们对应的时间中心之差。

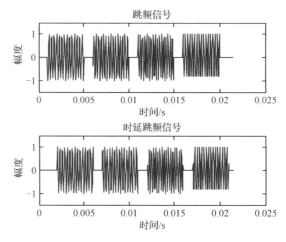

图 4-13 跳频信号和时延跳频信号的时域波形

分别对跳频信号和时延跳频信号进行稀疏分解，完成信号的重构（具体的重构方法在 4.3 节有详细介绍），获得相对应的载波频率 $f_0(k)$ 和时间中心 $T_0(k)$，$k = 1, 2, \cdots, M$，以及对应的时延跳频信号的载波频率 $f_1(m)$ 和时间中心 $T_1(m)$，$m = 1, 2, \cdots, M$。当 $k = m$ 时，对应的时间中心之差为估计出来的第 k 跳信号存在的时延，即 $\tau(k) = T_1(k) - T_0(k)$。

结合上面的分析，基于稀疏分解的跳频信号时延估计的步骤如下。

（1）根据跳频信号的特点，依据式（4-13）构建过完备库中的原子。

（2）根据跳频信号所在频段和频率间隔等实际需求信息，依据步骤（1）选取的载波频率原子单元 $s_k(t)$，利用式（4-14）构建冗余基。

（3）使用 $f(\boldsymbol{\alpha}) = \sum_{i=1}^{M} \ln(1 + \alpha_i^2)$ 作为稀疏度量函数，利用推广的正则化 FOCUSS 算法分别对跳频信号和时延跳频信号进行稀疏分解，估计出包络稀疏表示系数 $\boldsymbol{\alpha}_{\mathrm{FH}}$ 和 $\boldsymbol{\alpha}_{\mathrm{TDFH}}$。

（4）对跳频信号和跟踪干扰信号对应的包络稀疏表示系数 $\boldsymbol{\alpha}_{\mathrm{FH}}$ 与 $\boldsymbol{\alpha}_{\mathrm{TDFH}}$ 取模，结合各非零分量对应的载波频率和出现的时间中心，分别构建出收到的跳频信号和跟踪干扰信号。

（5）分析重构出的信号，对应的相同载波频率上的时间中心之差即跳频信号的时延。

4.4.2　跟踪干扰特征提取及检测的具体步骤

4.4.1 节实现了对跳频信号的时延估计，而跟踪干扰可以看成是一种特殊的跳频信号，因此本节采用 4.4.1 节提出的时延估计方法，并结合其他特征参数，实现对跟踪干扰中特征参数时延和幅度信息的提取。

假设跳频信号和相关干扰信号在空域实现了分离，分别对空域分离后的信号实现信号重构，获得相对应的跳频信号载波频率 $f_{\mathrm{FH}}(k)$ 和时间中心 $T_{\mathrm{FH}}(k)$，$k = 1, 2, \cdots, M$，以及相关干扰信号的载波频率 $f_{\mathrm{FJ}}(m)$ 和时间中心 $T_{\mathrm{FJ}}(m)$，$m = 1, 2, \cdots, M$。如 4.4.1 节的介绍所示，当载波频率相同时，即 $k = m$，对应的时间中心之差为估计的第 k 跳信号存在的时延，即 $\tau(k) = T_{\mathrm{FJ}}(k) - T_{\mathrm{FH}}(k)$，而经过稀疏分解获得的信号重构中的非零值即特征参数幅度信息。这样就得到了跟踪干扰识别中需要的时延和幅度信息。

综上所述，在跳频信号和相关干扰信号于空域分离的前提下，基于稀疏分解的跳频通信跟踪干扰特征提取方法的步骤可总结如下。

（1）采用稀疏分解理论，通过估计得到非零包络稀疏表示系数 $\boldsymbol{\alpha}_{\mathrm{FH}}$ 和 $\boldsymbol{\alpha}_{\mathrm{FJ}}$ 所在的位置，分别实现跳频信号和相关干扰信号的重构。

（2）在跳频信号和相关干扰信号重构后，获得重构信息中相同载波频率对应的时间中心，时间中心之差 $\tau(k)$ 即第 k 跳信号对应的时延。而包络稀疏表示系数 $\boldsymbol{\alpha}_{\mathrm{FH}}$ 和 $\boldsymbol{\alpha}_{\mathrm{FJ}}$ 对应的非零值即跳频频点上的频谱最大幅值。

（3）如果在观测时间内每跳信号的时延均满足 $0 < \tau(k) \leqslant T_{\mathrm{H}}$，且相关干扰信号的幅度大于跳频信号的幅度，则可以判断存在跟踪干扰。

4.4.3 仿真结果及分析

本节分析跟踪干扰特征提取方法，以及利用提取的特征参数来检测跟踪干扰是否存在。为此，利用仿真数据验证特征提取方法的正确性和有效性。仿真中跳频信号的仿真参数设置如表 4-1 所示，假定该跳频信号存在跟踪干扰，对应的跟踪干扰信号分别在 35MHz、37.5MHz、40MHz 和 42.5MHz 跳频频点上存在时延，且时延均为 0.001s；设定跟踪干扰的归一化幅度为 2；采样频率与 4.3.4 节一样；噪声采用零均值的高斯白噪声，在噪声存在的情况下，正则化参数的选取和信噪比有关，具体的值可以根据 L 曲线法估计出来。

1. 跳频信号和跟踪干扰信号重构后的特征提取验证

分别对分离后的信号进行重构，在高斯白噪声下，当信噪比为 10dB 时，利用推广的正则化 FOCUSS 算法在接收端对含有噪声的跳频信号和跟踪干扰信号进行重构的一次实现。图 4-14 和图 4-15 分别给出了跳频信号和跟踪干扰信号及其重构后的时域波形与重构后的跳频信号和跟踪干扰信号的频谱。

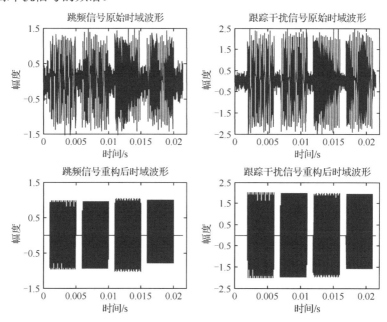

图 4-14 SNR=10dB 时跳频信号和跟踪干扰信号及其重构后的时域波形

由图 4-14 和图 4-15 可知，跳频信号和跟踪干扰信号在 4 个跳频频点上对应的时间中心为 $T_0(k) = [0.003, 0.008, 0.013, 0.018]$ 和 $T_1(k) = [0.004, 0.009, 0.014, 0.019]$（单位为 s）。时延为两个对应跳频频点上时间中心之差。使用该方法可以实现跟踪干扰信号时延的精确估计。而从图 4-15 中可知，跟踪干扰信号的频域幅值明显大于跳频信号的幅值，而每个跳频频点频谱幅值的最大值即跳频信号和跟踪干扰信号的每跳信号重构中的包络稀疏表示系数，其中跳频信号为 $\boldsymbol{\alpha}_{\mathrm{FH}} = [0.978, 0.955, 1.022, 0.993]$，跟踪干扰信号为 $\boldsymbol{\alpha}_{\mathrm{FJ}} = [1.996, 1.98, 1.973, 1.927]$。

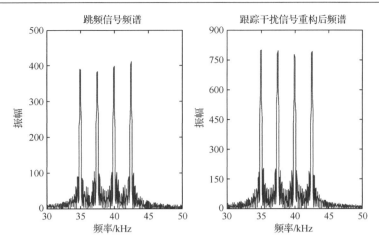

图 4-15　SNR=10dB 时跳频信号和跟踪干扰信号重构后的频谱

当信噪比为 5dB 时，图 4-16 和图 4-17 分别给出了跳频信号和跟踪干扰信号及其重构后的时域波形与重构后的跳频信号和跟踪干扰信号的频谱。

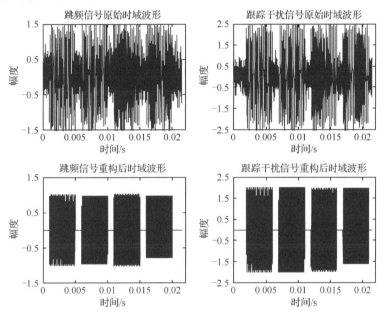

图 4-16　SNR=5dB 时跳频信号和跟踪干扰信号及其重构后的时域波形

由图 4-16 和图 4-17 看出，当信噪比为 5dB 时，该方法仍然能够精确地估计出时延，同时重构后的跟踪干扰信号的幅值也大于跳频信号的幅值。

综合图 4-14～图 4-17 可知，如果跳频信号存在跟踪干扰，那么满足两个特征，即跳频信号每跳时延均满足 $0 < \tau(k) \leqslant T_H$，跟踪干扰信号的频谱最大幅值即跟踪干扰信号的包络稀疏分解系数大于跳频信号的包络稀疏分解系数。

2. 跟踪干扰时延估计性能验证

在仿真过程中，本书分别用基追踪算法和推广的正则化 FOCUSS 算法对收到的跳频信号与跟踪干扰信号的时延进行估计，与式（4-24）类似，这里定义时延估计的归一化估计误差如下：

$$\varepsilon = \sqrt{\sum_{i=1}^{m}(t_i' - t_i)^2} \Big/ \sqrt{\sum_{i=1}^{m} t_i^2} \qquad (4\text{-}27)$$

式中，t_i' 为跳频信号第 i 跳的估计值；t_i 为跳频信号第 i 跳的实际值。在此基础上，分析跟踪干扰信号时延估计性能。在时延估计过程中，当信噪比小于 0dB 时，噪声已经完全淹没信号，信号的特征完全消失，由于重构算法不能实现，因此时延估计方法失效。

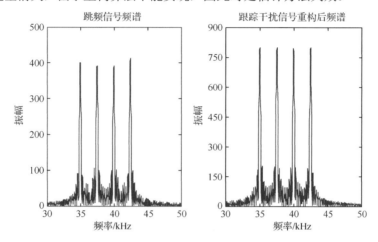

图 4-17 SNR=5dB 时跳频信号和跟踪干扰信号重构后的频谱

当信噪比从 0dB 到 25dB（以 1dB 为步长）变化时，接收端得到的跳频信号在同一信噪比下经过 100 次蒙特卡罗仿真实验，计算每次接收端跳频信号时延估计误差并取平均值。图 4-18 给出了不同信噪比下的时延估计性能。

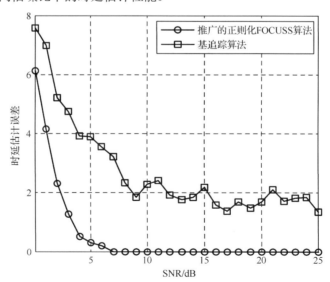

图 4-18 不同信噪比下的时延估计性能

从图 4-18 中可以看出，当信噪比为 0~5dB 时，随着信噪比的增大，采用推广的正则化 FOCUSS 算法和基追踪算法的跳频信号时延估计误差都在减小。当信噪比在 5dB 以上时，采用推广的正则化 FOCUSS 算法的跳频信号时延估计误差基本趋近于零；而采用基追踪算法的跳频信号时延估计误差保持在 2 左右，主要原因是由于基追踪算法对跳频信号的分解不完整，会出现丢失跳频频点的现象，这一点在前面的跳频信号重构中已经分析过了。

保持上面的仿真参数不变，增加观测时间内收到的跳频频点数。图 4-19 给出了在 4 跳和 8 跳的情况下，不同信噪比对应的归一化时延估计误差。

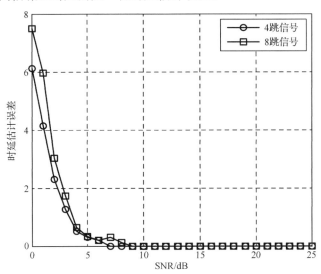

图 4-19　不同跳频频点下不同信噪比对应的归一化时延估计误差

由图 4-19 可知，随着信噪比的增大，两者的时延估计误差都在逐渐减小。当信噪比在 5dB 以下时，跳频频点为 8 跳的时延估计误差略大于跳频频点为 4 跳的情况；在信噪比大于 5dB 时，两者的时延估计误差均趋近于零。

通过前面的分析可以得出以下结论：在噪声环境下，选择合适的正则化参数，跳频信号在信噪比大于 5dB 时可以对跳频信号时延实现几乎无误的估计；观测时间内，跳频频点增加对时延估计性能的影响不大。

3. 跟踪干扰特征提取验证

如果在每跳信号中都存在时延，而时延满足 $0 < \tau(k) \leqslant T_H$ ［$\tau(k)$ 表示第 k 跳信号的时延］，则可以判定跳频信号可能存在跟踪干扰或多径干扰。跟踪干扰和多径干扰与跳频信号相比均存在时延。其中，多径干扰存在快衰落的特征[39]，在接收端，其频谱幅值小于跳频信号的频谱幅值；跟踪干扰在实施时通常会做放大处理，在接收端，其频谱幅值大于跳频信号的频谱幅值。因此，可以通过求取跳频信号和相关干扰信号的最大频谱幅值来判断干扰类型，如果相关干扰信号的最大频谱幅值大于跳频信号的最大频谱幅值，那么可以判定该相关干扰为跟踪干扰。

跟踪干扰与跳频信号的主要区别包括时延、幅度信息和调制信息。其中，时延满足 $0 < \tau(k) \leqslant T_H$，幅度信息满足其幅值大于跳频信号的幅值。为了验证所提取特征参数的有效性，应用统计决策方法对收到的信号进行检测。当信干比固定时，信噪比以 1dB 为步长从 0dB 变化至 25dB，在每个不同的信噪比下进行 100 次蒙特卡罗仿真实验，应用前面的方法提取特征参数。图 4-20 给出了跟踪干扰检测性能曲线。

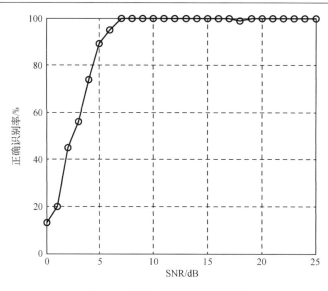

图 4-20　跟踪干扰检测性能曲线

　　从图 4-20 中可以看出，在 SNR>5dB 时，正确识别率达到 90%以上，通过仿真实验结果验证了该方法的有效性。另外，在实验中对得到的信号分别进行稀疏分解时，只需使用一次稀疏分解算法即可实现，因此需要存储的系数值很少，可以达到快速识别跟踪干扰信号的目的。

4.5　本章小结

　　本章研究了基于稀疏分解的跳频通信跟踪干扰的检测问题。在跳频信号和相关干扰信号于空域分离的基础上，把稀疏分解理论应用到跟踪干扰特征参数的提取中。为此，首先研究了跳频信号的重构，对跳频信号的稀疏性进行了分析，依据跳频信号的特点构建了一组时频原子字典。在此基础上，提出了一种基于推广的正则化 FOCUSS 算法的跳频信号重构方法。该方法通过 L 曲线法选取合适的正则化参数，在噪声环境下实现了对跳频信号的重构。

　　其次，在跳频信号重构的基础上提出了一种跳频信号时延估计方法，分别对分离后的两路跳频信号进行重构，得到对应的载波频率和时间中心，当两路跳频信号对应的载波频率相同时，时间中心之差即该跳的时延。

　　最后，研究了跟踪干扰特征提取及检测的具体步骤，应用前面的信号重构和时延估计得到能够区分跟踪干扰与跳频信号的特征参数。通过统计决策方法实现了跟踪干扰的检测。仿真结果表明，该检测方法能够快速、有效地检测出跟踪干扰，验证了其有效性。

参考文献

[1] 苑雪，曾兴雯，申振宁. 跳频同步信号的干扰研究[J]. 西安电子科技大学学报（自然科学版），2004, 31(6): 896-899.

[2] 闫云斌,全厚德,崔佩璋. 稀疏分解在跟踪干扰信号特征提取中的应用[J]. 信号处理,2012, 28(12): 1714-1720.

[3] 任春辉,魏平,肖先赐. 改进的 Morlet 小波在信号特征提取中的应用[J]. 电波科学学报, 2003, 18(6): 633-637.

[4] Lopez-Risueno G, Grajal J, Yeste-Ojeda O. Atomic decomposition-based radar complex signal interception[J]. IEE .Proceedings.-Radar, Sonar and Navigation, 2003, 150(4): 323-331.

[5] 杜小勇,胡卫东,郁文贤. 基于稀疏成份分析的几何绕射模型参数估计[J]. 电子与信息学 报, 2006, 28(2): 362-366.

[6] 范海宁,郭英,艾宇. 基于原子分解的跳频信号盲检测和参数盲估计算法[J]. 信号处理, 2010, 26(5): 695-702.

[7] 闫云斌,全厚德,崔佩璋. 一种新的跳频信号时延估计方法[J]. 电讯技术,2013, 53(3): 288-292.

[8] 朱文贵. 基于阵列信号处理的短波跳频信号盲检测和参数盲估计[D]. 合肥:中国科学技 术大学,2007.

[9] 邵君,尹忠科,王建英. 基于 FFT 的 MP 信号稀疏分解算法的改进[J]. 西南交通大学学 报, 2006, 41(4): 65-69.

[10] 余付平,冯有前,高大化. 基于稀疏分解的雷达信号抗噪声干扰方法研究[J]. 系统工程 与电子技术,2011, 33(8): 1765-1769.

[11] 杨勃,英勇,赵海鸣. 基于信号稀疏分解的水下回波分类[J]. 声学学报,2010 (6): 608-614.

[12] 王国栋,阳建宏,黎敏,等. 基于自适应稀疏表示的宽带噪声去除算法[J]. 仪器与仪表 学报, 2011, 32(8): 1818-1823.

[13] Ghafari A, Babaie-Zadeh M, Jutten C. Sparse decomposition of two dimensional signals[C]// IEEE International Conference on Acoustics, Speech and Signal Processing, 2009: 3157-3160.

[14] Cheng P, Jiang Y C, Xu R Q. A Novel ISAR Imaging Algorithm for Maneuvering Targets Based on Sparse Signal Representation[C]. The Sixth World Congress on Intelligent Control and Automation, 2006 (2): 10126-10129.

[15] Yuan W M, Wang M, Wu S J. Algorithm for the detection and parameter estimation of multicomponent LFM signal[J]. Journal of Electronics, 2005, 2(22): 185-189.

[16] 杨俊杰,刘海林. 增广 Lagrange 函数优化算法在稀疏信号重构问题中的应用[J]. 计算机 科学, 2011, 38(9): 193-196.

[17] Lad M, Matalon B, Zibulevsky M. Image denoising with shrinkage and redundant representations[C]//Proc. of IEEE Computer Society Conference on Computer Vision and Pattern Recognition. New York: IEEE Press, 2006: 1924-1931.

[18] 杜小勇,胡卫东,郁文贤. 推广的正则化 FOCUSS 算法及收敛性分析[J]. 系统工程与电 子技术,2005, 27(5): 922-925.

[19] 韩宁,尚朝轩. 基于粒子群优化的稀疏分解变尺度快速算法[J]. 系统工程与电子技术, 2012, 34(1): 46-49.

[20] 韩宁. 空间目标双基地 ISAR 成像算法及试验研究[D]. 石家庄:军械工程学院,2012.

[21] 王春光. 基于稀疏分解的心电信号特征波检测及心电数据压缩[D]. 长沙：国防科技大学，2009.

[22] 程文波，王华军. 信号稀疏表示的研究及应用[J]. 西南石油大学学报（自然科学版），2008, 30(5): 148-151.

[23] Mallat S G, Zhang Z F. Matching pursuits with time-frequency dictionaries[J]. IEEE Trans.on Signal Processing, 1993, 41(12): 3397-3415.

[24] Cotter S F, Adler J, Rao B D, et al. Forward sequential algorithms for best basis lection[J]. IEEE Proc. Vis. Imaging Signal Process, 1999, 146(5): 235-244.

[25] Rao B D, Engan K, Cotter S F, et al. Subset selection in noise based on diversity measure minimization[J]. IEEE Transactions on Signal processing, 2003, 51(3): 760-770.

[26] Rao B D, Kreutz-Delgado K. An affine scaling methodology for best basis selection[J]. IEEE Transactions on Signal processing, 1999, 47(1): 187-200.

[27] Cetin M, Karl W C, Castanon D A. Formation of HRR profiles by non-quadratic optimization for improved feature extraction[C]. Proceedings of SPIE - The International Society for Optical   Engineering, 2002, 47(27): 213-224.

[28] Chen S, Donoho D L, Saunders M A. Atomic decomposition by basis pursuit[J]. SIAM Review, 2001, 43(1): 129-159.

[29] Gorodnitsky I F. A novel class of recursively constrained algorithms for localized energy solutions: theory and application to magnetoencephalography and signal processing[D]. Berkeley: University of California, 1995.

[30] Cabrera S D, Parks T W. Extrapolation and spectral estimation with iterative weighted norm modification[J]. IEEE Transactions on Signal processing, 1991, 39(4): 842-851.

[31] Engl H W. Discrepancy principles for Tikhonov regularization of ill-posed problems leading to optimal convergence rates[J]. Optimization Theory and Applications, 1987, 52(2): 209-215.

[32] 王化祥，何永勃，朱学明. 基于 L 曲线法的电容层析成像正则化参数优化[J]. 天津大学学报，2006, 39(3): 306-309.

[33] 韩宁，尚朝轩，何强，等. 基于稀疏分解的双基地 ISAR 一维距离成像方法[J]. 信号处理，2012, 28(1): 54-59.

[34] 全厚德，闫云斌，崔佩璋. 跟踪干扰对跳频通信性能影响[J]. 火力与指挥控制，2012, 37(11): 133-136.

[35] 姚富强，张毅. 干扰椭圆分析与应用[J]. 解放军理工大学（自然科学版），2005, 6(1): 7-10.

[36] 邬佳，赵知劲. 基于四阶累积量的直扩信号检测方法[J]. 杭州电子科技大学学报，2005, 25(4): 50-53.

[37] 史建锋，王可人. 基于循环互相关的 LFM 信号时延估计及性能分析[J]. 现代雷达，2007, 29(4): 53-56.

[38] 刘伟，罗景青. 一种新的宽带跳频信号时延估计方法及精度分析[J]. 信号处理，2010, 26(9): 1323-1328.

[39] 樊昌信，曹丽娜. 通信原理[M]. 6 版. 北京：国防工业出版社，2008.

第5章　跳频通信阻塞干扰识别技术

5.1　引言

第 3 章和第 4 章研究了跳频通信中跟踪干扰的检测，对于跟踪干扰，只需检测出跳频信号中存在干扰即可；而对于阻塞干扰，单纯的检测是不够的，还需要识别出阻塞干扰的具体类型。

在研究干扰识别时，可以借鉴通信侦察的有关技术和方法，但同时由于干扰信号的复杂性，必须采用更好的数字信号处理方法，从接收信号的时域、频域、时频域及变换域中实现对干扰进行识别时特征参数的提取，进而实现对干扰的识别。

目前，国内外对信号模式识别的研究主要集中在通信信号调制方式的自动分类识别上，对通信信号中包含的干扰进行自动分类识别的研究并不多见。其中，针对跳频通信阻塞干扰的识别方法，文献[1]提出了针对跳频通信系统宽带干扰的检测识别算法，应用宽带能量检测算法并基于广义似然比检测算法实现了对部分频带噪声干扰及多音干扰的检测识别。其中提到的干扰识别方法识别的阻塞干扰种类少，算法的适用范围有限，同时不能实现干扰类型的自动分类识别。

本章以 FH-GMSK 通信系统为例，研究跳频通信中常见阻塞干扰的识别。首先对跳频通信中的常见阻塞干扰模型进行描述，以分形盒维数、分数阶傅里叶变换等为主要分析工具提取用于识别阻塞干扰的特征参数[2]；然后分别在高斯信道和瑞利衰落信道下验证所提取特征参数的有效性，采用分层决策的分类方法实现跳频通信中常见阻塞干扰的识别；最后通过仿真验证识别方案的有效性。

在研究干扰特征识别前需要说明的是，常规意义上的调制信号识别均是背景噪声下完成的，识别率通常是针对信噪比（待识别信号的功率与背景噪声功率之比，记为 SNR）给出的[3]；而干扰识别则是指从高斯白噪声中把干扰信号识别出来。因此，应当把传统意义上的信噪比转变成干扰噪声比（JNR）。而本书在识别过程中统一把跳频信号和干扰信号视为一类，均是需要识别的信号，而将信噪比和干扰噪声比统一定义为识别信号信噪比（SNR_R）。

5.2　系统模型

在干扰环境下，接收端收到的信号为跳频信号、干扰信号和噪声的叠加：

$$r(t) = s(t) + j(t) + n(t) \tag{5-1}$$

式中，$s(t)$ 为跳频信号；$j(t)$ 为信道中存在的干扰信号；$n(t)$ 为高斯白噪声。

本章的目的就是判断收到的混合跳频信号、各种干扰信号和噪声的接收信号中是否存在跳频常见的阻塞干扰，并对存在的干扰进行分类识别。下面首先对 FH-GMSK 通信系统和跳频通信中常见的阻塞干扰进行分类与建模。

5.2.1　FH-GMSK 通信系统模型

本节以某型 VHF 跳频电台所使用的 GMSK 调制方式为例构建 FH-GMSK 通信系统，为后续阻塞干扰的识别打下基础。

图 5-1 给出了基于 FH-GMSK 通信系统的干扰识别系统模型。

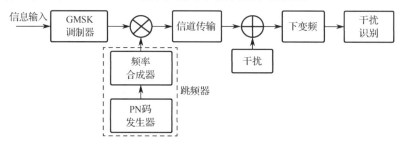

图 5-1　基于 FH-GMSK 通信系统的干扰识别系统模型

由图 5-1 可知，发射端的二进制信息数据流通过双极性转换器转变成为双极性序列码，经过 GMSK 调制器后的输出信号与频率合成器的输出信号通过混频器混频滤波后被搬移到调制频带上，其中频率合成器的输出信号由 PN 码发生器控制。最终，经过搬移后的 GMSK 调制信号经带通滤波后被发送出去[4]。经过信道传输后的跳频信号和各种干扰信号一起通过天线耦合，经过下变频后，在中频端实现对阻塞干扰的识别。

5.2.2　阻塞干扰模型

1．宽带噪声和部分频带噪声干扰

宽带噪声干扰的相关知识，在 2.2.1 节中已经给出，这里不再赘述。图 5-2 给出了针对 VHF 跳频电台，工作频段为 30～88MHz 的宽带噪声干扰的波形与频谱。

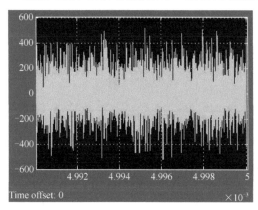
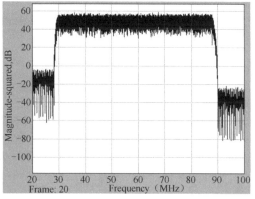

图 5-2　宽带噪声干扰的波形与频谱

部分频带噪声干扰的相关知识也已经在 2.2.1 节中给出，这里不再赘述。图 5-3 给出了跳频频段位于 40～45MHz 的部分频带噪声干扰的波形与频谱。

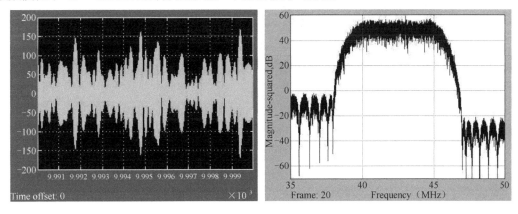

图 5-3　部分频带噪声干扰波形及其频谱图

2. 多音干扰和梳状干扰

对于多音干扰（Multi-Tone Jamming，MTJ），仿真时可以通过在要施放干扰的跳频频点上分别产生单音干扰来把这些单音干扰叠加实现多音干扰。图 5-4 给出了多音干扰实现框图及其频谱图。

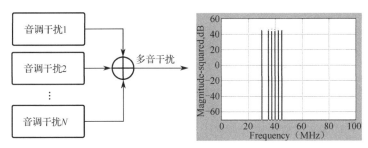

图 5-4　多音干扰实现框图及其频谱

对于梳状干扰，文献[8]指出多音干扰可以归入梳状干扰之中。当多音干扰的音调位于相邻信道上时，就称为梳状干扰，这在前面已经提到。因为无论讨论哪种音调干扰对策，都会默认音调精确位于跳频频谱中的一个频点上，所以本书把多音干扰归为梳状干扰。

3. 宽带线扫频干扰

宽带线扫频干扰的核心是线性调频信号（LFM）[5]，其他相关内容可参考 2.2.1 节。图 5-5 给出了归一化后宽带线扫频干扰信号的时域和频域特性。

对跳频通信实施宽带线扫频干扰，在选择了适当的扫频信号的参数，如扫频信号带宽、干扰功率和扫频速度等的情况下，能达到较好的干扰效果，且能有效地干扰快速跳频信号及跳变频率数很多的跳频信号。该干扰具有宽带噪声干扰的优点，也称为自适应宽带噪声干扰。宽带线扫频干扰的功率可以小于宽带噪声干扰的总功率。在跟踪干扰的跟踪速度达不到要求时，宽带线扫频干扰比跟踪干扰造成的危害大。

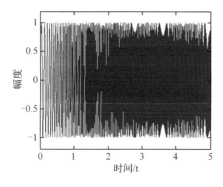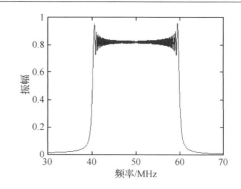

图 5-5　归一化后宽带线扫频干扰信号的时域和频域特性

本节主要对 FH-GMSK 通信系统发射端和常见阻塞干扰进行了建模，为后续阻塞干扰特征识别打下了基础。由于宽带噪声干扰和部分频带噪声干扰的特征基本一致，因此在后续章节的干扰识别中主要指宽带噪声干扰。同时多音干扰在实际的应用过程中，一般不会采用随机分布，而通常按照跳频通信中的频率间隔发送单音干扰信号，即窄带噪声干扰信号，因此不失一般性；在识别中，把梳状干扰和多音干扰统称为梳状干扰。

5.3　阻塞干扰识别特征提取

5.3.1　分形盒维数

分形理论最早由美籍数学家 Benoit B. Mandelbrot 在论文 *How Long is the Coast of Britain? Statistical Self-Similarity and Fractional Dimension* 中提出[6,7]。该理论在理论和实际应用方面均具有重要价值。下面首先简单介绍与本书相关的分形维数的相关概念。

维数表示集合占有空间的大小。当维数取非整数时，就称为分形维数。分形维数定量描述了分形对象的复杂度和不规则度，可以作为判断两个分形是否一致的度量标准。下面给出与本书相关的盒维数的计算方法。其他关于分形维数的理论请参看文献[7]。

设 (F,D) 是一个度量空间，R 是 F 的非空紧集族，ε 是一个非负实数，令 $B(f,\varepsilon)$ 表示一个中心为 f、半径为 ε 的闭球，设 A 是 F 一个非空子集，对于每个正数 ε，令 $N(A,\varepsilon)$ 表示覆盖 A 的最小闭球的数目，即

$$N(A,\varepsilon)=\left\{M:A\subset\bigcup_{i=1}^{M}N(f_i,\varepsilon)\right\} \tag{5-2}$$

式中，$f_1,f_2,\cdots,f_M$ 是 F 中的不同点。

定义　设 f 为定义在 $\mathbb{R}$ 的闭集 T 上的连续函数，F 为 $\mathbb{R}^2$ 上的集合：

$$F=\{(x,y):x\in T\subset\mathbb{R},y=f(x)\subset\mathbb{R}\}\subset\mathbb{R}^2 \tag{5-3}$$

如果

$$D_B(f)=\lim_{\varepsilon\to 0}\left\{\sup\frac{\lg N(F,\tilde{\varepsilon})}{-\lg\tilde{\varepsilon}}:\tilde{\varepsilon}\in(0,\varepsilon)\right\} \tag{5-4}$$

存在，则称 $D_B(f)$ 为函数 f 的盒维数[8]。

在实际计算中，对于数字化离散空间信号点集的分形维数，有如下的简单计算式。设信号的采样序列为 $f(t_1),f(t_2),\cdots,f(t_N),f(t_{N+1})$，$N$ 为偶数，令

$$d(\Delta) = \sum_{i=1}^{N} | f(t_i) - f(t_{i+1}) | \tag{5-5}$$

$$d(2\Delta) = \sum_{i=1}^{N/2} (\max\{f(t_{2i-1}), f(t_{2i}), f(t_{2i+1})\} - \min\{f(t_{2i-1}), f(t_{2i}), f(t_{2i+1})\}) \tag{5-6}$$

$$N(\lambda) = d(\lambda)/\lambda, \quad N(2\lambda) = d(2\lambda)/2\lambda \tag{5-7}$$

式中，样本间隔 $\lambda = 1/f_s$，f_s 为采样率，那么有

$$D_B(f) = \frac{\lg N(\lambda)/N(2\lambda)}{\lg \dfrac{1/\lambda}{1/2\lambda}} = \frac{\lg N(\lambda)/N(2\lambda)}{\lg 2} \tag{5-8}$$

文献[9]证实了数据点的数目对盒维数的计算有影响：数据点越多，盒维数越稳定，但是如果数据点太多，那么将导致计算复杂度提高。盒维数对噪声是不敏感的，当信噪比大于适当的值时，盒维数是稳定的。

5.3.2　分数阶傅里叶变换及其快速算法

自从 1807 年傅里叶变换被提出以来，便得到了非常广泛的应用。但是，傅里叶变换属于全局性变化，得到的是信号的整体频谱，不能表征时频的局部特征。而对非平稳信号而言，这种局部特征是最需要的。为了分析和处理非平稳信号，相关学者分别提出了分数阶傅里叶变换（Fractional Fourier Transform，FRFT）、短时傅里叶变换、Wigner 分布、小波变换和稀疏分解等理论[10]。其中 FRFT 作为傅里叶变换的广义形式，已经在通信、雷达和信息安全等领域得到了广泛的应用[11,12]。

FRFT 有多种不同的定义方式，虽然定义方式不同，但是本质上是一样的。本书采用文献[13]提出的 FRFT 的基本定义，具体如下：

$$X_p(u) = F_p[s](u) = \int_{-\infty}^{+\infty} x(t) K_p(t,u) \mathrm{d}t \tag{5-9}$$

式中

$$K_p(t,u) = \begin{cases} \sqrt{(1-\mathrm{j}\cot\alpha)}\exp(\mathrm{j}\pi\cot\alpha - 2ut\csc\alpha + u^2\cot\alpha) & \alpha \neq n\pi \\ \delta(t-u) & \alpha = 2n\pi \\ \delta(t+u) & \alpha = (2n\pm1)\pi \end{cases} \tag{5-10}$$

式中，$\alpha = p\pi/2$，p 为 FRFT 的阶数；F_p 为 FRFT 算子。可以发现，FRFT 的阶数 p 以 4 为周期。特殊地，当 $p = 4n+1$（$\alpha = 2n\pi + \pi/2$）时，FRFT 为传统的傅里叶变换。

FRFT 的快速算法是 FRFT 在信号处理领域得到广泛应用的基础。因此，对 DFRFT（离散分数阶傅里叶变换）及其快速算法的研究就尤为重要[10]。FRFT 的快速算法主要有 3 种形式：采样型 DFRFT[14]、特征分解型 DFRFT[15,16]和线性加权型 DFRFT[17]。其中，最常用的是采样型 DFRFT 算法，其典型代表为 Ozaktas 采样算法。该算法通过两步离散化处理后，利用 FFT（快速傅里叶变换）计算 FRFT Ozaktas 采样算法的计算速度几乎与 FFT 相当，在工程实

际中得到了广泛的应用[14]。

考虑式（5-9）定义的一般形式，FRFT 的计算可以重写为

$$X_p(u) = A_\alpha \exp(-\mathrm{j}\pi\gamma u^2)\int_{-\infty}^{+\infty} \exp(-\mathrm{j}2\pi\beta ut)(\exp(\mathrm{j}\pi\gamma t^2)f(t))\mathrm{d}t \qquad (5\text{-}11)$$

$$A_\alpha - \sqrt{1-\mathrm{j}\cot\alpha} - \frac{\exp(-\mathrm{j}[\pi\,\mathrm{sgn}\,(\sin\alpha)/4 - \alpha/2])}{\sqrt{|\sin\alpha|}} \qquad (5\text{-}12)$$

式中，$\gamma = \cot\alpha$ ； $\beta = \csc\alpha$ 。

式（5-11）可以分解成如下 3 个步骤来运算：

$$g(t) = \exp(\mathrm{j}\pi\gamma t^2)x(t) \qquad (5\text{-}13)$$

$$g'(u) = A_\alpha\int_{-\infty}^{+\infty} \exp(-\mathrm{j}2\pi\beta ut)g(t)\mathrm{d}t \qquad (5\text{-}14)$$

$$X_p(u) = A_\alpha \exp(\mathrm{j}\pi\gamma u^2)g'(u) \qquad (5\text{-}15)$$

信号 $x(t)$ 首先被 chirp 信号 $\exp(\mathrm{j}\pi\gamma t^2)$ 调制。为了实现对调制信号 $g(t)$ 进行离散化处理，需要确定其带宽。而 FRFT 上的带宽均限定在区间 $[-\Delta x/2, \Delta x/2]$ 内，或者说，$g(t)$ 的 Wigner 分布被限定在以原点为中心、直径为 Δx 的圆内。当限定阶次为 $0.5 \leqslant p \leqslant 1.5$ 时，$|\gamma| \leqslant 1$，chirp 调制信号 $\exp(\mathrm{j}\pi\gamma t^2)x(t)$ 的最高频率为 $(0.5(1+|\gamma|)\Delta x) \leqslant \Delta x$ 。这样，以 $1/(2\Delta x)$ 为采样间隔并利用香农内插公式，通过计算可得

$$X_p(u) = \frac{A_\alpha}{2\Delta x}\sum_{n=-N}^{N} \exp(-\mathrm{j}\pi\gamma u^2)\exp\left(-\mathrm{j}2\pi\beta u\frac{n}{2\Delta x}\right)\left(\exp\left(\mathrm{j}\pi\gamma\left(\frac{n}{2\Delta x}\right)^2\right)x\left(\frac{n}{2\Delta x}\right)\right) \qquad (5\text{-}16)$$

式（5-16）在时域上实现了离散化，以 $1/(2\Delta x)$ 为采样间隔，在 $[-\Delta x/2, \Delta x/2]$ 内对 FRFT 变量进行采样，即令 $u = m/(2\Delta x)$，并通过对式（5-19）进行简化，最终得到的公式如下：

$$F_p[x]\left(\frac{m}{2\Delta x}\right) = \frac{A_\alpha}{2\Delta x}\exp\left(\mathrm{j}\pi(\gamma-\beta)\left(\frac{m}{2\Delta x}\right)^2\right)\sum_{n=-N}^{N} \exp\left(\mathrm{j}\pi\beta\left(\frac{m-n}{2\Delta x}\right)^2\right)$$

$$\exp\left(\mathrm{j}\pi(\gamma-\beta)\left(\frac{n}{2\Delta x}\right)^2\right)x\left(\frac{n}{2\Delta x}\right), \quad -N \leqslant m \leqslant N \qquad (5\text{-}17)$$

式（5-17）中的求和部分为离散卷积形式，该卷积可以用 FFT 计算，其总的计算复杂度为 $O(N\log N)$ 。

5.3.3 阻塞干扰认知特征提取

前面对特征提取所涉及的主要分析工具，即分形盒维数和 FRFT 进行了简单介绍。下面结合其他数字处理技术提取出几个特征参数，用于跳频通信中阻塞干扰的识别。

1. 基于分形盒维数法的宽带噪声干扰特征提取

在跳频通信中，收到的跳频信号、跟踪干扰信号和梳状干扰信号通常可看作具有调制信息的非线性序列，而宽带噪声干扰本质上是高斯噪声。无论是噪声还是干扰信号，都有固定的几何形状，因此它们的盒维数有其固定值[18]。设定数据长度为 2048，分别按照式（5-8）来计算盒维数的值。

首先，考虑宽带噪声干扰。假设宽带噪声干扰的方差在 1.5～2.5 之间变化，计算得到的宽带噪声干扰的盒维数在图 5-6 中显示。由图 5-6 可知，随着噪声方差的变化，宽带噪声干扰的盒维数维持在 1.585 左右。

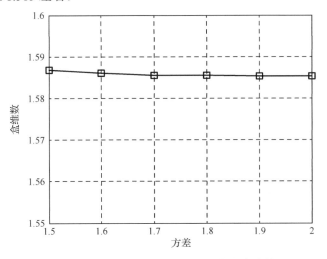

图 5-6　不同方差时的宽带噪声干扰的盒维数

考虑在加性高斯白噪声理想信道（高斯信道）下，宽带噪声干扰、跳频信号、跟踪干扰、梳状干扰和宽带线扫频干扰的分形盒维数，记为 Frac Bw 。此时的跟踪干扰指的是跳频信号和跟踪干扰的叠加，跟踪干扰采用 BFSK 调制下的单音信号。图 5-7 给出了在不同识别信号信噪比下，宽带噪声干扰、跳频信号、跟踪干扰、宽带线扫频干扰和梳状干扰的盒维数。通过图 5-7 可知，选取合适的门限值，参数 Frac Bw 可以识别出宽带噪声干扰。

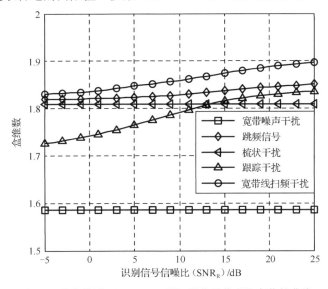

图 5-7　高斯信道下 Frac_Bw 随识别信号信噪比变化的曲线

在瑞利衰落信道下计算上述干扰和信号的分形盒维数，其他仿真参数不变。瑞利衰落信道假设只有一条可分辨路径，跳频发射机和跳频接收机无相对运动，最大多普勒频移为零。图 5-8 给出了在瑞利衰落信道下，识别信号信噪比以 2dB 为步长从 -5dB 变化至 25dB 时，宽带噪声干扰、跳频信号、跟踪干扰、宽带线扫频干扰和梳状干扰的盒维数变化曲线。

通过图 5-8 可知，在瑞利衰落信道下，选取合适的门限，特征参数 Frac_Bw 仍然能够区分出宽带噪声干扰。

当采用 Frac_Bw 参数作为宽带噪声干扰的识别特征参数时，会把收到的背景噪声当作宽带噪声干扰信号。从图 5-7 中可以看出，噪声对方差不敏感。因此，对于背景噪声和宽带噪声干扰，采用盒维数是不能够区分的。在实际中，背景噪声是非常小的，与宽带噪声干扰相差 40～50dB。因此，通过对背景噪声或宽带噪声干扰的功率谱进行估计，就可以非常容易地把宽带噪声干扰和背景噪声区别开来，这里不加以叙述。

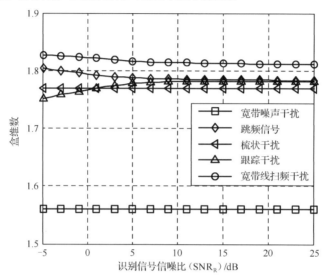

图 5-8　瑞利衰落信道下 Frac_Bw 随识别信号信噪比变化的曲线

2. 基于修正周期图求平均法的梳状干扰特征提取

在进行梳状干扰特征提取之前，首先利用修正周期图求平均法[19]计算接收信号的功率谱，进而提取信号的频域特征。

对于修正周期图求平均法，同时使用平均和平滑两种手段来计算功率谱，在计算的过程中，首先把数据序列 $x(n)$（$0 \leqslant n \leqslant N-1$）分成 K 段，每段有 M 个采样点，对这些采样点利用数据窗 $\omega(n)$ 进行加权，对加权后的数据可定义 K 个修正周期图[4]：

$$J_M^{(i)} = \frac{1}{MU} \left| \sum_{n=0}^{M-1} x^{(i)}(n)\omega(n)\mathrm{e}^{-\mathrm{j}\omega n} \right|^2 \quad i=1,2,\cdots,K \quad （5\text{-}18）$$

式中，U 是窗口序列函数的平均能量：

$$U = \frac{1}{M} \sum_{i=0}^{M-1} \omega^2(n) \quad （5\text{-}19）$$

修正周期图求平均法得到的功率谱为

$$P_w(\omega) = \frac{1}{K} \sum_{i=1}^{K} J_M^{(i)}(\omega) \quad （5\text{-}20）$$

在实际的计算过程中，采用修正周期图求平均法求取功率谱通常参照 FFT 方法实现，从而能够得到等间隔频率上的功率谱估计值 $P_w(n)$，$n = 0,1,\cdots,M-1$。

对于 $P_w(n)$，用其均值进行归一化处理[21]：

$$P_{uw}(n) = P_w(n)/m_p \tag{5-21}$$

式中，m_p 为 $P_w(n)$ 的平均值。由此可以计算归一化功率谱冲激部分的标准方差 σ_{pns}：

$$\sigma_{pns} = \sqrt{\frac{1}{M}\sum_{n=0}^{M-1}(P_{pu}(n) - \overline{P_{pu}(n)})^2} \tag{5-22}$$

式中

$$P_{pu}(n) = P_{uw}(n) - \frac{1}{2L+1}\sum_{i=-L}^{L}P_{uw}(n+i) \tag{5-23}$$

式中，等式右边第二项为使用滑动平均滤波器对 $P_{uw}(n)$ 进行滤波的过程，因此，$P_{pu}(n)$ 表征了归一化功率谱的冲激部分。σ_{pns} 对噪声进行了平滑处理，从而减小了噪声对信号频谱的影响。

梳状干扰可以看成是一系列跳频频点上产生按某种方式调制的一组窄带干扰信号。当跳频频点上的干扰信号带宽大于或等于频率间隔时，梳状干扰功能可等价于宽带噪声干扰。各跳频频点上的窄带干扰信号的产生可以选择音调干扰（此时为多音干扰）或调制下的窄带干扰。对于梳状干扰的识别，主要通过求取接收信号的功率谱，最后得到接收信号的归一化功率谱冲激部分的标准方差 σ_{pns} 来实现。分别计算梳状干扰和其他干扰、无干扰的 σ_{pns}，发现存在差异。图 5-9 给出了高斯信道下 σ_{pns} 随识别信号信噪比变化的曲线。

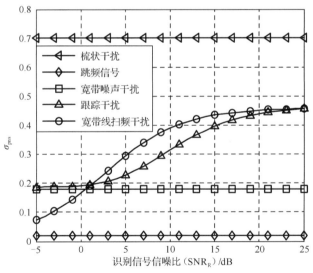

图 5-9　高斯信道下 σ_{pns} 随识别信号信噪比变化的曲线

从图 5-9 中可以看出，利用 σ_{pns} 参数，选择适当的门限，可以明显地区分出梳状干扰和其他阻塞干扰、跟踪干扰和跳频信号。

在瑞利衰落信道下计算上述干扰和跳频信号的 σ_{pns}，其他仿真参数不变，瑞利衰落信道的设置与上面一致。图 5-10 给出了在瑞利衰落信道下，识别信号信噪比以 2dB 为步长从-5dB 变化至 25dB 时，宽带噪声干扰、跳频信号、跟踪干扰、宽带线扫频干扰和梳状干扰的 σ_{pns} 变化曲线。

通过图 5-10 可知，在瑞利衰落信道下，选取合适的门限，特征参数 σ_{pns} 仍然能够区分出梳状干扰。

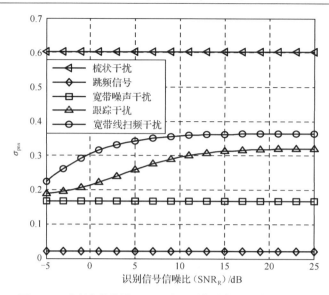

图 5-10　瑞利衰落信道下 σ_{pns} 随识别信号信噪比变化的曲线

3. 基于 FRFT 的宽带线扫频干扰特征提取

由于 FRFT 可以看成是 chirp 基的分解,故 chirp 信号在 FRFT 上具有很好的时频聚焦性。因此,对于宽带线扫频干扰的识别,可以考虑采用 FRFT 进行处理,文献[20]指出宽带线扫频干扰经过 FRFT 之后,在各个分数阶域,单个扫频信号从亚高斯信号变化到超高斯信号。而文献[21]则通过对干扰信号进行 FRFT 之后,求其峰度,从而得到特征参数,能够区分宽带扫频干扰和其他宽带噪声干扰。受文献[21]的启发,本书对接收端得到的跳频信号、跟踪干扰、宽带噪声干扰和梳状干扰的 FRFT 变化域峰度的峰值系数 R_m 进行计算。通过 R_m 可以区分出宽带线扫频干扰。

在进行特征提取前,需要用到峰度的概念。峰度是现代信号处理的高阶统计分析里面的概念[19]。在高阶统计分析中,通常对实信号的高阶统计量的某个特殊切片感兴趣,而峰度就是其中之一。归一化峰度定义为[2]

$$K_x = \frac{E\{x^4(t)\}}{E^2\{x^2(t)\}} \tag{5-24}$$

式中, $E^2\{x^2(t)\}$ 表示 $E\{x^2(t)\}$ 的平方。

峰度可以区分高斯信号和非高斯信号。非高斯信号可分为亚高斯信号和超高斯信号。对高斯信号而言,其归一化峰度为 3,峰度小于 3 的信号为亚高斯信号,峰度大于 3 的信号为超高斯信号[2]。

宽带线扫频干扰经过 FRFT 之后,在各个分数阶域,从亚高斯信号变化到超高斯信号。在分数阶域,当某个角度与其中一个分量匹配时,这一分量变为超高斯信号,其峰度很大;当与其他分量不匹配时,宽带线扫频干扰依旧为一个线性调频信号。若某信号的峰度为正,则匹配分量的峰度更大;当峰度为负且变化时,对匹配分量的峰度的影响不大。因此分数阶域的峰度曲线会呈现出一个较大的峰值点[20]。当识别信号信噪比为 5dB 时,图 5-11 给出了存在宽带扫频干扰时,分数阶各阶次的最大值和峰度的比较。

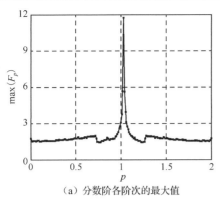（a）分数阶各阶次的最大值　　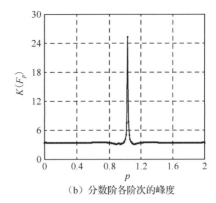（b）分数阶各阶次的峰度

图 5-11　分数阶各阶次的最大值和峰度的比较

从图 5-11 中可以看出，利用峰度运算，分数阶域的宽带线扫频干扰会呈现出超高斯信号的特性。因此，以此提取出的特征参数可以有效地检测出宽带线扫频干扰。

对接收端得到的信号经过射频滤波器后进行 FRFT，得到变换后的矩阵 $X(u_k, p)$。其中，p 为不同的阶次，取值为 0～2；u_k 为不同阶次上分数阶变换域的离散值。对每个阶次的分数阶傅里叶变换序列求峰度，从而得到变换域峰度序列 $K(u_k, p)$：

$$K(u_k, p) = \frac{E\{X^4(u_k, p)\}}{E^2\{X^2(u_k, p)\}} \qquad (5\text{-}25)$$

而分数阶傅里叶变换域峰度的峰值系数 R_m 的计算如下：

$$R_m = \frac{\max(K(u_k, p))}{\overline{K(u_k, p)}} \qquad (5\text{-}26)$$

式中，$\overline{K(u_k, p)}$ 表示变换域峰度序列的平均值；$K(u_k, p)$ 的最大值对应的变换阶次即峰值阶次 $p_{\max}$。

通常来说，当存在宽带线扫频干扰时，$X(u_k, p)$ 在 $p \neq 1$ 处出现峰度最大值，同时 R_m 的值大于 3；而跳频信号、跟踪干扰、梳状干扰和宽带噪声干扰的 R_m 通常等于或小于 3。图 5-12 给出了高斯信道下 R_m 随识别信号信噪比变化的曲线[2]。

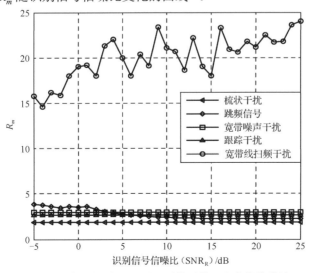

图 5-12　高斯信道下 R_m 随识别信号信噪比变化的曲线

从图 5-12 中可以看出，选取合适的判决门限，在高斯信道下，特征参数 R_m 可以区分宽带线扫频干扰和其他阻塞干扰、跳频信号和跟踪干扰。

在瑞利衰落信道下计算上述干扰的 R_m 值，其他仿真参数不变，瑞利衰落信道的设置与前面一致。图 5-13 给出了在瑞利衰落信道下，识别信号信噪比以 2dB 为步长从−5dB 变化至 25dB 时，宽带噪声干扰、跳频信号、跟踪干扰、宽带线扫频干扰和梳状干扰的 R_m 的变化曲线。

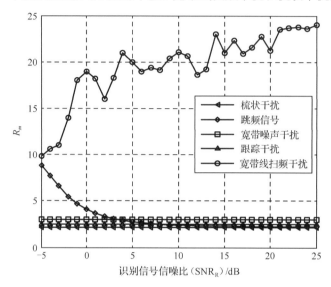

图 5-13　瑞利衰落信道下 R_m 随识别信号信噪比变化的曲线

通过图 5-13 可知，在瑞利衰落信道下，选取合适的门限，特征参数 R_m 仍然能够区分出宽带扫频干扰。

5.4　基于分层决策的阻塞干扰识别方案

前面以分形盒维数和 FRFT 等作为主要分析工具实现了对阻塞干扰特征参数的提取。而模式识别算法是根据某一类判别规则，把一个给定的由特征向量表示的输入模式归入一个适当的模式类别，最终完成对该模式的分类识别的。因此，选择合适的判别规则和分类器结构是分类识别重要的研究内容[2]。

以统计决策理论为基础的分层决策分类算法在理论上已经非常成熟，主要特点是结构简单、实现较为方便，在模式识别的工程实践中得到了广泛的应用[22]。只要选择稳定性较好的特征向量，确定合适的判别阈值和分类器结构，就可以获得比较好的识别性能。在分层决策分类算法中，将每个特征参数都与相对应的阈值做比较，从而将输入信号分为两个子集[2]。对于最佳阈值的选取和其相应的分类效果，将在 5.5 节中详细讨论。图 5-14 给出了应用分层决策分类算法，采用特征参数 Frac_Bw、σ_{pns} 和 R_m 的 FH-GMSK 通信系统中阻塞干扰模式识别流程。

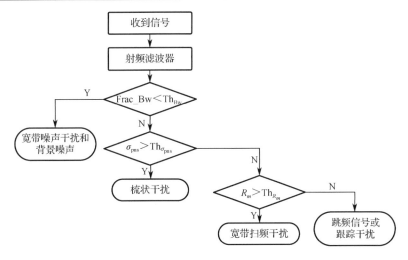

图 5-14　FH-GMSK 通信系统中阻塞干扰模式识别流程

5.5　仿真结果及讨论

在识别前，首先在 MATLAB 的 Simulink 下，利用 Simulink 仿真工具直观方便、参数容易调整等优点构建 FH-GMSK 通信系统。

仿真中设定 VHF 跳频电台的传输速率为 1200bit/s，跳频速率为 200Hops/s，跳频频点数目为 64、跳频信道间隔为 25kHz，信道采用高斯加性白噪声信道和瑞利衰落信道。

FH-GMSK 通信系统中跳频器的设计很关键。下面说明跳频器在 Simulink 下的设计。在 Simulink 下，跳频载波模块生成框图如图 5-15 所示。

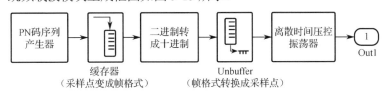

图 5-15　跳频载波模块生成框图

其中，伪随机序列采用 m 序列，采样速率为 1200，Buffer 中的长度设置为 6，对应跳频信号的跳频速率为 200Hops/s，其本原多项式为 $x^6 + x + 1$，周期为 63 个码元，对应 64 个跳频频点。将伪随机序列变换成为与之对应的整数 s，送到压控振荡器输入控制端，压控振荡器的振荡频率为 f，输入灵敏度为 d，瞬时输出的频率为 $m = f + (d \times s)$。当 s 从 0 到 63 变化时，就能够产生 64 个跳频频点。

仿真实验 1：高斯信道下阻塞干扰识别仿真。

为测试上述识别方案的性能，首先以第 2 章介绍的阻塞干扰在 AWGN 信道下进行计算机仿真。其中，跳频信号为 FH-GMSK 通信系统经过高斯白噪声信道后，经过射频滤波器而未解跳的信号；由于跟踪干扰和跳频信号在时域与频域均是相关的，所以本书提到的跟踪干扰是跳频信号和跟踪干扰混叠后的信号。跟踪干扰信号产生框图如图 5-16 所示。

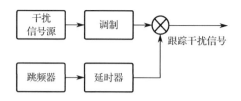

图 5-16　跟踪干扰信号产生框图

在图 5-16 中，干扰信号源可以采用单音信号或窄带噪声，经过调制，与跳频器产生的载波信号完成延时后进行混频，就可以得到跟踪干扰信号。图 5-16 中的跳频器可以采用与跳频信号生成时一致的跳频器。仿真中阻塞干扰参数的设置如表 5-1 所示。

表 5-1　仿真中阻塞干扰参数的设置

干扰类型		干扰参数	
阻塞干扰	宽带噪声	覆盖带宽	40～50MHz
	梳状干扰	覆盖带宽	40～50MHz
		梳齿数目	在覆盖带宽内间隔 25kHz
		调制方式	音调、FSK、MSK、GMSK 或 FM
	宽带线扫频干扰	覆盖带宽	40～50MHz
		扫频率	$\{2,4,8,16,32\}(\times 25\text{kHz})$

对如图 5-14 所示的阻塞干扰模式识别方法进行验证，分类对象包括宽带噪声干扰、梳状干扰、宽带线扫频干扰、跟踪干扰与跳频信号。算法在识别过程中需要确定门限 σ_{pns}、Frac_Bw 和 R_m。本书通过 100 次蒙特卡罗仿真实验对这些门限予以确定。高斯信道下阻塞干扰特征参数门限设定如表 5-2 所示。

表 5-2　高斯信道下阻塞干扰特征参数门限设定

特征参数	Frac_Bw	σ_{pns}	R_m
门限值	1.67	0.585	9.1

当 SNR_R 从 -5dB 变化至到 25dB（以 1dB 为步长）时，每个干扰信号在同一 SNR_R 下仿真 100 次。在不同 SNR_R 下，对跳频通信中阻塞干扰的正确识别次数和错误识别次数进行统计。图 5-17 给出了高斯信道下阻塞干扰正确识别率随 SNR_R 变化的曲线。

由图 5-17 可知，在 SNR_R >0dB 时，总的正确识别率均在 96%以上，大部分阻塞干扰信号随 SNR_R 的增大，其正确识别率相应增大，最终几乎达到 100%。仿真结果表明，使用本书提出的阻塞干扰识别算法，在高斯信道下能够有效识别出宽带噪声干扰、梳状干扰、宽带线扫频干扰。

仿真实验 2：瑞利衰落信道下阻塞干扰识别仿真。

仿真参数不变，瑞利衰落信道的设置与前面一样，对于特征参数的选取，通过 100 次蒙特卡罗仿真实验予以确定。表 5-3 所示为瑞利衰落信道下阻塞干扰特征参数门限设定。

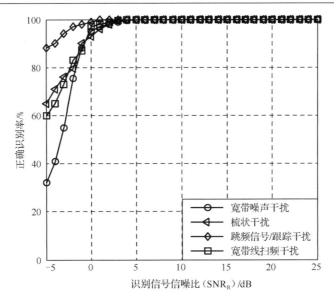

图 5-17　高斯信道下阻塞干扰正确识别率随 SNR_R 变化的曲线

表 5-3　瑞利衰落信道下阻塞干扰特征参数门限设定

特征参数	Frac _ Bw	σ_{pns}	R_m
门限值	1.66	0.59	9.1

当 SNR_R 从−5dB 到 25dB 变化时，对每个干扰信号在同一 SNR_R 下仿真 100 次，统计正确识别的次数。图 5-18 给出了瑞利衰落信道下阻塞干扰正确识别率随 SNR_R 变化的曲线。

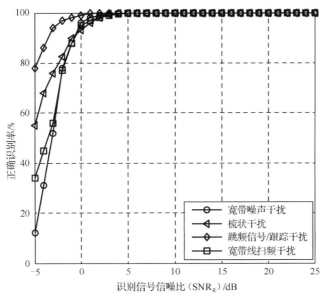

图 5-18　瑞利衰落信道下阻塞干扰正确识别率随 SNR_R 变化的曲线

由图 5-18 可知，当 SNR_R 为 0dB 时，各种阻塞干扰的正确识别率均在 95%以上；当 $SNR_R > 5$dB 时，正确识别率基本达到 100%。仿真结果表明，本书提出的阻塞干扰识别算法在瑞利衰落信道下仍然能够识别出各种阻塞干扰，并且与高斯信道相比较，在 $SNR_R>0dB$ 时，正确识别率并没有发生大的变化。因此，该阻塞干扰识别方案在实际应用中有较好的稳定性和适用性。

5.6　本章小结

本章研究了跳频通信中常见阻塞干扰模式的识别问题。针对宽带噪声干扰、梳状干扰和宽带线扫频干扰，以分形盒维数、修正周期图求平均法和 FRFT 作为主要分析工具，分别在高斯信道和瑞利衰落信道下提取出了相对应的分类特征参数，最终采用分层决策分类算法实现了对宽带噪声干扰、梳状干扰和宽带线扫频干扰的分类识别。

通过 MATLAB 仿真，对上述阻塞干扰分类识别算法在高斯信道和瑞利衰落信道下进行了验证。仿真结果表明，本书提出的跳频通信常见阻塞干扰识别方案能够在高斯信道和瑞利衰落信道下简单、快速地识别出跳频通信中常见的阻塞干扰类型。阻塞干扰信号随 SNR_R 的增大，其正确识别率相应增大，当 $SNR_R>0dB$ 时，总的正确识别率高于95%，且不会随 SNR_R 的变化而波动，同时，在 SNR_R 比较小的情况下表现出了良好的识别效果，具有较好的稳定性和适用性。

参考文献

[1] 周志强. 跳频通信系统抗干扰关键技术研究[D]. 成都：电子科技大学，2010.

[2] 闫云斌，全厚德，崔佩璋. 跳频通信中阻塞干扰样式的自动识别[J]. 电信科学，2013, 29(1): 103-108.

[3] 夏彩杰. 直扩系统中的干扰抑制与识别技术研究[D]. 北京：北京理工大学，2007.

[4] 闫云斌，全厚德，崔佩璋. GMSK 跳频通信跟踪干扰性能分析[J]. 电子技术应用，2012, 38(5): 46-50.

[5] 吕再兴. 通信对抗中的干扰检测算法研究[D]. 成都：电子科技大学，2008.

[6] Mandelbrot B B. The fractal geometry of nature[M]. San Francisco: Freeman W H, 1982.

[7] 贺涛. 数字通信信号调制识别若干新问题研究[D]. 成都：电子科技大学，2008.

[8] 吕铁军. 通信信号调制识别研究[D]. 成都：电子科技大学，2000.

[9] 吕铁军，郭双兵，肖先赐. 调制信号的分形特征研究[J]. 中国科学 E 辑，2001, 31(6): 508-513.

[10] 陶然，邓兵，王越. 分数阶傅里叶变换及其应用[M]. 北京：清华大学出版社，2009.

[11] Narayanan V A, Prabhu K M M. The Fractional Fourier Transform:Theory, Implementation and Error Analysis[J]. Microprocessors and Microsystems, 2003, 27: 511-521.

[12] Tao R, Deng B, Wang Y. Research Progress of the Fraction Fourier transform in Signal Processing[J]. Science in China (Series F, Information Science), 2006, 2006(49): 1-25.

[13] Ozaktas H M, Kutay M A, Zalevsky Z. The Fractional Fourier Transform with Applications in Optics and Signal Processing[M]. New York: John Wiley&Sons, 2000.

[14] Ozaktas H M, Kutay M A. Digital computation of the fractional Fourier transform[J]. IEEE Trans. On Signal Processing, 1996, 44(9): 2141-2150.

[15] Candan C, Kautay M A, Ozaktas H M. The discrete fractional Fourier transform[J]. IEEE Trans. On Signal Processing, 2000, 48(5): 1329-1337.

[16] Pei S C, Yeh M H, Tseng C C. Discrete fractional Fourier transform based on orthogonal projections[J]. IEEE Trans. On Signal Processing, 1999, 47(5): 1335-1348.

[17] Santhanam B, McClellan J H. The Discrete Rotational Fourier Transform[J]. IEEE Trans. Signal Processing, 1996, 42(4): 994-998.

[18] 赵春晖, 马爽, 杨伟超. 基于分形盒维数的频谱感知技术研究[J]. 电子与信息学报, 2011, 33(2): 475-478.

[19] 张贤达. 现代信号处理[M]. 2 版. 北京：清华大学出版社，2002.

[20] 黄畅, 尉宇, 孙德宝, 等. 线性调频信号基于高阶累积量的分数阶域的峰度检测[J]. 舰船电子对抗, 2004, 27(5): 3-6.

[21] 杨小明. 基于干扰分析的通信抗干扰方法研究[D]. 北京：北京理工大学，2007.

[22] 孙即祥, 史惠敏, 刘雨, 等. 现代模式识别[M]. 长沙：国防科技大学出版社，2002.

第 6 章　双信道联合跳频抗干扰技术

6.1　引言

针对对抗跟踪干扰的跳频通信模式，差分跳频最具代表性，其抗干扰性能近年来也备受关注。与常规跳频通信模式相比，差分跳频具有以下几个重要特征[1]。

（1）消息的表示方式不同。常规跳频通信模式以对载波的不同调制频率来表示消息，接收判决所依赖的调制信号特征在跟踪干扰下易受损伤，从而导致判决模糊。如果可以找到更具有区分度的特征来表示消息，则可以减少判决模糊。载波频率或信道频率不依赖调制是信道的固有特征，不易被干扰模糊。以此为基础，差分跳频以信道频率的前后相关性来表示消息，即使被干扰仍可保持稳健性。

（2）跟踪干扰起效的条件不同。文献[1]指出，对于非相干接收方式，对偶频率上的干扰可造成严重的误码，仅针对数据频率的干扰效果最差。常规跳频通信模式的数据频率与对偶频率在同一个信道中，干扰信号只要对准这个信道就可以同时干扰两个频率，达到最大干扰效果；而差分跳频的数据频率与对偶频率分别在不同的信道中，实际上对于差分跳频，常规跟踪干扰的成功率仅是干扰击中数据频率的概率，因此对其误码率影响较小。

以上两个特征是密不可分的，也是差分跳频获得抗跟踪干扰增益的原因。

（3）由于差分跳频接收端无法先验得知需要传输的数据，也就无法得知每跳使用的频点，只能根据 G 函数在整个跳频带宽上进行宽带接收[2]，所以使工作带宽上的所有跳频频点都成为潜在的对偶信道，虽然可以通过 G 函数概率地消除一部分，但与常规 FH/MFSK 相比，依然增大了对偶信道被干扰的概率。这是差分跳频抗窄带阻塞干扰性能下降的原因。

由以上分析可以得到提高抗干扰性能的两种重要的方法：①找到更稳健的信息表达方式；②尽量保护对偶信道不被干扰。

针对方法①，在常规 FH/MFSK 通信系统中，跳频序列是标示信道频率跳变规律的重要特征，不依赖信号形式，为信道所固有，且一个频率集上可生成多个跳频序列，资源比较丰富，因此天然适合作为抗干扰通信模型中的信息表达载体。以多个跳频序列之间的差异来表达消息，需要多个跳频序列联合工作，为此，我们建立联合跳频（Combined Frequency Hopping，CFH）通信方式。

针对方法②，将数据频率与对偶频率分离到不同的信道中，并为数据信道与对偶信道分配各自独立的跳频序列。由于对偶信道实际上是保持静默的信道，因此难以截获；且两信道独立伪随机跳变，也很难通过截获数据信道的频率推知对偶信道的频率，实现了对偶信道，即对偶跳频序列对跟踪干扰的隐藏。因此，联合跳频方式具有隐藏对偶序列（Hidden Complementary Sequence，HCS）的特点。本书称这种跳频通信方式为基于隐藏对偶序列的联合跳频（HCS-Based CFH），以下简称联合跳频，试图以此获得抗跟踪干扰性能的提高。利用跳频序列作为信息表达载体的另一个优点是接收方可以同步接收，这使建立窄带接收机成为可能，理论上比差分跳频的宽带接收方式减少了潜在对偶信道数量，具有更好的抗窄带阻塞干扰性能。

本章首先以双信道应用场景为例，给出双信道联合跳频（Binary-channel CFH，BCFH）的数学模型，并分析其抗干扰原理，以及与常规 FH/BFSK 和差分跳频相比所具有的特点；然后给出 BCFH 在无干扰条件下的误码率，作为干扰条件下性能分析的基础；最后简要讨论联合跳频的实现形式。

6.2　双信道联合跳频

6.2.1　系统模型

在 BCFH 中，整个工作频带 W_{ss} 内包含 N 个正交跳频频点。发送端与接收端之间共有 $M=2$ 个信道，一个信道在某跳内占据一个频点，此频点由信道对应的同步跳频序列决定，因此整个系统需要 M 个正交跳频序列。每跳在数据比特选定的一个信道上发送单频信号，每跳传输的二进制符号数 $B=\log_2 M$。

如图 6-1 所示，发送端生成两个跳频序列 FS_0 和 FS_1，分别对应互为对偶的子信道 0 和子信道 1。在 t 时刻，如果用户数据 $b=0$，则使用子信道 0，即在 FS_0 的当前频率 $f_{(0,t)}$ 上发送单频信号 $s_0(t)$；如果用户数据 $b=1$，则使用子信道 1，即在 FS_1 的当前频率 $f_{(1,t)}$ 上发送单频信号 $s_1(t)$。其中 FS_0 和 FS_1 相互正交，且分别在发送端与接收端之间保持同步。最终发送信号 $s(t)$ 为 $s_0(t)$ 与 $s_1(t)$ 的组合。以图 6-1 所示为例，假设数据序列 $b=(\cdots,1,0,1,0,\cdots)$，则相应的发送频率序列为 $(\cdots,f_1,f_3,f_2,f_0,\cdots)$。记比特能量为 E_b，比特持续时间为 T_b，比特速率 $R_b=1/T_b$，则发送符号能量 $E_s=BE_b$，符号速率 $R_s=R_b/B$，每个符号的持续时间 $T_s=BT_b$。假设相邻跳频频点间隔为 $1/T_s$，跳频周期 $T_h=T_s$，即每跳发送 1 个符号，则 t 时刻发送符号的基带等效表示为

$$s(t)=\sqrt{2E_s/T_s}\,\mathrm{e}^{\mathrm{j}2\pi f_{(i,t)}t},\quad i=0,1 \tag{6-1}$$

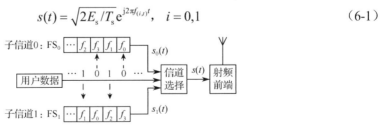

图 6-1　BCFH 发射机示意图

$s(t)$ 在射频前端经过带通滤波并上变频到发射频段后发射至空中。空中信道存在衰落、噪声和干扰。在接收端，如图 6-2 所示，第 l 跳的接收信号经射频前端下变频和带通滤波后，其基带等效表示为

$$r(t) = \alpha_s e^{j\theta} s(t) + n(t) + J(t) \tag{6-2}$$

式中，α_s 和 θ 分别表示等效低通信道的包络与相位，θ 在 $[-\pi, \pi]$ 上服从均匀分布；$n(t)$ 表示单边功率谱密度为 N_0 的加性噪声；$J(t)$ 表示干扰，其具体表达式与干扰方式有关。无论采用哪种干扰方式，均假设干扰功率在干扰带宽上均匀分布，等效单边功率谱密度为 N_J。定义等效信噪比（Signal-to-Noise Ratio，SNR）为 $E(\alpha_s^2)E_b/N_0$、等效信干比（Signal-to-Jamming Ratio，SJR）为 $E(\alpha_s^2)E_b/N_J$。

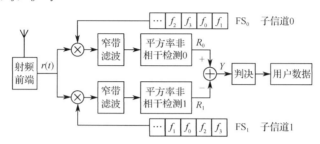

图 6-2 BCFH 接收机示意图

接收机在频率间隔可变的两个信道上并行接收，每个接收通路都是窄带的。如图 6-2 所示，接收端生成的本地跳频序列与 FS_0 和 FS_1 分别保持同步。$r(t)$ 分别与子信道 0 和子信道 1 的当前频率混频，并经中频窄带滤波后进行平方率非相干检测。子信道 i（$i = 0,1$）的一跳检测结果 R_i 可表示为

$$R_i = \left| \int_0^{T_s} r(t)s_i^*(t)\mathrm{d}t \right|^2, \quad i = 0,1 \tag{6-3}$$

由 R_i 可得判决变量 $Y = R_0 - R_1$，经判决恢复出用户数据，实现变间隔信道上的并行窄带接收。例如，最简单的判决方法是硬判决，即当 $Y \geq 0$ 时，认为发送数据为 0；反之，即当 $Y < 0$ 时，认为发送数据为 1。

6.2.2　抗干扰原理

BCFH 以跳频序列作为信道描述符。与常规 FH/BFSK 相比，BCFH 不需要对载波进行调制，而靠载频本身来表示消息。对有用信号的同频干扰会使一跳信号的能量增加，这样反而会增大检测概率。另外，BCFH 不像常规 FH/BFSK 或 UFH 中数据信道和对偶信道有固定频率间隔，其数据信道和对偶信道的频率间隔是伪随机变化的，即使干扰方截获了数据信道频率，也难以估计对偶信道频率，因此 BCFH 对偶信道被隐藏，有效干扰的概率减小。如图 6-3 所示，跟踪干扰以一定的带宽即可干扰常规 FH/BFSK 全部 4 跳中的对偶信道，而 BCFH 第 2 跳和第 4 跳中的对偶信道没有被干扰。因此，原理上 BCFH 比常规 FH/BFSK 具有更好的抗跟踪干扰性能。

BCFH 与差分跳频（DFH）相比，假设 DFH 具有如图 6-4（a）所示的二进制频率转移网格，虽然从一个频点扇出两条路径，但为更新所有可能转移路径的度量值，仍需要使用宽带接收机来接收每个工作频点上的信号[3]，而使用窄带接收机则会使带外频点上的路径度量缺失。图 6-4（b）所示的 BCFH 系统与 DFH 相比，其数据信道和对偶信道被同步跳频序列严

格约束，合法频率转移路径远少于 DFH，不合法频率转移路径全部在窄带接收机通带之外，因此可以更好地抑制干扰。如图 6-4 所示，第 4 跳 f_2 上的窄带阻塞干扰可直接被 BCFH 的窄带接收机滤除；而在相同信道条件下，干扰进入 DFH 宽带接收机。虽然 f_2 不在第 3 跳正确接收频率的扇出路径上，但同样有可能造成译码错误：若因 f_2 上干扰的影响，第 4 跳接收的频率被判决为 f_2，则按照序列译码规则，图 6-4（a）所示的正确路径和错误路径的译码度量相同。在以后的译码过程中，这条错误路径可能会幸存下来，并最终造成第 3 跳和第 4 跳译码都发生错误。

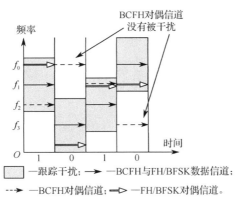

图 6-3　跟踪干扰对 BCFH 和常规 FH/BFSK 影响的比较

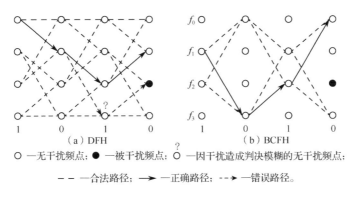

图 6-4　窄带阻塞干扰对 BCFH 和 DFH 影响的比较

由以上简要分析可以看出，BCFH 可看作 FH/BFSK 和 DFH 的折中，兼有两者各自的优点，也较好地改善了两者的不足。

6.2.3　双信道联合跳频在 AWGN 信道下的误码率

AWGN 信道是一种基本的信道模型。对于 AWGN 信道，有 $\alpha_s = 1$。下面首先讨论无干扰的情形，即有 $J(t) = 0$，则式（6-2）可重写为

$$r(t) = \mathrm{e}^{\mathrm{j}\theta}s(t) + n(t) \tag{6-4}$$

由系统模型可知，在无干扰条件下，BCFH 两信道的接收信号形式和非相干检测判决方式与常规 FH/BFSK 非相干检测接收机的两路接收信号形式和检测判决方式完全相同，因此

BCFH 的误码率与 FH/BFSK 非相干检测的误码率相同，即在 AWGN 信道下为

$$P_b = \frac{1}{2}\exp\left(\frac{\gamma}{2}\right) \tag{6-5}$$

式中，$\gamma = E(\alpha_s^2)E_b/N_0 = E_b/N_0$。

6.2.4 双信道联合跳频在瑞利衰落信道下的误码率

在战场通信环境下，因为地物遮挡、反射等因素的影响，短波/超短波信道更典型的模型是瑞利衰落信道。对于瑞利衰落信道，α_s 服从参数为 σ_s 的瑞利分布，即

$$p(\alpha_s) = \frac{\alpha_s}{\sigma_s^2}\exp\left(-\frac{\alpha_s^2}{2\sigma_s^2}\right)U(\alpha_s) \tag{6-6}$$

则在无干扰条件下，式（6-2）可重写为

$$r(t) = \alpha_s e^{j\theta}s(t) + n(t) \tag{6-7}$$

同理，由 FH/BFSK 非相干检测原理可得 BCFH 在瑞利衰落信道下的误码率为

$$P_b = \frac{1}{2+\bar{\gamma}} \tag{6-8}$$

式中，$\bar{\gamma} = E(\alpha_s^2)E_b/N_0 = 2\sigma_s^2 E_s/N_0$ 为瑞利衰落信道下的平均信噪比。

6.3 联合跳频实现方式

6.3.1 多电台联合工作

在指挥控制网络中，为保证通信的有效性和可靠性，一个节点往往配置多个短波/超短波跳频电台。在正常通信状态下，这些跳频电台在同一通信控制器的控制下工作，每个电台分配的跳频序列不同，分别用于处理本地用户对不同网络用户的通信任务。出于任务划分和控制自干扰水平的需要，同一时刻往往只有少量电台处于工作状态。

当通信系统遭到强跟踪干扰而使常规通信手段效能下降时，可以转为应急通信方式。应急通信时，利用联合跳频原理，建立多电台联合工作模式。为此，系统状态需要做出相应调整。

（1）本地用户的多个电台不再按照通信对象划分使用时机，而是多个电台在通信控制器的协调下共同处理本地用户与当前通信对象的通信任务，联合工作的每个电台相当于信源传输的一个子信道。

（2）每个跳频电台都可以如正常通信状态那样使用不同的频表，也可以使用相同的频表以增加干扰方分选的难度，达到更好地隐藏对偶信道的目的，但跳频序列需要具有良好的正交性。

（3）跳频电台通过中频接口输入、输出两中频信号，在通信控制器与电台之间增加中频处理模块，在通信控制器的控制下，用于产生电台发送所需的中频信号，或者处理电台接收

的中频信号。由于发送信号无须调制，所以发送中频信号是一固定频率的正弦波，本身不携带信息。由电台接收的中频信号也在中频处理模块中完成检测、判决工作。

（4）通信控制器需要控制电台的收发状态转换，转换的最小周期等于跳频周期。

以传输二进制信号为例，此时需要两个跳频电台，记为电台 0 和电台 1。在联合工作时，每个电台与接收端的对应电台同步。数据比特"0"用电台 0 发送，电台 1 保持静默；反之，数据比特"1"用电台 1 发送，电台 0 保持静默。在接收端，若判决电台 0 收到有用信号，则认为用户数据为比特"0"；反之，若判决电台 1 收到有用信号，则认为用户数据为比特"1"。从空中波形上看，整个联合工作系统等效为一个电台。

需要注意的是，首先，多电台联合工作时，构成传输子信道的每对电台均要完成同步。在控制设备的管理下，使电台依次依照常规方法完成同步，即可完成整个系统的同步。这种方法简便可行，代价是同步时间随电台数量线性增长，比单电台系统所需同步时间长。其他耗时短的同步方法，如自同步法、混合同步法[4,5]等值得考虑，但限于篇幅与精力，本书对此不做详细讨论。其次，多电台联合工作时，收发转换比在正常通信模式下更为频繁，且需要精确地与跳频周期同步。实测跳频电台从接收控制信号到完成转换有 10ms 左右的延迟，但延迟抖动很小，在跳频速率不高的情况下，这一延迟的稳定度是可以满足要求的。再次，联合工作模式将原有通信组网中按通信对象固定分配的电台变为按需灵活配置，组网协议需要做出一定的调整。

6.3.2　多通道跳频电台

除了在目前指挥控制系统中作为应急通信方式，联合跳频也可以为今后多通道跳频电台的研制提供一定的参考。多通道跳频电台的每个通道使用一个跳频序列，增加了存储多个跳频序列和多信道选通、解跳的开销，解跳后中频信号处理流程与常规跳频电台相同，但减少了载波调制的开销。另外，本地存储的多个跳频序列的相对时间差是已知且固定的，只要多个跳频序列的其中之一完成同步，就可以使所有序列完成同步，因此同步的开销基本不变。总体来看，基于联合跳频模式的多通道跳频电台可以基于现有较为成熟的技术研制。

6.4　双信道联合跳频在 AWGN 信道下的抗干扰性能

在双信道条件下，有 $B=1$，$M=2$，$E_s=BE_b=E_b$。不失一般性，假设 BCFH 第 l 跳用户数据为比特"0"，即占用子信道 0 发送，发送信号频率为 $f_{(0,l)}$。对于 AWGN 信道，包络 $\alpha_s=1$，信噪比为

$$\gamma = E(\alpha_s^2)E_b/N_0 = E_b/N_0 = E_s/(BN_0) = E_s/N_0 \tag{6-9}$$

信干比为

$$\gamma_J = E(\alpha_s^2)E_b/N_J = E_b/N_J = E_s/(BN_J) = E_s/N_J \tag{6-10}$$

6.4.1 抗跟踪干扰性能

在 BCFH 中，判决量 $Y = R_0 - R_1$ 的干扰状态与子信道接收信号的非相干检测结果 R_0 和 R_1 的干扰状态有关，假设 R_0 和 R_1 相互独立。假设跟踪干扰以干扰成功率 β 干扰子信道 0，并具有干扰时间比例 ρ_T 和干扰带宽比例 ρ_W。在一跳内，定义随机变量 $g_i = 1$（$i = 0,1$）或 0 表示 R_i 被干扰或没有被干扰，$p_{R_i}(r_i|g_i)$ 表示第 i 个子信道干扰状态为 g_i 时 R_i 的条件概率密度函数。假设跟踪干扰波形为窄带噪声，为重点考察噪声干扰对系统性能的影响，本节首先不考虑信道中的热噪声，即令 $n(t) = 0$。此时，接收信号模型可重写为

$$r(t) = \mathrm{e}^{j\theta}s(t) + J(t) \tag{6-11}$$

则子信道 0 判决量的概率密度函数（Probability Density Function，PDF）在无干扰时为 δ 分布，在受到噪声干扰时为莱斯分布，即

$$p_{R_0}(r_0|0) = \delta(r_0 - 4E_s^2) \tag{6-12}$$

$$p_{R_0}(r_0|1) = \frac{1}{4E_s N_J \rho_T/\rho_W}\exp\left(-\frac{r_0 + 4E_s^2}{4E_s N_J \rho_T/\rho_W}\right)I_0\left(\frac{\sqrt{r_0}}{N_J \rho_T/\rho_W}\right)U(r_0) \tag{6-13}$$

同样，子信道 1 判决量的概率密度函数在无干扰时为 δ 分布，在受到噪声干扰时为瑞利分布，即

$$p_{R_1}(r_1|0) = \delta(r_1) \tag{6-14}$$

$$p_{R_1}(r_1|1) = \frac{1}{4E_s N_J \rho_T/\rho_W}\exp\left(-\frac{r_1}{4E_s N_J \rho_T/\rho_W}\right)U(r_1) \tag{6-15}$$

式中，$\delta(x)$ 为狄拉克函数；$I_0(x)$ 为第一类 0 阶修正贝塞尔函数；$U(x)$ 为单位阶跃函数。

令随机变量 $\boldsymbol{G}_j = (g_0\ g_1)$ 表示 Y 的干扰状态，其中 $j = 0,1,2,3$。$\boldsymbol{G}_j$ 与 g_0 和 g_1 的关系如表 6-1 所示。

表 6-1　G_j 与 g_0 和 g_1 的关系

	$\boldsymbol{G}_0$	$\boldsymbol{G}_1$	$\boldsymbol{G}_2$	$\boldsymbol{G}_3$
g_0	0	0	1	1
g_1	0	1	0	1

此时，则 $\boldsymbol{G}_j$ 的概率分布为

$$P(\boldsymbol{G}_0) = P(g_0 = 0)P(g_1 = 0) = (1-\beta)(1-\rho_W) \tag{6-16}$$

$$P(\boldsymbol{G}_1) = P(g_0 = 0)P(g_1 = 1) = (1-\beta)\rho_W \tag{6-17}$$

$$P(\boldsymbol{G}_2) = P(g_0 = 1)P(g_1 = 0) = \beta(1-\rho_W) \tag{6-18}$$

$$P(\boldsymbol{G}_3) = P(g_0 = 1)P(g_1 = 1) = \beta\rho_W \tag{6-19}$$

定义 P_j 表示干扰状态为 $\boldsymbol{G}_j$ 时系统的条件判决错误概率。由以上讨论可知，在采用择大判决时，有

$$P_0 = P(r_1 > r_0 \mid \boldsymbol{G}_0) = \int_0^\infty p_{R_1}(r_1 > r_0 \mid r_1,0)p_{R_0}(r_0|0)\mathrm{d}r_0 = \int_0^\infty [\int_{r_0}^\infty \delta(r_1)\mathrm{d}r_1]p(r_0)\mathrm{d}r_0 = 0 \tag{6-20}$$

$$P_1 = P(r_1 > r_0 \mid \boldsymbol{G}_1) = \int_0^\infty p_{R_1}(r_1 > r_0 \mid r_1, 1) p_{R_0}(r_0 \mid 0) \mathrm{d}r_0$$

$$= \int_0^\infty \left[\int_{r_0}^\infty \frac{1}{4E_s N_J \rho_T / \rho_W} \exp\left(-\frac{r_1}{4E_s N_J \rho_T / \rho_W} \right) \mathrm{d}r_1 \right] \delta(r_0 - 4E_s^2) \mathrm{d}r_0 = \exp\left(-\frac{E_s}{N_J \rho_T / \rho_W} \right) \quad (6\text{-}21)$$

$$P_2 = P(r_1 > r_0 \mid \boldsymbol{G}_2) = \int_0^\infty p_{R_1}(r_1 > r_0 \mid r_1, 0) p_{R_0}(r_0 \mid 1) \mathrm{d}r_0 = \int_0^\infty \left[\int_{r_0}^\infty \delta(r_1) \mathrm{d}r_1 \right] p_{R_0}(r_0 \mid 1) \mathrm{d}r_0 = 0 \quad (6\text{-}22)$$

$$P_3 = P(r_1 > r_0 \mid \boldsymbol{G}_3) = \int_0^\infty p_{R_1}(r_1 > r_0 \mid r_1, 1) p_{R_0}(r_0 \mid 1) \mathrm{d}r_0 = \int_0^\infty \left[\int_{r_0}^\infty p(r_1) \mathrm{d}r_1 \right] p(r_0) \mathrm{d}r_0$$

$$= \int_0^\infty \exp\left(-\frac{r_0}{4E_s N_J \rho_T / \rho_W} \right) \frac{1}{4E_s N_J \rho_T / \rho_W} \exp\left(-\frac{r_0 + 4E_s^2}{4E_s N_J \rho_T / \rho_W} \right) I_0\left(\frac{\sqrt{r_0}}{N_J \rho_T / \rho_W} \right) \mathrm{d}r_0 \quad (6\text{-}23)$$

$$= \frac{1}{2} \exp\left(-\frac{E_s}{2N_J \rho_T / \rho_W} \right)$$

总的比特误码率 P_b 与符号频率判决错误概率 P_e 的关系为

$$P_b = \frac{M}{2(M-1)} P_e \quad (6\text{-}24)$$

式中

$$P_e = \sum_{j=0}^3 P(\boldsymbol{G}_j) P_j \quad (6\text{-}25)$$

将式（6-16）～式（6-23）分别代入式（6-25）中，并利用 $\gamma_J = E_b / N_J$，可得

$$P_b = (1-\beta) \rho_W \exp\left(-\frac{\gamma_J \rho_W}{\rho_T} \right) + \frac{1}{2} \beta \rho_W \exp\left(-\frac{\gamma_J \rho_W}{2\rho_T} \right) \quad (6\text{-}26)$$

6.4.2　抗部分频带噪声干扰性能

部分频带噪声干扰可以看作跟踪干扰的一种特殊情况，此时干扰方无法准确跟踪数据信道，而只能在整个干扰时段内随机选择干扰频带的位置。干扰时间比例变为 $\rho_T = 1$，跟踪干扰成功率下降到 $\beta = \rho_W = W_J / W_{ss}$。因此，在部分频带噪声干扰下，判决变量 Y 的干扰状态 $\boldsymbol{G}_j$（$j = 0,1,2,3$）的概率分布为

$$P(\boldsymbol{G}_0) = (1-\rho_W)^2 \quad (6\text{-}27)$$

$$P(\boldsymbol{G}_1) = \rho_W(1-\rho_W) \quad (6\text{-}28)$$

$$P(\boldsymbol{G}_2) = \rho_W(1-\rho_W) \quad (6\text{-}29)$$

$$P(\boldsymbol{G}_3) = \rho_W^2 \quad (6\text{-}30)$$

将式（6-20）～式（6-23）和式（6-27）～式（6-30）分别代入式（6-25），可得部分频带噪声干扰下 BCFH 的比特误码率为

$$P_b = (1-\rho_W) \rho_W \exp(-\gamma_J \rho_W) + \frac{1}{2} \rho_W^2 \exp\left(-\frac{\gamma_J \rho_W}{2} \right) \quad (6\text{-}31)$$

为讨论方便，记

$$P_{b1} = (1-\rho_W) \rho_W \exp(-\gamma_J \rho_W) \quad (6\text{-}32)$$

$$P_{b3} = \frac{1}{2}\rho_W^2 \exp\left(-\frac{\gamma_J \rho_W}{2}\right) \tag{6-33}$$

即

$$P_b = P_{b1} + P_{b3} \tag{6-34}$$

6.4.3　抗多音干扰性能

在总共 N 个跳频频点中，多音干扰为随机占据其中 K 个不同跳频频点的单频正弦波，干扰带宽比例为 $\rho_W = K/N$。考虑信道中存在的背景白噪声，接收信号模型为

$$r(t) = \mathrm{e}^{j\theta}s(t) + n(t) + J(t) \tag{6-35}$$

在 BCFH 的每一跳内，可能出现 0 个、1 个或 2 个信道被干扰。这种干扰方式对 BCFH 来说相当于独立多音干扰[6]（Independent Multi-Tone Jamming）。以 $p_{R_i}(r_i \mid g_i)$ 表示第 i 个子信道干扰状态为 g_i 时判决量 R_i 的条件概率密度函数。假设有用信号与干扰信号之间的相位差为 θ，服从 $[0, 2\pi]$ 上的均匀分布，则可得 R_0 关于 θ 和 g_0 的条件概率密度函数：

$$p_{R_0 \mid g_0, \cos\theta}(r_0 \mid g_0, \cos\theta) = \frac{1}{4E_s N_0}\exp\left(-\frac{r_0 + D_0^2(\cos\theta)}{4E_s N_0}\right)I_0\left(\frac{\sqrt{r_0}D_0(\cos\theta)}{2E_s N_0}\right)U(r_0) \tag{6-36}$$

式中

$$D_0^2(\cos\theta) = 4E_s^2\left[1 + g_0\left(\frac{2\cos\theta}{\sqrt{\gamma_J \rho_W}} + \frac{1}{\gamma_J \rho_W}\right)\right] \tag{6-37}$$

对于式（6-36），对 θ 求积分可得 $p_{R_0}(r_0 \mid g_0)$，但此积分没有闭合表达式。利用泰勒级数展开，可以得到 $p_{R_0}(r_0 \mid g_0)$ 的近似表达式为

$$p_{R_0}(r_0 \mid g_0) \approx \sum_{k=-1}^{1}\frac{1}{3}p_{R_0 \mid g_0, \cos\theta}\left(r_0 \mid g_0, k\frac{\sqrt{3}}{2}\right) \tag{6-38}$$

另外，可得 R_1 的条件概率密度函数为

$$p_{R_1}(r_1 \mid g_1) = \frac{1}{4E_s N_0}\exp\left(-\frac{r_1 + D_1^2}{4E_s N_0}\right)I_0\left(\frac{\sqrt{r_1}D_1}{2E_s N_0}\right)U(r_1) \tag{6-39}$$

式中

$$D_1^2 = 4g_1 E_s^2/(\gamma_J \rho_W) \tag{6-40}$$

同样，令随机变量 $\boldsymbol{G}_j = (g_0 \ g_1)$ 表示 $Y = R_0 - R_1$ 的干扰状态，其中 $j = 0,1,2,3$。$\boldsymbol{G}_j$ 与 g_0 和 g_1 的关系如表 6-1 所示。在多音干扰下，$\boldsymbol{G}_j$ 的概率分布为

$$P(\boldsymbol{G}_0) = \frac{N-K}{N}\cdot\frac{N-K-1}{N} \tag{6-41}$$

$$P(\boldsymbol{G}_1) = P(\boldsymbol{G}_2) = \frac{K}{N}\cdot\frac{N-K}{N-1} \tag{6-42}$$

$$P(\boldsymbol{G}_3) = \frac{K}{N}\cdot\frac{K-1}{N} \tag{6-43}$$

定义 P_j 表示干扰状态为 $\boldsymbol{G}_j$ 时系统的条件判决错误概率，即

$$P_j = P(r_1 > r_0 \mid \boldsymbol{G}_j) = \int_0^\infty \int_{r_0}^\infty p_{R_0}(r_0 \mid g_0) p_{R_1}(r_1 \mid g_1) \mathrm{d}r_1 \mathrm{d}r_0 \tag{6-44}$$

将式（6-38）和式（6-39）代入式（6-44），计算可得

$$P_0 = \frac{1}{2} \exp\left(-\frac{\gamma}{2}\right) \tag{6-45}$$

$$P_1 = Q\left(\sqrt{\frac{\gamma}{\gamma_J \rho_W}}, \sqrt{\gamma}\right) - \frac{1}{2} \exp\left(-\frac{\gamma}{2} - \frac{\gamma}{2\gamma_J \rho_W}\right) I_0\left(\frac{\gamma}{\sqrt{\gamma_J \rho_W}}\right) \tag{6-46}$$

$$P_2 = \sum_{k=-1}^{1} \frac{1}{6} \exp\left[-\frac{\gamma}{2}\left(1 + k\sqrt{\frac{3}{\gamma_J \rho_W}} + \frac{1}{\gamma_J \rho_W}\right)\right] \tag{6-47}$$

$$\begin{aligned} P_3 = \sum_{k=-1}^{1} \frac{1}{3} Q\left(\sqrt{\frac{\gamma}{\gamma_J \rho_W}}, \sqrt{\gamma}\sqrt{1 + k\sqrt{\frac{3}{\gamma_J \rho_W}} + \frac{1}{\gamma_J \rho_W}}\right) - \\ \frac{1}{6}\exp\left[-\frac{\gamma}{2}\left(1 + k\sqrt{\frac{3}{\gamma_J \rho_W}} + \frac{2}{\gamma_J \rho_W}\right)\right] I_0\left(\gamma\sqrt{\frac{1}{\gamma_J \rho_W}}\sqrt{1 + k\sqrt{\frac{3}{\gamma_J \rho_W}} + \frac{1}{\gamma_J \rho_W}}\right) \end{aligned} \tag{6-48}$$

式中，$Q(a,b)$ 为 Marcum Q 函数。

当 $M = 2$ 时，频率判决每发生一次错误，就产生一比特错码。因此，BCFH 在跟踪干扰下的比特误码率为

$$P_b = \sum_{j=0}^{3} P(\boldsymbol{G}_j) P_j \tag{6-49}$$

6.4.4　数值计算结果及仿真结果

假设 BCFH 工作带宽内包含 32 个跳频频点，相邻跳频频点间隔为 $1/T_s$，由两个相互正交的跳频序列组成两个信道。假设发送方和接收方的跳频序列均已经取得严格同步。仿真时，假设跟踪干扰可以截获一跳中的数据信道频率，但无法得知对偶信道频率，因此跟踪干扰的频率随 BCFH 数据信道频率跳变，而部分频带噪声干扰与多音干扰频率保持不变，并且 3 种干扰都符合 2.2 节建立的干扰模型。当考察抗跟踪干扰与部分频带噪声干扰性能时，在信道中不加入噪声；当考察抗多音干扰性能时，在信道中加入高斯白噪声，信噪比为 13.35dB，相当于 BCFH 在 AWGN 信道无干扰情况下误码率达到 10^{-5} 时所需的信噪比。

利用数值计算与仿真手段，展开如表 6-2 所示的试验与分析，其结果如图 6-5～图 6-17所示。

表 6-2　试验项目

序　号	干扰条件	结　果
1	跟踪干扰、部分频带噪声干扰、多音干扰条件下的 BCFH 误码率仿真与数值计算结果	图 6-5
2	跟踪干扰成功率 β 对 BCFH 与 FH/BFSK 误码率的影响	图 6-6
3	跟踪干扰时间比例 ρ_T 对 BCFH 与 FH/BFSK 误码率的影响	图 6-7
4	跟踪干扰带宽比例 ρ_W 对 BCFH 与 FH/BFSK 误码率的影响	图 6-8

序　号	干扰条件	结　果
5	跟踪干扰成功率 β 对 BCFH 与 DFH 误码率的影响	图 6-9
6	跟踪干扰带宽比例 ρ_w 对 BCFH 与 DFH 误码率的影响	图 6-10
7	最坏跟踪干扰下 BCFH、FH/BFSK 与 DFH 的误码率	图 6-11
8	部分频带噪声干扰带宽比例 ρ_w 对 BCFH、FH/BFSK 与 DFH 误码率的影响	图 6-12～图 6-14
9	最坏部分频带噪声干扰下 BCFH、FH/BFSK 与 DFH 的误码率	图 6-15
10	多音干扰带宽比例 ρ_w 对 BCFH、FH/BFSK 与 DFH 误码率的影响	图 6-16
11	最坏多音干扰下 BCFH、FH/BFSK 与 DFH 的误码率	图 6-17

1. 跟踪干扰、部分频带噪声干扰、多音干扰条件下的 BCFH 误码率仿真与数值计算结果

图 6-5 所示为 BCFH 在 AWGN 信道 3 种干扰条件下的误码率仿真结果与数值计算结果的对比。从图 6-5 中可以看到：①当干扰参数取典型值时，仿真结果与数值计算结果均基本一致，初步证明了理论分析的正确性；②虽然跟踪干扰有较高的成功率，但实际干扰效果并没有比部分频带噪声干扰强很多，甚至在低信干比下，其干扰效果不如部分频带噪声干扰。即使考虑到跟踪干扰 $\rho_T = 0.8$ 带来的 0.9dB 跟踪干扰信干比损失，上述结论仍成立，初步显示了 BCFH 较好的抗跟踪干扰性能。

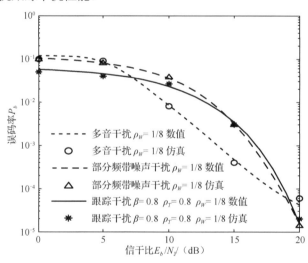

图 6-5　BCFH 在 AWGN 信道 3 种干扰条件下的误码率仿真结果与数值计算结果的对比

2. 跟踪干扰成功率 β 对 BCFH 与 FH/BFSK 误码率的影响

下面详细分析跟踪干扰对 BCFH 误码率的影响，并与常规 FH/BFSK 进行对比。在对比时，假设 BCFH 与 FH/BFSK 的比特速率相同，每比特传输时间都为 T_b，且两者总带宽 W_{ss} 相同，在常规 FH/BFSK 中，FSK 调制的两频隙间隔为 $1/T_b$。文献[7]等普遍假设一个跳频频点上的两个 FSK 调制频隙或者全都被干扰，或者全不被干扰。本书继续采用此假设。

图 6-6 所示为跟踪干扰成功率 β 对 BCFH 和 FH/BFSK 误码率影响的对比。干扰条件为

时间比例 $\rho_T = 1$，带宽比例 $\rho_W = 1/16$。

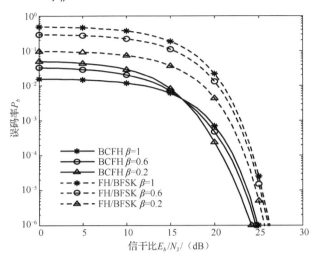

图 6-6　跟踪干扰成功率 β 对 BCFH 和 FH/BFSK 误码率影响的对比

（1）对于相同的干扰成功率，在相同信干比条件下，BCFH 的误码率明显低于 FH/BFSK。当误码率达到 10^{-5} 时，BCFH 比 FH/BFSK 所需的信干比低 2～3dB。这是因为假设跟踪干扰仅截获数据信道频率并随其跳变。FH/BFSK 数据信道频率与其对偶信道频率的间隔固定且通常较近，因此对偶信道频率也很容易受到干扰；BCFH 对偶信道与数据信道的间隔是随机变化的，使得跟踪干扰击中对偶信道的概率大大减小。而由前面的讨论可知，干扰的关键是对准对偶频率/对偶信道。

（2）单独观察 BCFH 误码率的变化，在一定的信干比下，存在最佳跟踪干扰成功率 β_{opt}，使系统误码率达到最高。在高信干比下（图 6-6 中约为 $\gamma_J > 17\text{dB}$ 时），跟踪干扰成功率越高，BCFH 误码率越高，这与预期是相符的；但在低信干比下（图 6-6 中约为 $\gamma_J < 15\text{dB}$ 时），跟踪干扰成功率越高，误码率反而越低。这是因为，当很强的干扰信号击中数据信道时，会增加数据信号的能量，反而有利于非相干检测判决，而跟踪干扰成功率越高，有利作用也就越明显。在极端情况下，令 $\beta = 1$，$\rho_T = 1$，$\rho_W = 1/32$，即干扰以概率 1 击中数据信道，以概率 0 击中对偶信道，在不考虑信道噪声的条件下，经计算可知此时 BCFH 的误码率为 0，这与前面的分析是一致的。

3. 跟踪干扰时间比例 ρ_T 对 BCFH 与 FH/BFSK 误码率的影响

图 6-7 给出了跟踪干扰时间比例 ρ_T 对 BCFH 与 FH/BFSK 误码率的影响。干扰条件为成功率 $\beta = 1$，带宽比例 $\rho_W = 1/16$。假设干扰方只知道跳频周期长度而不知道其确切的起止时刻，因而使干扰信号的持续时间等于跳频周期，并假设持续到下一跳的干扰信号功率可忽略。因此，跟踪干扰时间比例越小，有效干扰功率越小。由图 6-7 可见，对于 BCFH 和 FH/BFSK，两者的误码率都随跟踪干扰时间比例的减小而单调下降。同样，在相同信干比下，BCFH 的误码率明显低于 FH/BFSK。随 ρ_T 取值不同，对于误码率达到 10^{-5} 所需的信干比，BCFH 比 FH/BFSK 普遍低约 2dB。

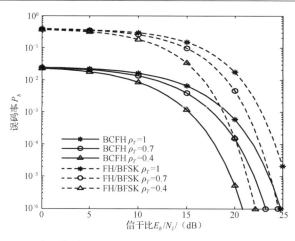

图 6-7　跟踪干扰时间比例 ρ_T 对 BCFH 与 FH/BFSK 误码率的影响

4. 跟踪干扰带宽比例 ρ_W 对 BCFH 与 FH/BFSK 误码率的影响

图 6-8 给出了跟踪干扰带宽比例 ρ_W 对 BCFH 与 FH/BFSK 误码率的影响。干扰条件为成功率 $\beta = 1$，时间比例 $\rho_T = 1$。在图 6-8 中，当 $\rho_W = 1$ 时，BCFH 与 FH/BFSK 的误码率曲线重合。在一定的信干比下，随着跟踪干扰带宽比例的增大，FH/BFSK 的误码率单调下降，而 BCFH 的误码率的变化规律有所不同。由图 6-8 可见，当信干比一定时，存在最佳跟踪干扰带宽比例 $\rho_{W(\text{opt})}$，使 BCFH 的误码率达到最高。在高信干比下，$\rho_{W(\text{opt})}$ 应取较小值；而随着信干比的降低，$\rho_{W(\text{opt})}$ 取值迅速增大，在低信干比下（图 6-8 中约为 $\gamma_J < 7\text{dB}$），最佳跟踪干扰变为宽带干扰。这是因为在高信干比下，干扰方必须将有限的干扰功率尽量集中在较窄的频带内，只有这样才能保证干扰频带内足够的干扰功率；而在低信干比下，干扰信号功率已经足够大，则展宽干扰频带以增大击中对偶信道的概率可以获得更好的干扰效果。总体来看，在一定的跟踪干扰带宽比例下，BCFH 普遍比 FH/BFSK 的误码率低，且随干扰带宽变窄，BCFH 的误码率性能增益更明显。例如，在图 6-8 中，当 $\rho_W = 1/16$ 时，对于误码率达到 10^{-5} 所需的信干比，BCFH 比 FH/BFSK 低约 2dB。

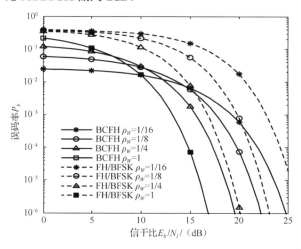

图 6-8　跟踪干扰带宽比例 ρ_W 对 BCFH 与 FH/BFSK 误码率的影响

通过以上在 AWGN 信道下针对跟踪干扰成功率、跟踪干扰时间比例、跟踪干扰带宽比例对 BCFH 和 FH/BFSK 误码率影响的对比分析可以看出，BCFH 的抗跟踪干扰性能明显优于 FH/BFSK。

5. 跟踪干扰成功率对 BCFH 与 DFH 误码率的影响

下面对 BCFH 的抗跟踪干扰性能与 DFH 进行对比。讨论时，BCFH 与 DFH 每比特传输时间同为 T_b，工作在 32 个相互正交的跳频频点上，相邻跳频频点间隔为 $1/T_b$，DFH 扇出系数为 2。为重点考察系统的接收、检测和判决性能，并使对比公平，DFH 不考虑编/译码增益，而采用逐符号检测译码，其结构与性能由文献[8]给出。

因为跟踪干扰时间比例对系统误码率性能的影响是单调的，所以在此不再示出，进而主要关注在不同跟踪干扰成功率和跟踪干扰带宽比例下两系统误码率的对比。

图 6-9 给出了不同跟踪干扰成功率 β 下 BCFH 与 DFH 的误码率对比。干扰条件为时间比例 $\rho_T = 1$，带宽比例 $\rho_W = 1/16$。由图 6-9 可见，跟踪干扰成功率对两者的影响规律相似。这是因为在相同的跟踪干扰成功率和跟踪干扰带宽比例下，BCFH 与 DFH 的数据信道、对偶信道被干扰的概率都分别完全一致。但在高信干比下（图 6-9 中 $\gamma_J > 15$dB 时），BCFH 仍然可以比 DFH 获得额外 2～5dB 的误码率性能增益，且在低信干比下，BCFH 的误码率平板比 DFH 低一个数量级。这是因为 DFH 接收机前端是宽带接收，由文献[8]可知，逐符号检测接收机根据所有工作频点上的检测值进行判决，因此数据信道、对偶信道之外频点上的干扰信号也会进入接收机并对判决产生影响；而 BCFH 接收机前端是窄带接收，仅检测数据信道、对偶信道的信号，其余频点上的干扰信号被滤除，因此不会对判决产生影响，从而减小了错误判决的概率。由此可以看到 BCFH 窄带接收的优势。

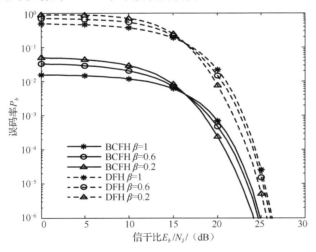

图 6-9 不同跟踪干扰成功率 β 下 BCFH 与 DFH 的误码率对比

6. 跟踪干扰带宽比例 ρ_W 对 BCFH 与 DFH 误码率的影响

图 6-10 给出了不同跟踪干扰带宽比例 ρ_W 下 BCFH 与 DFH 的误码率对比。干扰条件为成功率 $\beta = 1$，时间比例 $\rho_T = 1$。同样可以看到，当 $\rho_W = 1$ 时，即在宽带干扰下，BCFH 与

DFH 的误码率曲线重合；当 $\rho_W < 1$，即在窄带干扰下，对于相同的信干比和跟踪干扰带宽比例，BCFH 较 DFH 普遍有 2dB 以上的误码率性能增益。在一定的信干比条件下，针对 BCFH 和 DFH，分别存在最佳跟踪干扰带宽比例 $\rho_{W(opt)}$，使两者的误码率达到最高。但在很宽的信干比范围内，针对 DFH 的 $\rho_{W(opt)}$ 都小于针对 BCFH 的 $\rho_{W(opt)}$，相比于 BCFH，这将更有利于干扰方发射窄带干扰信号对 DFH 进行有效干扰，再次证明了 BCFH 窄带接收相比于 DFH 宽带接收的性能优势。

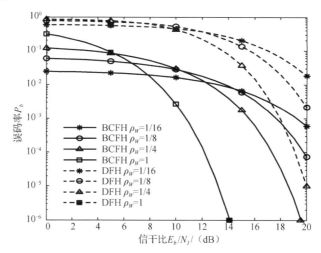

图 6-10　不同跟踪干扰带宽比例 ρ_W 下 BCFH 与 DFH 的误码率对比

7. 最坏跟踪干扰下 BCFH、FH/BFSK 与 DFH 的误码率

在一定的信干比下，假设 $\rho_T = 1$，由以上分析可见，对于 BCFH、FH/BFSK 和 DFH，分别存在最佳跟踪干扰成功率 β_{opt} 和最佳跟踪干扰带宽比例 $\rho_{W(opt)}$，使误码率达到最大值，相应的干扰条件称为最坏（Worst Case）跟踪干扰。图 6-11 所示为最坏跟踪干扰下 3 种系统的误码率曲线。这些曲线给出了跟踪干扰可能造成的最大损伤。可见，在很宽的信干比范围内，FH/BFSK 具有最差的抗跟踪干扰性能，只有在低信干比（图 6-11 中为 $\gamma_J < 10dB$）下，DFH 的误码率才略高于 FH/BFSK。而 BCFH 的误码率在所考察的信干比范围内都是最低的。对于误码率达到 10^{-5} 所需的信干比，BCFH 比 FH/BFSK 低约 5dB，比 DFH 低约 1.5dB。而在低信干比下，BCFH 比 FH/BFSK 和 DFH 的误码率性能增益都高 10dB 以上。由此证明了 BCFH 良好的抗跟踪干扰性能。

8. 部分频带噪声干扰带宽比例 ρ_W 对 BCFH、FH/BFSK 与 DFH 误码率的影响

图 6-12 所示为 BCFH、FH/BFSK 与 DFH 的误码率随部分频带噪声干扰带宽比例 ρ_W 的变化情况。可以看出，对于 BCFH，在一定的信干比下，存在最佳 $\rho_{W(opt)}$，使误码率达到最高，相应的干扰状态为最坏部分频带噪声干扰。观察图 6-11 可知，$\rho_{W(opt)}$ 随信干比的降低而增大，在高信干比和中等信干比（图 6-11 中约为 $\gamma_J > 5dB$）下，$\rho_{W(opt)}$ 带宽都是尽量窄的。在信干比较低（图 6-11 中约为 $\gamma_J < 5dB$）时，ρ_W 的影响不显著，宽带干扰效果略强于窄带干扰。

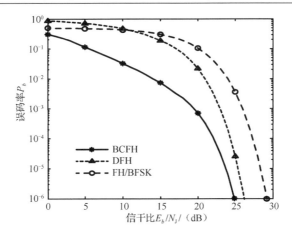

图 6-11　最坏跟踪干扰下 3 种系统的误码率曲线

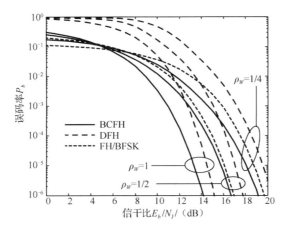

图 6-12　BCFH、FH/BFSK 与 DFH 的误码率随部分频带噪声干扰带宽比例 ρ_W 的变化情况

　　BCFH 的误码率性能与 DFH 相比较,在相同信干比、相同部分频带噪声干扰带宽比例下,BCFH 的误码率均明显低于 DFH 逐符号检测接收机的误码率。对于误码率达到 10^{-5} 所需的信干比,BCFH 在各部分频带噪声干扰带宽比例下都比 DFH 低 1～1.5dB。特别是当信干比较低(图 6-12 中为 $\gamma_J < 10\text{dB}$)时,DFH 被干扰阻塞,不同 ρ_W 下的误码率均非常高,而 BCFH 通过窄带接收可以避开一部分强干扰,因此性能优势更明显。虽然在此没有显示,但经数值分析可知,当信道数不变且总跳频频点数 $N > 32$ 时,BCFH 窄带接收方式比 DFH 宽带接收方式有更高的误码率性能增益。

　　图 6-12 也比较了 BCFH 与常规 FH/BFSK 的误码率性能。在相同信干比、相同部分频带噪声干扰带宽比例下,两者的误码率基本一致,当 $\rho_W = 1$ 时,BCFH 与 FH/BFSK 的误码率相同。同时观察图 6-12 可以推断,当信干比较高时,对 BCFH 的最佳部分频带噪声干扰带宽要窄于对 FH/BFSK 的最佳部分频带噪声干扰带宽。通过图 6-13 可以更清楚地看到这一点。

　　如图 6-13 所示,在相同信干比下,对 BCFH 的最佳部分频带噪声干扰带宽要窄于对 FH/BFSK 的最佳部分频带噪声干扰带宽。说明当干扰功率一定时,相比于常规 FH/BFSK,更窄的发射带宽可以有效干扰 BCFH。这是因为在相同的部分频带噪声干扰带宽比例下,虽然干扰击中 BCFH 两个信道与击中 FH/BFSK 两个信道的概率相同,但是当部分频带噪声干扰带宽比例较小时，每个被干扰跳频频点上的干扰功率较大，而当较大的干扰功率仅击中 BCFH 的对偶信道时，BCFH 的择大判决性能将急剧恶化，由此贡献的误码率很高。这相当于 BCFH 误码率计算公式中的 P_{b1} 较大，它是主导分量，这一现象在干扰功率较大时更加明显。如图 6-14 所示，当 $\gamma_J = 10\text{dB}$，$\rho_W = 0.1$ 时，甚至仅 P_{b1} 一项就已经高于常规 FH/BFSK 的误码率了，从而进一步导致在相同干扰带宽下 BCFH 总体的误码率很高。可见，干扰信号击中对偶信道而不是数据信道对 BCFH 的影响将会非常大。这一点与常规 FH/BFSK 系统不同。

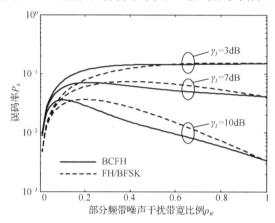

图 6-13 部分频带噪声干扰带宽比例对 BCFH 与 FH/BFSK 误码率的影响

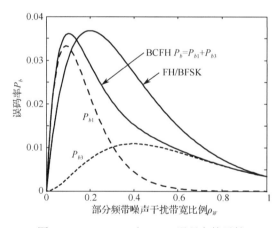

图 6-14 P_{b1}、P_{b3} 对 BCFH 误码率的贡献

9. 最坏部分频带噪声干扰下 BCFH、FH/BFSK 与 DFH 的误码率

当 BCFH、FH/BFSK 和 DFH 分别运行在最坏部分频带噪声干扰下时，其误码率如图 6-15 所示。同样可以看到，在较宽的信干比变化范围内，BCFH 有较低的误码率。当信干比大约低于 20dB 时，BCFH 与常规 FH/BFSK 的性能大致相当，但相比于 DFH 逐符号检测接收机，有约 15dB 的误码率性能增益；当信干比高于 20dB 时，由于总的可用跳频频点数 $N = 32$ 的限制，图 6-15 中给出的 3 种系统的最坏误码率实际上是 $\rho_W = 1/32$ 时各系统的误码率。将信干比在 20dB 以下的最坏误码率曲线延长，可得图 6-15 中的细实线所示的当 N 趋于无穷大时 3 种系统误码率的变化趋势。BCFH 与 DFH 的最坏误码率变化趋势相互平行，保持着约 25dB

的误码率性能增益。总体来看，BCFH 具有良好的抗部分频带噪声干扰性能。

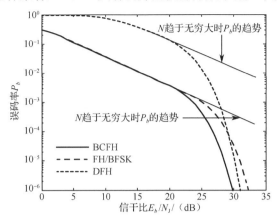

图 6-15　最坏部分频带噪声干扰下的 BCFH、DFH 与 FH/BFSK 误码率

10. 多音干扰带宽比例 ρ_W 对 BCFH、FH/BFSK 与 DFH 误码率的影响

多音干扰带宽比例 ρ_W 对 BCFH、FH/BFSK 与 DFH 误码率的影响如图 6-16 所示。与部分频带噪声干扰不同的是，由于多音干扰的每个子单音可以只干扰一个跳频频点而非一个频带，因此，对于常规 FH/BFSK，假定干扰单音频率对准一个跳频频点上 FSK 调制的其中一个频隙进行 $n=1$ 的频带多音干扰[6]（$n=1$ Band Multi-Tone Jamming）；对于 BCFH 和 DFH，假定干扰单音频率对准载波频率。

在一定的信干比下，将使系统误码率达到最高的多音干扰带宽比例记为 $\rho_{W\text{(opt)}}$，相应的干扰状态为最坏多音干扰。观察图 6-16 可知，BCFH 系统的 $\rho_{W\text{(opt)}}$ 随信干比的降低而减小。在高信干比和中等信干比（图 6-16 中约为 $\gamma_J > 5\text{dB}$）下，$\rho_{W\text{(opt)}}$ 带宽都是尽量窄的，当信干比较高时，ρ_W 越小，误码率越高。当信干比较低（图 6-16 中约为 $\gamma_J < 5\text{dB}$）时，ρ_W 的影响不显著，宽带干扰效果略强于窄带干扰。当 ρ_W 相同时，BCFH 相比于 FH/BFSK 有 1.5～4.5dB 的误码率性能增益（这里只是描述了大体情况，并不总是成立的），抗干扰性能优势明显。但在一定的信干比下，对 BCFH 干扰的 $\rho_{W\text{(opt)}}$ 要小于对 FH/BFSK 干扰的 $\rho_{W\text{(opt)}}$，这是对 BCFH 抗干扰能力不利的方面。与 DFH 相比，BCFH 在各多音干扰带宽比例下，其误码率都明显低于 DFH，在相同的多音干扰带宽比例 ρ_W 下，BCFH 相比于 DFH 普遍有 7～8dB 的误码率性能增益；并且在高信干比下，当信道噪声成为影响误码率的主要因素时，DFH 达到的误码率平板约为 3×10^{-4}，比 BCFH 的误码率高出一个数量级。虽然图 6-16 中以系统可用跳频频点数 $N=32$ 为例，但经数值计算不难得到，当总跳频频点数 N 取更大值时，BCFH 比 DFH 的抗干扰性能优势更大。

11. 最坏多音干扰下 BCFH、FH/BFSK 与 DFH 的误码率

在最坏多音干扰下，BCFH、FH/BFSK 与 DFH 的误码率如图 6-17 所示。在 3 种系统中，BCFH 在很宽的信干比范围内都有最低的误码率。将信干比在 20dB 以下的最坏误码率曲线延长，可得图 6-17 中的细实线所示的当 N 趋于无穷大时 BCFH 和 FH/BFSK 误码率的变化趋势。可见，BCFH 与 FH/BFSK 的最坏误码率变化趋势相互平行，保持着约 3dB 的误码率性能增益。

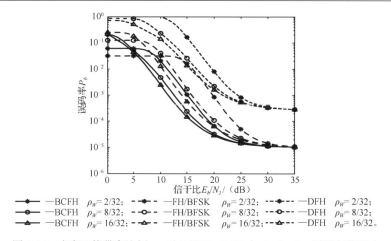

图 6-16　多音干扰带宽比例 ρ_W 对 BCFH、DFH 与 FH/BFSK 误码率的影响

DFH 的最坏误码率的变化趋势与 BCFH 不同。如图 6-17 所示，在各信干比下，对 DFH 的最佳多音干扰带宽比例都是 $\rho_{W(\mathrm{opt})}=1/32$，即单音干扰。因此，图 6-17 中给出了 $N=32$ 和 $N=64$ 时 DFH 的最坏误码率，随着 N 的增大，最坏误码率曲线基本是向右平移的，其最坏误码率与 BCFH 相比差距变大。即使当 $N=32$ 时，对于误码率为 10^{-3} 所需的信干比，BCFH 相比于 DFH 已降低约 8dB。这同样可归结为 BCFH 采用窄带接收方式带来的性能优势。

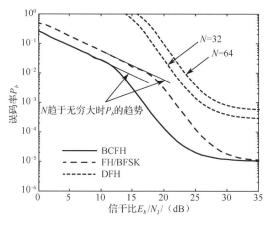

图 6-17　BCFH、FH/BFSK 与 DFH 的误码率

由以上讨论可知，在 AWGN 信道下，与常规 FH/BFSK 相比，BCFH 在抗跟踪干扰性能方面有明显优势，且抗部分频带噪声干扰和多音干扰性能与常规 FH/BFSK 相近；BCFH 与 DFH 逐符号检测接收机相比，其在跟踪干扰、部分频带噪声干扰和多音干扰下的误码率都明显较低。证明在 AWGN 信道下，BCFH 具有较好的综合抗干扰能力，特别是具有良好的抗跟踪干扰能力。

6.5　双信道联合跳频在瑞利衰落信道下的抗干扰性能

瑞利衰落信道是短波/超短波信道的另一个典型模型，能较好地描述反射物较多且无直射信号分量的通信信道特征。经过瑞利衰落信道传输，接收信号可表示为

$$r(t) = \alpha_s \mathrm{e}^{j\theta} s(t) + n(t) + J(t) \tag{6-50}$$

式中，α_s 服从参数为 σ_s 的频率非选择性瑞利衰落，有概率密度函数：

$$p(\alpha_s) = \frac{\alpha_s}{\sigma_s^2} \exp\left(-\frac{\alpha_s^2}{2\sigma_s^2}\right) U(\alpha_s^2) \tag{6-51}$$

定义平均信噪比为

$$\overline{\gamma} = E(\alpha_s^2) E_s/N_0 = 2\sigma_s^2 E_s/N_0 \tag{6-52}$$

平均信干比为

$$\overline{\gamma_J} = E(\alpha_s^2) E_s/N_J = 2\sigma_s^2 E_s/N_J \tag{6-53}$$

不失一般性，假设 BCFH 第 l 跳用户数据为比特 "0"，即占用子信道 0 发送，有用信号频率为 $f_{(0,l)}$。对工作在双信道上的二进制系统，有 $B=1$，$M=2$，$E_s = BE_b = E_b$。

6.5.1　抗跟踪干扰性能

假设子信道接收信号的非相干检测结果 R_0 和 R_1 相互独立；跟踪干扰以准确度 β 干扰子信道 0，并具有干扰时间比例 ρ_T 和干扰带宽比例 ρ_W；在一跳内，定义随机变量 $g_i = 1$（$i = 0,1$）或 0 表示 R_i 被干扰或没有被干扰；则干扰和噪声的功率谱密度可统一表示为

$$N_{g_i} = N_0 + g_i N_J \rho_T/\rho_W \tag{6-54}$$

假设跟踪干扰波形为窄带噪声。令 $p_{R_i}(r_i \mid \alpha_s, g_i)$ 表示第 i 个子信道衰落幅度为 α_s、干扰状态为 g_i 时 R_i 的条件概率密度函数。对于存在有用信号的子信道 0，可得

$$p_{R_0}(r_0 \mid \alpha_s, g_0) = \frac{1}{4E_s N_{g_0}} \exp\left(-\frac{r_0 + 4\alpha_s^2 E_s^2}{4E_s N_{g_0}}\right) I_0\left(\frac{\alpha_s \sqrt{r_0}}{N_{g_0}}\right) U(r_0) \tag{6-55}$$

将式（6-55）对 α_s 求平均，得到只依赖干扰状态的 R_0 的条件概率密度函数：

$$p_{R_0}(r_0 \mid g_0) = \frac{1}{4E_s N_{g_0} + 8\sigma_s^2 E_s^2} \exp\left(-\frac{r_0}{4E_s N_{g_0} + 8\sigma_s^2 E_s^2}\right) U(r_0) \tag{6-56}$$

同理，对于不存在有用信号的子信道 1，可得

$$p_{R_1}(r_1 \mid g_1) = \frac{1}{4E_s N_{g_1}} \exp\left(-\frac{r_1}{4E_s N_{g_1}}\right) U(r_1) \tag{6-57}$$

判决变量 $Y = R_0 - R_1$ 的干扰状态与 R_i 的干扰状态 g_i 有关，令随机变量 $\boldsymbol{G}_j = (g_0 \ g_1)$ 表示 Y 的干扰状态，其中 $j = 0,1,2,3$。$\boldsymbol{G}_j$ 与 g_0 和 g_1 的关系如表 6-1 所示。在跟踪干扰下，$\boldsymbol{G}_j$ 的概率分布如式（6-16）～式（6-19）所示。

Y 关于 $\boldsymbol{G}_j$ 的条件概率分布函数（Cumulative Density Function，CDF）为

$$F_Y(y \mid \boldsymbol{G}_j) = \begin{cases} \int_0^{+\infty} \mathrm{d}r_1 \int_0^{y+r_1} p_{R_0}(r_0 \mid g_0) p_{R_1}(r_1 \mid g_1) \mathrm{d}r_0, & y \geqslant 0 \\ \int_{-y}^{+\infty} \mathrm{d}r_1 \int_0^{y+r_1} p_{R_0}(r_0 \mid g_0) p_{R_1}(r_1 \mid g_1) \mathrm{d}r_0, & y < 0 \end{cases} \tag{6-58}$$

将式（6-56）和式（6-57）代入式（6-62）中，并对 y 求导，可得 Y 关于 $\boldsymbol{G}_j$ 的条件概率密度函数为

$$p_Y(y|\boldsymbol{G}_j) = \begin{cases} \dfrac{1}{4E_s(N_{g_0}+N_{g_1})+8\sigma_s^2 E_s^2}\exp\left(\dfrac{-y}{4E_sN_{g_0}+8\sigma_s^2 E_s^2}\right), & y \geqslant 0 \\[3mm] \dfrac{1}{4E_s(N_{g_0}+N_{g_1})+8\sigma_s^2 E_s^2}\exp\left(\dfrac{y}{4E_sN_{g_1}}\right), & y < 0 \end{cases} \tag{6-59}$$

因为已假设使用子信道 0 传输，所以当 $Y > 0$ 时可以做出正确的判决，而当 $Y < 0$ 时判决发生错误。由此，干扰状态为 $\boldsymbol{G}_j$ 时的条件判决错误概率 P_j 可以由式（6-59）在 $(-\infty,0)$ 上积分得到，即有

$$P_j = \int_{-\infty}^{0} p_Y(y|\boldsymbol{G}_j)\mathrm{d}y = \frac{1}{1+N_{g_0}/N_{g_1}+2E_s\sigma_s^2/N_{g_1}} \tag{6-60}$$

若定义

$$\overline{\gamma_{g_i}} = 2E_s\sigma_s^2/N_{g_i} = \frac{\overline{\gamma}\cdot\overline{\gamma_J}}{\overline{\gamma_J}+g_i\overline{\rho}\rho_T/\rho_W} \tag{6-61}$$

则式（6-60）可写为

$$P_j = \frac{1}{1+\overline{\gamma_{g_1}}/\overline{\gamma_{g_0}}+\overline{\gamma_{g_1}}} \tag{6-62}$$

式中， g_0 和 g_1 按照相应的干扰状态 $\boldsymbol{G}_j$ 取值。此时，BCFH 在跟踪干扰下的比特误码率如式（6-49）所示。

6.5.2　抗部分频带噪声干扰性能

以下仍将部分频带噪声干扰看作跟踪干扰的一种特殊情况，即干扰方无法准确跟踪数据信道，而只能随机选择干扰频带的位置。此时，跟踪干扰时间比例 $\rho_T = 1$，跟踪干扰成功率下降到 $\beta = \rho_W = \rho = W_J/W_{ss}$。因此，在部分频带噪声干扰下，判决变量 Y 的干扰状态 $\boldsymbol{G}_j$（ $j=0,1,2,3$ ）的概率分布为

$$P(\boldsymbol{G}_0) = (1-\rho)^2 \tag{6-63}$$
$$P(\boldsymbol{G}_1) = \rho(1-\rho) \tag{6-64}$$
$$P(\boldsymbol{G}_2) = \rho(1-\rho) \tag{6-65}$$
$$P(\boldsymbol{G}_3) = \rho^2 \tag{6-66}$$

由于信道条件不变，所以各干扰状态下的条件判决错误概率也不变。

6.5.3　抗多音干扰性能

6.4.3 节中提到，在总共 N 个跳频频点中，多音干扰为随机对准其中 K 个不同跳频频点的单频正弦波，占据工作带宽的比例为 $\rho_W = K/N$。假设干扰信号经历幅度为 α_J 的衰落过程，且 α_J 服从参数为 σ_J 的瑞利衰落。进一步假设有用信号与干扰信号经历各自独立的衰落过程，即 $\sigma_s \neq \sigma_J$。与 6.4.3 节相同，仍将干扰视为独立多音干扰。在一跳内， $p_{R_i}(r_i|g_i)$ 表示第 i 个

子信道干扰状态为 g_i 时判决量 R_i 的条件概率密度函数。假设有用信号与干扰信号之间的相位差为 θ，服从 $[0, 2\pi]$ 上的均匀分布。对 α_{s} 和 α_{J} 求平均，并利用泰勒级数近似[9]消去 θ 的影响，通过合并化简可得

$$p_{R_0}(r_0|0) = \frac{1}{C_{\mathrm{s}}} \exp\left(-\frac{r_0}{C_{\mathrm{s}}}\right) U(r_0) \tag{6-67}$$

$$p_{R_0}(r_0|1) = \frac{1}{C_{\mathrm{J}} D_{\mathrm{J}}} \exp\left(-\frac{r_0}{C_{\mathrm{J}}}\right) U(r_0) + \frac{1}{C_{\mathrm{s}} D_{\mathrm{s}}} \exp\left(-\frac{r_0}{C_{\mathrm{s}}}\right) U(r_0) \tag{6-68}$$

$$p_{R_1}(r_1|0) = \frac{1}{4E_{\mathrm{s}} N_0} \exp\left(-\frac{r_1}{4E_{\mathrm{s}} N_0}\right) U(r_1) \tag{6-69}$$

$$p_{R_1}(r_1|1) = \frac{1}{C_{\mathrm{J}}} \exp\left(-\frac{r_1}{C_{\mathrm{J}}}\right) U(r_1) \tag{6-70}$$

式中

$$C_{\mathrm{s}} = 4E_{\mathrm{s}} N_0 + 8E_{\mathrm{s}}^2 \sigma_{\mathrm{s}}^2 \tag{6-71}$$

$$C_{\mathrm{J}} = 4E_{\mathrm{s}} N_0 + 8E_{\mathrm{s}}^2 \sigma_{\mathrm{J}}^2 N_{\mathrm{J}} / \rho \tag{6-72}$$

$$D_{\mathrm{s}} = 1 - \sigma_{\mathrm{J}}^2 N_{\mathrm{J}} / (E_{\mathrm{s}} \sigma_{\mathrm{s}}^2 \rho) \tag{6-73}$$

$$D_{\mathrm{J}} = 1 - E_{\mathrm{s}} \sigma_{\mathrm{s}}^2 \rho / (\sigma_{\mathrm{J}}^2 N_{\mathrm{J}}) \tag{6-74}$$

同样，令随机变量 $\boldsymbol{G}_j = (g_0 \ g_1)$ 表示 $Y = R_0 - R_1$ 的干扰状态，其中 $j = 0, 1, 2, 3$；$\boldsymbol{G}_j$ 与 g_0 和 g_1 的关系如表 6-1 所示，则 $\boldsymbol{G}_j$ 的概率分布如式（6-41）～式（6-43）所示。

定义 P_j 表示干扰状态为 $\boldsymbol{G}_j$ 时系统的条件判决错误概率，即

$$P_j = \int_0^\infty \int_{r_0}^\infty p_{R_0}(r_0|g_0) p_{R_1}(r_1|g_1) \mathrm{d}r_1 \mathrm{d}r_0 \tag{6-75}$$

将式（6-67）～式（6-70）及与状态 $\boldsymbol{G}_j$ 相应的 g_0 和 g_1 值代入式（6-75）中，计算可得

$$P_0 = \frac{1}{2 + \overline{\gamma}} \tag{6-76}$$

$$P_1 = \left(1 + \frac{1 + \overline{\gamma}}{1 + \sigma_{\mathrm{J}}^2 \overline{\gamma} / (\rho \overline{\gamma_{\mathrm{J}}})}\right)^{-1} \tag{6-77}$$

$$P_2 = \left(1 - \frac{\sigma_{\mathrm{s}}^2 \rho \overline{\gamma_{\mathrm{J}}}}{\sigma_{\mathrm{J}}^2}\right)^{-1} \left(2 + \frac{2\sigma_{\mathrm{J}}^2 \overline{\gamma}}{\rho \overline{\gamma_{\mathrm{J}}}}\right)^{-1} + \left(1 - \frac{\sigma_{\mathrm{J}}^2}{\sigma_{\mathrm{s}}^2 \rho \overline{\gamma_{\mathrm{J}}}}\right)^{-1} (2 + \overline{\gamma})^{-1} \tag{6-78}$$

$$P_3 = \left(1 - \frac{\sigma_{\mathrm{J}}^2}{\sigma_{\mathrm{s}}^2 \rho \overline{\gamma_{\mathrm{J}}}}\right)^{-1} \left(1 + \frac{1 + \overline{\gamma}}{1 + 2\sigma_{\mathrm{J}}^2 \overline{\gamma} / (\rho \overline{\gamma_{\mathrm{J}}})}\right)^{-1} + \frac{1}{2}\left(1 - \frac{\sigma_{\mathrm{s}}^2 \rho \overline{\gamma_{\mathrm{J}}}}{\sigma_{\mathrm{J}}^2}\right)^{-1} \tag{6-79}$$

6.5.4　数值计算结果及仿真结果

在瑞利衰落信道下，假设 BCFH 工作带宽内包含 32 个跳频频点，相邻跳频频点间隔为 $1/T_b$，由两个相互正交的跳频序列组成两个信道，且发送方和接收方的跳频序列均已经取得严格同步。仿真时，假设跟踪干扰可以截获一跳中的数据信道频率，但无法得知对偶信道频

率，因此跟踪干扰频率随 BCFH 数据信道频率跳变，而部分频带噪声干扰与多音干扰频率保持不变。信道中高斯白噪声的信噪比为 46.98dB，相当于 BCFH 在瑞利衰落信道无干扰情况下误码率达到 10^{-5} 时所需的信噪比。在 6.4.4 节 AWGN 信道下 BCFH 误码率性能分析对比的基础上，瑞利衰落信道模型下相似的性能及其比较结果不再列出，本节重点考察在如表 6-3 所示的干扰参数和条件下 BCFH 的误码率性能。

表 6-3　试验项目

序　号	干扰条件	结　果
1	跟踪干扰、部分频带噪声干扰、多音干扰条件下的 BCFH 误码率仿真结果与数值计算结果	图 6-18
2	跟踪干扰成功率 β 对 BCFH、FH/BFSK 与 DFH 误码率的影响	图 6-19、图 6-20
3	跟踪干扰时间比例 ρ_T 对 BCFH、FH/BFSK 与 DFH 误码率的影响	图 6-21
4	跟踪干扰带宽比例 ρ_W 对 BCFH、FH/BFSK 与 DFH 误码率的影响	图 6-22
5	最坏跟踪干扰下 BCFH、FH/BFSK 与 DFH 的误码率	图 6-23
6	部分频带噪声干扰带宽比例 ρ_W 对 BCFH、FH/BFSK 与 DFH 误码率的影响	图 6-24
7	多音干扰带宽比例 ρ_W 对 BCFH、FH/BFSK 与 DFH 误码率的影响	图 6-25

1. 跟踪干扰、部分频带噪声干扰、多音干扰条件下的 BCFH 误码率仿真结果与数值计算结果

图 6-18 所示为 BCFH 在瑞利衰落信道 3 种干扰条件下的误码率仿真结果与数值计算结果的对比。当干扰参数取典型值时，仿真结果与数值计算结果基本一致，证明了理论分析的正确性。可以看到，跟踪干扰虽然有较高的成功率，但实际干扰效果与部分频带噪声干扰相似，甚至在低信干比下的干扰效果略差于部分频带噪声干扰。跟踪干扰对 BCFH 的影响有限。

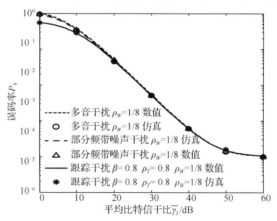

图 6-18　BCFH 在瑞利衰落信道 3 种干扰条件下的误码率仿真结果与数值计算结果的对比

2. 跟踪干扰成功率 β 对 BCFH、FH/BFSK 与 DFH 误码率的影响

在瑞利衰落信道下，分析跟踪干扰成功率、跟踪干扰时间比例、跟踪干扰带宽比例对 BCFH 误码率的影响，并与常规 FH/BFSK 和 DFH 逐符号检测接收方式进行对比。对比时，BCFH、FH/BFSK 与 DFH 系统模型分别与 6.4.4 节在 AWGN 信道下描述的系统模型一致。

跟踪干扰成功率 β 对 BCFH、FH/BFSK 与 DFH 误码率的影响如图 6-19 所示。干扰条件为时间比例 $\rho_T = 1$，带宽比例 $\rho_W = 1/16$。在 3 种系统中，随跟踪干扰成功率的变化，BCFH 都具有最低的误码率，FH/BFSK 次之，DFH 的误码率稍高于 FH/BFSK。对于误码率达到 10^{-3} 所需的信干比，BCFH 比 FH/BFSK 低 5～10dB，比 DFH 低 10～12dB。单独观察 BCFH 的误码率，当信干比较低（图 6-19 中约低于 10dB 时），随跟踪干扰成功率的升高，BCFH 的误码率略微降低。

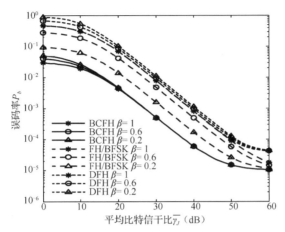

图 6-19　跟踪干扰成功率 β 对 BCFH、FH/BFSK 与 DFH 误码率的影响

此外，观察图 6-19 可见，从总体上看，BCFH 的误码率对跟踪干扰成功率变化较为不敏感，即在不同跟踪干扰成功率取值下，误码率非常接近。这与 FH/BFSK 系统非常不同。为解释这种现象，我们更细致地考察在不同跟踪干扰成功率下，式（6-49）中干扰条件 G_j（$j = 0,1,2,3$）下的条件判决错误概率 P_j 对总误码率 P_b 的贡献。

图 6-20 给出了当信干比为 5dB 时，干扰条件 G_j 发生的概率 $P(G_j)$ 与 G_j 下的条件判决错误概率 P_j 随跟踪干扰成功率变化的情况。当信干比一定时，条件判决错误概率 P_j 随之固定。

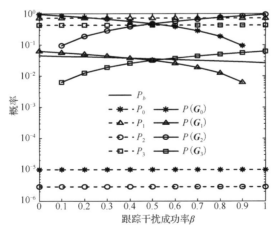

图 6-20　$P(G_j)$ 和 P_j 与跟踪干扰成功率 β 的关系

由图 6-20 可以看出，对总误码率起决定性作用的是 P_1 和 P_3，即在只有对偶信道被干扰

和两信道都被干扰条件下的误码率，且 P_1 和 P_3 非常接近。而观察式（6-17）和式（6-19）可知，G_1 和 G_3 发生的概率 $P(G_1)$ 与 $P(G_3)$ 是此消彼长的，正如图 6-20 中所画出的那样，且两者的曲线关于 $\beta = 0.5$ 对称。因此，P_1 和 P_3 对总误码率 P_b 的贡献也是此消彼长的，使得整体上 P_b 在各跟踪干扰成功率下变化不大。从表面上看，这使干扰方不需要提高跟踪干扰成功率，降低了对干扰方的要求。实际上，当跟踪干扰成功率取不同值时，BCFH 的误码率都是比较低的。这再次证明了 BCFH 具有较好的抗跟踪干扰性能。

3. 跟踪干扰时间比例 ρ_T 对 BCFH、FH/BFSK 与 DFH 误码率的影响

在瑞利衰落信道下，跟踪干扰时间比例 ρ_T 对 BCFH、FH/BFSK 与 DFH 误码率的影响如图 6-21 所示。干扰条件为成功率 $\beta = 1$，带宽比例 $\rho_W = 1/16$。由图 6-21 可见，3 种系统的误码率都随跟踪干扰时间比例的减小而单调下降。在相同信干比下，BCFH 的误码率明显低于 FH/BFSK 和 DFH，FH/BFSK 和 DFH 在中等以下信干比（图 6-21 中为 $\overline{\gamma_J} < 50\text{dB}$）时的误码率基本一致，只是在高信干比下，DFH 达到的误码率平板高于 10^{-5}，而 BCFH 与 FH/BFSK 达到的误码率平板一致。在相同的 ρ_T 下，对于误码率达到 10^{-3} 所需的信干比，BCFH 比 FH/BFSK 和 DFH 普遍低约 10dB。

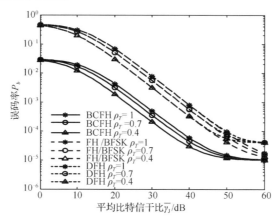

图 6-21　跟踪干扰时间比例 ρ_T 对 BCFH、FH/BFSK 与 DFH 误码率的影响

4. 跟踪干扰带宽比例 ρ_W 对 BCFH、FH/BFSK 与 DFH 误码率的影响

图 6-22 所示为瑞利衰落信道下跟踪干扰带宽比例 ρ_W 对 BCFH、FH/BFSK 与 DFH 误码率的影响。干扰条件为成功率 $\beta = 1$，时间比例 $\rho_T = 1$。其中，当 $\rho_W = 1$ 时，即在宽带干扰下，BCFH 与 FH/BFSK 的误码率曲线重合。在其余跟踪干扰带宽比例下，BCFH 的误码率都低于 FH/BFSK 和 DFH。在很宽的信干比范围内，对 FH/BFSK 和 DFH 的最佳跟踪干扰带宽都应尽量窄。与此相对地，在所考察的信干比范围内，对 BCFH 的最佳跟踪干扰都是宽带的，给干扰方实施有效干扰带来更大的困难。

5. 最坏跟踪干扰下 BCFH、FH/BFSK 与 DFH 的误码率

在一定的信干比下，假设 $\rho_T = 1$，最佳跟踪干扰成功率 β_{opt} 和最佳跟踪干扰带宽比例

$\rho_{W(\text{opt})}$ 组成最坏（Worst Case）跟踪干扰。最坏跟踪干扰条件下 BCFH、FH/BFSK 与 DFH 的误码率曲线如图 6-23 所示。BCFH 在各信干比下的最高误码率都明显低于 FH/BFSK 和 DFH。对于误码率达到 10^{-3} 所需的信干比，BCFH 比 FH/BFSK 低约 10dB，比 DFH 低约 12dB。在瑞利衰落信道下，BCFH 抗跟踪干扰的性能优势依然明显。

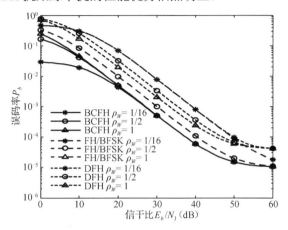

图 6-22　瑞利衰落信道下跟踪干扰带宽比例 ρ_W 对 BCFH、FH/BFSK 与 DHF 误码率的影响

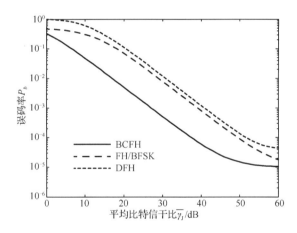

图 6-23　最坏跟踪干扰条件下 BCFH、FH/BFSK 与 DFH 的误码率曲线

6. 部分频带噪声干扰带宽比例 ρ_W 对 BCFH、FH/BFSK 与 DFH 误码率的影响

在部分频带噪声干扰下，主要关注干扰带宽对 BCFH 误码率的影响。图 6-24 对比了在不同部分频带噪声干扰带宽比例下 BCFH、FH/BFSK 与 DFH 的误码率。

如图 6-24 所示，在不同的部分频带噪声干扰带宽比例下，对于误码率达到 10^{-3} 所需的信干比，BCFH 比 DFH 低 7～13dB，与 FH/BFSK 的误码率性能基本一致，仅在低信干比下其误码率性能略差于 FH/BFSK。与 AWGN 信道部分频带噪声干扰条件下 BCFH 的误码率性能表现不同的是，在瑞利衰落信道下，BCFH 的误码率对干扰带宽变化更为不敏感；在低信干比下，BCFH 的最坏部分频带噪声干扰带宽比例 $\rho_{W(\text{opt})}=1$，即宽带干扰。虽不再单独示出最坏部分频带噪声干扰给 3 种系统造成的误码率性能损失，但由图 6-24 可以明显看出，对 BCFH 和 FH/BFSK 的最坏部分频带噪声干扰是宽带干扰，而对 DFH 的最坏部分频带噪声干扰的带宽是尽量窄的。在最坏部分频带噪声干扰下，BCFH 与 FH/BFSK 的误码率一致，比 DFH 普遍约有 13dB 的误码率性能增益。

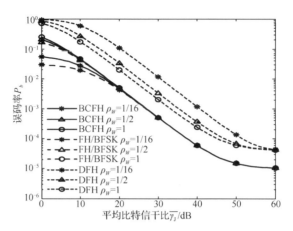

图 6-24 部分频带噪声干扰带宽比例 ρ_W 对 BCFH、FH/BFSK 与 DFH 误码率的影响

7. 多音干扰带宽比例 ρ_W 对 BCFH、FH/BFSK 与 DFH 误码率的影响

类似地，在瑞利衰落信道下，不同的多音干扰带宽比例对 BCFH、FH/BFSK 与 DFH 误码率的影响如图 6-25 所示。与部分频带噪声干扰的影响相似，在中等以上信干比下，BCFH 的误码率对干扰带宽变化不敏感；在低信干比下，对 BCFH 的最坏多音干扰在 $\rho_{W(\mathrm{opt})}=1$ 时取到。BCFH 在最坏多音干扰下的误码率与 FH/BFSK 相近，仅在窄带干扰下其误码率略高于 FH/BFSK；而 BCFH 总体上比 DFH 有 8～17dB 的抗多音干扰误码率性能增益。

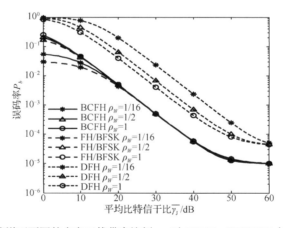

图 6-25 瑞利衰落信道下不同的多音干扰带宽比例 ρ_W 对 BCFH、FH/BFSK 与 DFH 误码率的影响

由以上讨论可以看出，在瑞利衰落信道下，BCFH 的抗跟踪干扰性能明显优于 FH/BFSK 和 DFH，抗多音干扰和部分频带噪声干扰性能略差于常规 FH/BFSK，但明显优于 DFH。也就是说，BCFH 在瑞利衰落信道下也具有较好的综合抗干扰能力。

6.6　本章小结

本章以指挥控制系统中跳频电台现有配置方式和结构性能为基础，提出了联合跳频方法，描述了联合跳频的系统模型，初步解释了联合跳频抗跟踪干扰和窄带阻塞干扰性能增益的原理；给出了 BCFH 在 AWGN 信道和瑞利衰落信道无干扰条件下的误码率性能。在无干扰条件下，BCFH 等效为常规 FH/BFSK。同时简要讨论了联合跳频的两种实现形式，说明联合跳频具有良好的应用前景。

通过计算得到了 BCFH 在 AWGN 信道和瑞利衰落信道中分别存在跟踪干扰、部分频带噪声干扰和多音干扰时的误码率，详细分析了干扰参数对系统误码率的影响，得到了以下重要结论。

（1）总体上，联合跳频模式对跟踪干扰成功率的变化较为不敏感，当跟踪干扰成功率提高时，系统误码率变化不大。并且跟踪干扰功率越高，干扰效果不一定越好，尤其在信干比较低的情况下，跟踪干扰成功率升高反而使误码率略微降低。这一规律与常规 FH/BFSK 不同。

（2）联合跳频系统的对偶信道被干扰造成的误码率在总误码率中占主导地位，但对偶信道与数据信道的频率差伪随机变化，使跟踪干扰很难截获对偶信道频率，这是使联合跳频抗跟踪干扰性能提高的原因。

（3）BHCF 与常规 FH/BFSK 和 DFH 逐符号检测接收机相比，在跟踪干扰条件下，当干扰参数变化时，联合跳频具有最好的误码率性能，在最坏跟踪干扰条件下，BHCF 比常规 FH/BFSK 有 5～10dB 的性能增益。在部分频带噪声干扰和多音干扰条件下，BHCF 的误码率接近常规 FH/BFSK，普遍优于 DHF，仅最坏干扰带宽比常规 FH/BFSK 略窄。BHCF 结合了常规 FH/BFSK 和 DHF 的优势，具有较好的综合抗干扰能力。

参考文献

[1] 杨保峰，沈越泓. 差分跳频的等效卷积码分析[J]. 吉林大学学报，2006, 24(5): 495-500.

[2] Poisel R A. Modern communications jamming principles and techniques [M]. 2nd ed. Norwood: Artech House, 2006.

[3] 范伟. 跳频信号的盲检测和参数盲估计[D]. 合肥：中国科学技术大学，2005.

[4] Hacini L, Farrouki A, Hammoudi Z. Adaptive hybrid acquisition of PN sequences based on automatic multipath cancellation in frequency-selective rayleigh fading channels [J]. Wireless Personal Communications, 2012, 63(2012): 147-166.

[5] Simon M K, Omura J K. Spread Spectrum Communications Handbook[M]. New York: McGraw-Hill, 2001.

[6] Teh K C, Kot A C, Li K H. Performance analysis of an FFH/BFSK product-combining receiver under multitone jamming [J]. IEEE Transactions on Vehicular Technology, 1999, 48(6): 1946-1953.

[7] 朱毅超. 差分跳频与常规跳频抗部分频带干扰的性能比较[J]. 舰船科学技术，2011, 33(6): 61-65.

[8] 陈智，李少谦，董彬虹. 差分跳频通信系统抗部分频带噪声干扰的性能分析[J]. 电子与信息学报，2007, 29(6): 1324-1327.

[9] Holtzman J M. On using perturbation analysis to do sensitivity analysis:Derivatives versus differences [J]. IEEE Transactions on Automatic Control, 1992, 37(2): 243-247.

第7章 卷积编码双信道联合跳频抗干扰技术

7.1 引言

与 FH/BFSK 和 DFH 逐符号检测接收机相比，BCFH 具有较好的综合抗干扰能力，特别是抗跟踪干扰能力较好。但仍可看到，在最不利的情况下，当误码率达到 10^{-3} 时，干扰给 BCFH 带来的误码率性能损失可达 13dB 以上。为了进一步改善 BCFH 的误码率性能，信道编码是一种常用的方法。常规 FH/BFSK 信道编码的抗干扰性能已经得到广泛研究。频率/时间分集相当于一种重复码，结构较为简单，但可以明显增强系统的健壮性[1-5]。卷积编码[6]是另一种经典的无线信道编码方法，其纠错能力更强[7-11]，且译码复杂度可被大部分移动设备接受，因此广泛应用在无线通信标准中，如 GSM、CDMA2000、IS-95 等，也在卫星通信、空间通信等领域发挥着重要作用。本节以卷积编码为例，建立卷积编码双信道联合跳频（Convolutional-Coded BCFH，CC-BCFH），研究信道编码条件下联合跳频模式的抗干扰性能。

卷积编码的译码通常采用 Viterbi 算法[12]，译码度量的构造对编码增益有重要影响。对常规 FH/BFSK 系统，已经提出了多种译码度量并得到了广泛研究，其中大部分针对硬判决译码[13]，针对软判决译码的研究相对较少。在软判决译码中，得到了非最大似然或准最大似然译码性能的理论分析结果。最大似然接收译码经常作为衡量其他接收译码方式的标准，但对于其抗干扰性能，多数通过仿真得到，或者对信道条件进行一定简化后通过理论分析得到。其中，文献[14]直接将匹配滤波器输出作为判决译码，是一种非最大似然译码方法，讨论了误码率的联合–切尔诺夫边界。文献[15]提出了一种最大似然译码度量，以及另外几种准最大似然译码度量和非最大似然的"健壮译码度量"（可仅由匹配滤波器输出计算得到的译码度量），通过仿真得到并比较了它们的误码率性能，由文献[10]可知，最大似然译码在多数条件下的误码率最低。文献[16]得到了一种准最大似然度量，并通过数值计算方法考察了其误码率性能。文献[11]提出了一种最大似然度量，并通过理论分析得到了其在瑞利衰落信道下存在多音干扰时的误码率性能。但这一结果是在忽略了信道噪声的基础上得到的，当考虑信道噪声时，其计算方法难以完成。文献[17]对准最大似然度量的理论分析同样是在忽略了衰落对干扰信号的影响的基础上得到的。文献[18]讨论了几种分集合并的最大似然/准最大似然度量，计算了误码率性能的理论限，但尚未将针对分集合并的结果推广至卷积编码条件下。

为深入了解 CC-BCFH 的抗干扰能力，建立其性能衡量基准，有必要在最大似然意义上考察系统接收与译码度量的结构和性能。针对 CC-BCFH，本章提出线性和乘积软判决两种最大似然接收译码方式，并在信道噪声不可忽略的前提下完成两种接收译码方式在 AWGN

信道和瑞利衰落信道中抗干扰性能的理论分析。在分析时，假设系统中已经包含了足够深度的交织编/解码器，因此包含交织编/解码器在内的信道可看成是无记忆的。

7.2 系统模型

如图 7-1 所示，CC-BCFH 用户发送的二进制数据 b（$b=0,1$）经码率为 $1/R_c$ 的二进制卷积编码，得到编码符号序列 $s=\{s_i\}$（$s_i=0,1$）。假设每跳传输 1 个编码符号，即 $B=1$，信道数 $M=2^B=2$。两信道频率分别按照同步正交跳频序列 FS_0 和 FS_1 在 N 个正交跳频频点上跳变。假设比特能量为 E_b，比特持续时间为 T_b，则符号能量 $E_s=E_bB/R_c$，符号持续时间 $T_s=T_bB/R_c$。假设相邻跳频频点间隔 $1/T_s$，跳频速率 $T_h=T_s$。与 BCFH 相似，根据二进制编码符号选择两信道其中之一发送单频信号。发送信号的基带等效表示为

$$s(t)=\sqrt{2E_s/T_s}\,\mathrm{e}^{\mathrm{j}2\pi f_{(i,l)}t},\quad i=0,1 \tag{7-1}$$

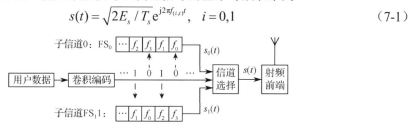

图 7-1 CC-BCFH 发射机示意图

$s(t)$ 经过带通滤波并上变频到发射频段后发射至空中。空中信道存在衰落、噪声和干扰。在接收端，如图 7-2 所示，第 l 跳的接收信号经射频前端下变频和带通滤波后，其基带等效表示为

$$r(t)=\alpha_s\mathrm{e}^{\mathrm{j}\theta}s(t)+n(t)+J(t) \tag{7-2}$$

式中，α_s 和 θ 分别表示等效低通信道的包络与相位，θ 在 $[-\pi,\pi]$ 上服从均匀分布；$n(t)$ 表示单边功率谱密度为 N_0 的加性噪声；$J(t)$ 表示干扰，其具体表达式与干扰方式有关。假设干扰功率在干扰带宽上均匀分布，等效单边功率谱密度为 N_J。定义等效比特信噪比为 $\gamma=E(\alpha_s^2)E_b/N_0$，等效比特信干比为 $\gamma_J=E(\alpha_s^2)E_b/N_J$。

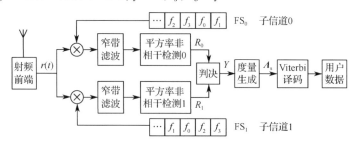

图 7-2 CC-BCFH 接收机示意图

在接收机内，$r(t)$ 分别与子信道 0 和子信道 1 的当前频率混频，并经中频窄带滤波后分别进行平方率非相干检测。基于信道 i（$i=0,1$）的一跳检测结果 R_i 进行判决，判决方式可以

是硬判决、线性软判决或乘积软判决。随后，利用判决结果 Y 生成相应的译码度量 Λ_s，实施 Viterbi 译码恢复用户数据。

7.2.1　硬判决接收模型

硬判决接收模型直接以 Y 作为译码度量，当 $R_0 > R_1$ 时，判决器输出判决结果 $Y = 0$；当 $R_0 < R_1$ 时，输出 $Y = 1$；当 $R_0 = R_1$ 时，以各占 $1/2$ 的概率输出 $Y = 0$ 或 1。某一编码路径 s 的累积译码度量可表示为

$$\Lambda_s = \sum_j \sum_i Y_{ji} \tag{7-3}$$

式中，Y_{ji} 为编码路径 s 的第 j 个分支 s_j 的第 i 个编码输出符号 s_{ji} 对应的判决结果。

硬判决接收模型结构简单、计算量较小、易于实现，但没有充分利用信道状态信息，不能充分发挥编码增益作用。而软判决接收则可以尽量多地保留并利用接收信号中与信道状态有关的信息，因此可以更好地克服信道中衰落、噪声和干扰的影响。因此，下面重点讨论系统采用软判决接收模型的性能。

7.2.2　线性软判决接收模型

CC-BCFH 在使用线性软判决接收（CC-BCFH with Linear Decision，CCLD-BCFH）模型时，判决器输出量为 $Y = R_0 - R_1$。用 $p_Y(y|s)$ 表示编码符号为 s 时 Y 的概率密度函数，即似然函数。为得到最大似然接收译码，使用 $p_Y(y|s)$ 作为译码度量。在此基础上，为了适当简化计算，使用对数似然函数 $\ln p_Y(y|s)$ 作为译码度量可得到等效结果。考察以似然函数 $p_Y(y|s)$ 作为译码度量或等效为使用对数似然函数 $\ln p_Y(y|s)$ 作为译码度量的系统性能。因此，某一编码路径 s 的对数累积译码度量可表示为

$$\Lambda_s = \sum_j \sum_i \ln p_Y(y_{ji}|s_{ji}) \tag{7-4}$$

式中，y_{ji} 为编码路径 s 的第 j 个分支 s_j 的第 i 个编码输出符号 s_{ji} 对应的判决结果。

以 $\ln p_Y(y|s)$ 作为译码度量，在不同信道条件下，$p_Y(y|s)$ 的具体形式不同，将在后面分别给出。在此需要注意的是，从后面 $p_Y(y|s)$ 在 AWGN 信道和瑞利衰落信道下的表达式来看，以 $p_Y(y|s)$ 作为最大似然接收译码度量在工程实现时的计算量较大，且需要得到 E_s、N_0、N_J 这 3 个与发送信号和信道状态附加信息（Side Information）有关的估计，实现难度大于非最大似然接收译码度量，但与最大似然接收译码度量所需的信道状态附加信息是相似的。在实际应用中，可以通过一定精度的近似计算[19]来减小计算量，并通过一些实际可行的方法[20]得到信道状态附加信息的估计。本书后面假定这些估计都已准确得到。

7.2.3　乘积软判决接收模型

非线性软判决接收模型中比较典型的一种是乘积软判决接收。乘积软判决 CC-BCFH

（CC-BCFH with Product Decision，CCPD-BCFH）的判决器输出量为 $Y = R_0/R_1$。同样，使用等效的对数似然函数 $\ln p_Y(y|s)$ 作为译码度量，某一编码路径 s 的对数累积译码度量如式（7-4）所示。

在理想的 AWGN 信道下，乘积软判决接收机的误码率性能不如线性软判决接收机的误码率性能，因为随机噪声将使非相干检测值乘积的稳定性变差。但是在某些特定环境下，如当信道中存在衰落时，遭遇深衰落时的非相干检测结果的似然函数可能很小，但其他衰落不严重时的非相干检测结果的似然函数较大，相乘的整体结果不会太小，因此可以在一定程度上抑制衰落带来的影响，比较适合应用在衰落信道中。

总体来看，与 BCFH 相比，CC-BCFH 主要由卷积编码带来抗干扰性能的进一步提升。在常规 FH/BFSK 中应用类似的编码，也可获得不同程度的抗干扰性能增益，具体分析对比将在本章后续内容中给出。对于 DFH，第 6 章对比了其逐符号检测译码接收机与 BCFH 的抗干扰性能，重点在于考察其信号接收检测部分与 BCFH 的差异。但逐符号检测译码并没有利用 G 函数引入的相邻跳频率的相关性。事实上，这种相关性使 G 函数可等效为卷积编码[21,22]，因此，依照网格译码建立的序列检测合并接收机[23,34]具有很强的误跳纠正能力。我们关心在这种情况下 CC-BCFH 是否仍具有抗干扰性能优势。下面详细分析采用硬判决、线性软判决、乘积软判决时系统的抗噪声、抗衰落和抗干扰性能。

7.3 线性软判决卷积编码双信道联合跳频在 AWGN 信道下的抗干扰性能

对于 AWGN 信道，若有 $\alpha_s = 1$，则比特信噪比 $\gamma = E(\alpha_s^2)E_b/N_0 = E_b/N_0$，比特信干比 $\gamma_J = E(\alpha_s^2)E_b/N_J = E_b/N_J$。不失一般性，假设用户数据为全 0 序列，编码后得到的也为全 0 符号序列。卷积编码-Viterbi 译码算法的误比特率 P_b 一般很难精确得到[25-27]，而其联合上界可通过下式确定[28]：

$$P_b \leqslant \sum_{k=d_{\text{free}}}^{\infty} a_k P_2(k) \tag{7-5}$$

式中，d_{free} 为卷积码的最小自由距离；a_k 为与正确路径首次汇合且距离为 k 的路径上的错误比特数，这两个参数由卷积编码的生成函数确定，一般当约束长度固定时，最小自由距离越大，编码增益越大；$P_2(k)$ 为成对错误概率，即一条与正确路径距离为 k 的错误路径被选为幸存路径的概率，与信道条件、信号接收判决方法、译码度量形式有关。

在 AWGN 信道下，线性最大似然接收通常具有最好的误码率性能[29]。因此，本节重点讨论线性软判决接收的抗噪声和抗干扰性能，并简要涉及硬判决。

7.3.1 抗噪声性能

首先讨论无干扰的情形，即 $J(t) = 0$，作为抗干扰性能的基准，式（7-2）可重写为

$$r(t) = \mathrm{e}^{\mathrm{j}\theta}s(t) + n(t) \tag{7-6}$$

1. 硬判决接收的抗噪声性能

硬判决的累积译码度量即路径的汉明距离，Viterbi 算法此时等效为选择汉明距离最大的路径，因此成对错误概率为

$$P_2(k) = \begin{cases} \displaystyle\sum_{e=(k+1)/2}^{k} \binom{k}{e} p^e (1-p)^{k-e}, & k \text{为奇数} \\[2mm] \displaystyle\frac{1}{2}\binom{k}{k/2} p^{k/2} (1-p)^{k/2} + \sum_{e=k/2+1}^{k} \binom{k}{e} p^e (1-p)^{k-e}, & k \text{为偶数} \end{cases} \tag{7-7}$$

式中，p 等于未编码 BCFH 在 AWGN 信道中的差错概率，即 $p = \exp(-\gamma/2)/2$。

2. 线性软判决接收的抗噪声性能

当发送符号为 s（$s = 0,1$）时，R_i（$i = 0,1$）的概率密度函数 $p_{R_i}(r_i|s)$ 为

$$p_{R_i}(r_i|s) = \frac{1}{4E_s N_0} \exp\left(-\frac{r_i + 4q_{is}E_s^2}{4E_s N_0}\right) I_0\left(\frac{q_{is}\sqrt{r_i}}{N_0}\right) U(r_i) \tag{7-8}$$

式中，$q_{is} = 1 - |i-s|$。当发送符号为 s 时，Y 的条件分布函数为

$$F_Y(y|s) = \begin{cases} \displaystyle\int_0^{+\infty} \mathrm{d}r_1 \int_0^{y+r_1} p_{R_0}(r_0|s) p_{R_1}(r_1|s) \mathrm{d}r_0 & y \geqslant 0 \\[2mm] \displaystyle\int_{-y}^{+\infty} \mathrm{d}r_1 \int_0^{y+r_1} p_{R_0}(r_0|s) p_{R_1}(r_1|s) \mathrm{d}r_0 & y < 0 \end{cases} \tag{7-9}$$

将式（7-8）代入式（7-9）并对 y 求导，可得发送符号为 s 时，Y 的条件概率密度函数 $p_Y(y|s)$ 为一分段函数，分段点为 $y = 0$。因此记 $Y \geqslant 0$ 时为 Y^+，$Y < 0$ 时为 Y^-。此时，$p_Y(y|s)$ 可表示为

$$p_Y(y|0) = \begin{cases} p_{Y^+}(y^+|0) = \dfrac{1}{8E_s N_0} \exp\left(\dfrac{y^+ - 2E_s^2}{4E_s N_0}\right) Q\left(\sqrt{\dfrac{E_s}{N_0}}, \sqrt{\dfrac{y^+}{E_s N_0}}\right), & y^+ \geqslant 0 \\[4mm] p_{Y^-}(y^-|0) = \dfrac{1}{8E_s N_0} \exp\left(\dfrac{y^- - 2E_s^2}{4E_s N_0}\right), & y^- < 0 \end{cases} \tag{7-10}$$

$$p_Y(y|1) = \begin{cases} p_{Y^+}(y^+|0) = \dfrac{1}{8E_s N_0} \exp\left(\dfrac{-y^+ - 2E_s^2}{4E_s N_0}\right), & y^+ \geqslant 0 \\[4mm] p_{Y^-}(y^-|0) = \dfrac{1}{8E_s N_0} \exp\left(\dfrac{-y^- - 2E_s^2}{4E_s N_0}\right) Q\left(\sqrt{\dfrac{E_s}{N_0}}, \sqrt{\dfrac{-y^-}{E_s N_0}}\right), & y^- < 0 \end{cases} \tag{7-11}$$

假设一条错误路径 s' 有 k 个符号与正确路径 s（全 0 路径）不同，则 s' 被选为幸存路径的概率，即式（7-6）中的成对错误概率 $P_2(k)$ 可表示为

$$P_2(k) = \Pr\{\Lambda_{s'} > \Lambda_s\} = \Pr\left\{\sum_{r=1}^{k} \ln p_Y(y_r|1) > \sum_{r=1}^{k} \ln p_Y(y_r|0)\right\} \tag{7-12}$$

假设这 k 个符号对应的判决输出 Y_r 中有 n 个 $Y_r \geqslant 0$，即 Y^+；其余 $(k-n)$ 个 $Y_r < 0$，即 Y^-，则成对错误概率为

$$P_2(k) = \sum_{n=0}^{k} \binom{k}{n} [P(Y \geq 0)]^n [P(Y < 0)]^{k-n} P_2(k,n) \tag{7-13}$$

式中，$P(Y \geq 0)$ 和 $P(Y < 0)$ 为 $Y \geq 0$ 与 $Y < 0$ 的概率，因为已经假设发送符号序列为全 0 序列，所以 $P(Y \geq 0)$ 和 $P(Y < 0)$ 可以由式（7-11）在相应区间上积分得到，且有

$$P_2(k,n) = \Pr\left\{ \sum_{r=1}^{n} \ln p_{Y^+}(y_r^+|1) + \sum_{r=1}^{k-n} \ln p_{Y^-}(y_r^-|1) > \sum_{r=1}^{n} \ln p_{Y^+}(y_r^+|0) + \sum_{r=1}^{k-n} \ln p_{Y^-}(y_r^-|0) \right\} \tag{7-14}$$

式（7-14）是有 n 个 $Y_r \geq 0$ 时的条件成对错误概率。将式（7-10）和式（7-11）代入式（7-14）并化简，可得

$$P_2(k,n) = \Pr\left\{ \sum_{r=1}^{k-n} \ln Q\left(\sqrt{\frac{E_s}{N_0}}, \sqrt{\frac{-y_r^-}{E_s N_0}}\right) - \sum_{r=1}^{n} \ln Q\left(\sqrt{\frac{E_s}{N_0}}, \sqrt{\frac{y_r^+}{E_s N_0}}\right) > \sum_{r=1}^{n} \frac{y_r^+}{2E_s N_0} + \sum_{r=1}^{k-n} \frac{y_r^-}{2E_s N_0} \right\} \tag{7-15}$$

在式（7-15）中，Q 函数的对数不易计算，需要首先将其简化。文献[19]给出了一个简单的 Q 函数对数的边界：

$$-\frac{(a+b)^2}{2} \leq \ln Q(a,b) \leq -\frac{(a-b)^2}{2} \tag{7-16}$$

由文献[19]可知，上述边界是非常紧密的，在此直接将其用作 Q 函数的近似。计算可知，在式（7-15）中，将 Q 函数以其下边界代入将得到一个非常松的误码率上界（近似为 1），而将 Q 函数以其上边界代入并整理，可得

$$P_2(k,n) \approx \Pr\left\{ \sum_{r=1}^{n} \frac{\sqrt{y_r^+}}{N_0} - \sum_{r=1}^{k-n} \frac{\sqrt{-y_r^-}}{N_0} < (2n-k)\frac{\gamma}{2} \right\} \tag{7-17}$$

式中，$\gamma = E_b/N_0$ 为 AWGN 信道下的信噪比。式（7-17）的紧密性将通过仿真进行验证。为求式（7-17），定义以下连续随机变量：

$$U = \sqrt{Y^+}/N_0 \tag{7-18}$$

$$V = -\sqrt{-Y^-}/N_0 \tag{7-19}$$

并有 $U \geq 0$，$V < 0$。由式（7-10）可得 U 和 V 的概率密度函数为

$$
\begin{aligned}
p_U(u) &= \frac{2N_0^2 u \cdot p_{Y^+}(N_0^2 u^2 | 0)}{P(Y \geq 0)} \\
&= \frac{u}{4\gamma} \exp\left(\frac{u^2}{4\gamma} - \frac{\gamma}{2}\right) Q\left(\sqrt{\gamma}, \frac{u}{\sqrt{\gamma}}\right) \left[1 - \frac{1}{2}\exp\left(-\frac{\gamma}{2}\right)\right]^{-1} U(u)
\end{aligned} \tag{7-20}
$$

$$p_V(v) = \frac{-2N_0^2 v \cdot p_{Y^-}(-N_0^2 v^2 | 0)}{P(Y < 0)} = \frac{-v}{2\gamma} \exp\left(\frac{-v^2}{4\gamma}\right) U(-v) \tag{7-21}$$

由于 U 和 V 的概率密度函数较复杂，为进一步简化计算，利用文献[18]中的量化-卷积算法，首先假设连续随机变量 U 被一个量化间隔足够小的 L 阶均匀量化器量化，量化输出的离散随机变量 U^* 可以看作对连续随机变量 U 的近似。U^* 的概率密度函数可表示为

$$p_{U^*}(u^*) = \sum_{m=0}^{L} H_{U^*}(m) \delta(u^* - b_{um}) \tag{7-22}$$

式中，$b_{um} = mC_U/L$，C_U 为一个足够大的正数，以致 U 的取值大于 C_U 的概率可以忽略不计。$H_{U^*}(m)$ 的定义为

$$H_{U^*}(m) = \int_{b_{um}}^{b_{um}+C_U/L} p_U(u)\mathrm{d}u \tag{7-23}$$

将式（7-20）代入式（7-23），经积分[30]并整理得

$$H_{U^*}(m) = C_0 \left\{ 2\exp\left(\frac{\gamma}{2}\right)\left[Q\left(\sqrt{2\gamma}, \frac{b_{um}}{\sqrt{2\gamma}}\right) - Q\left(\sqrt{2\gamma}, \frac{b_{um}+C_U/L}{\sqrt{2\gamma}}\right)\right] + \right.$$
$$\left. \exp\left(\frac{(b_{um}+C_U/L)^2}{4\gamma}\right) Q\left(\sqrt{\gamma}, \frac{b_{um}+C_U/L}{\sqrt{\gamma}}\right) - \exp\left(\frac{b_{um}^2}{4\gamma}\right) Q\left(\sqrt{\gamma}, \frac{b_{um}}{\sqrt{\gamma}}\right)\right\} \tag{7-24}$$

式中，常数 C_0 为

$$C_0 = \frac{1}{2}\exp\left(-\frac{\gamma}{2}\right)\left[1 - \frac{1}{2}\exp\left(-\frac{\gamma}{2}\right)\right]^{-1} \tag{7-25}$$

同理，将连续随机变量 V 经 L 阶均匀量化为离散随机变量 V^*，此时 V^* 的概率密度函数为

$$p_{V^*}(v^*) = \sum_{m=0}^{L} H_{V^*}(m)\delta(v^* - b_{vm}) \tag{7-26}$$

式中，$b_{vm} = mC_V/L$，C_V 为一个绝对值足够大的负数，以致 V 的取值小于 C_V 的概率可以忽略不计，且

$$H_{V^*}(m) = \exp\left(-\frac{b_{vm}^2}{4\gamma}\right) - \exp\left[-\frac{(b_{vm}+C_V/L)^2}{4\gamma}\right] \tag{7-27}$$

进一步地，令离散随机变量

$$W^* = \sum_{r=1}^{n} U_r^* + \sum_{r=1}^{k-n} V_r^* \tag{7-28}$$

作为连续随机变量 W 的近似，此时 W^* 的概率密度函数为

$$p_{W^*}(w^*) = [p_{U^*}(w^*)]^{\otimes n} \otimes [p_{V^*}(w^*)]^{\otimes(k-n)} \tag{7-29}$$

式中，运算符 $\otimes$ 表示离散卷积，而上标 $\otimes n$ 和 $\otimes(k-n)$ 分别表示对底数的 $(n-1)$ 次和 $(k-n-1)$ 次自卷积。假设令 $C_1 = \max(C_U, C_V)$，则现在可将式（7-17）写为

$$P_2(k,n) = \Pr\left\{W^* < (2n-k)\frac{\gamma}{2}\right\} = \sum_{m=0}^{L_p} p_{W^*}(m) \tag{7-30}$$

式中

$$L_p = n(L-1) + \left\lfloor (2n-k)\frac{\gamma L}{2C_1} \right\rfloor + 1 \tag{7-31}$$

式中，$\lfloor x \rfloor$ 表示对 x 向下取整。至此，式（7-29）中的离散卷积和式（7-30）中的累加都比较便于用数值方法实现。结合式（7-5）、式（7-13）和式（7-30），可得到 AWGN 信道下 CCLD-BCFH 误码率上限的数值解。

7.3.2　抗跟踪干扰性能

6.4.1 节讨论了无编码条件下 BCFH 在 AWGN 信道下的抗跟踪干扰性能，本节将其结论

扩展到卷积编码并使用线性软判决 Viterbi 译码。相似地，假设跟踪干扰波形为窄带噪声，干扰方试图以跟踪干扰成功率 β 击中有用通信的数据信道，即子信道 0，并具有跟踪干扰时间比例 ρ_T 和跟踪干扰带宽比例 ρ_W。此时，接收信号重写为

$$r(t) = \alpha_s \mathrm{e}^{\mathrm{j}\theta} s(t) + n(t) + J(t) \tag{7-32}$$

在第 l 跳，判决结果 $Y = R_0 - R_1$ 的干扰状态与 R_0 和 R_1 的干扰状态有关，假设了信道接收信号的非相干检测结果 R_0 和 R_1 相互独立。定义随机变量 $g_i = 1$ $(i = 0,1)$ 或 0 表示 R_i 被干扰或没有被干扰。$p_{R_i}(r_i | s, g_i)$ 表示发送编码符号为 s、第 i 个子信道干扰状态为 g_i 时 R_i 的条件概率密度函数。此时，在每个信道的非相干检测器处，噪声加干扰的等效功率谱密度可统一写为

$$N_{g_i} = N_0 + g_i N_J \rho_T / \rho_W \tag{7-33}$$

R_i 的条件概率密度函数为

$$p_{R_i}(r_i | s, g_i) = \frac{1}{4E_s N_{g_i}} \exp\left(-\frac{r_i + 4q_{is}E_s^2}{4E_s N_{g_i}}\right) I_0\left(\frac{q_{is}\sqrt{r_i}}{N_{g_i}}\right) U(r_i) \tag{7-34}$$

式中，$q_{is} = 1 - |i - s|$。令随机变量 $\boldsymbol{G}_j = (g_0 \ g_1)$ 表示判决结果 Y 的干扰状态，其中 $j = 0,1,2,3$。$\boldsymbol{G}_j$ 与 g_0 和 g_1 的关系如表 6-1 所示，此时 $\boldsymbol{G}_j$ 的概率分布为

$$P(\boldsymbol{G}_0) = P(g_0 = 0)P(g_1 = 0) = (1-\beta)(1-\rho_W) \tag{7-35}$$
$$P(\boldsymbol{G}_1) = P(g_0 = 0)P(g_1 = 1) = (1-\beta)\rho_W \tag{7-36}$$
$$P(\boldsymbol{G}_2) = P(g_0 = 1)P(g_1 = 0) = \beta(1-\rho_W) \tag{7-37}$$
$$P(\boldsymbol{G}_3) = P(g_0 = 1)P(g_1 = 1) = \beta\rho_W \tag{7-38}$$

同时可得判决结果 Y 关于发送符号 s 和干扰状态 $\boldsymbol{G}_j$ 的概率累积函数为

$$F_Y(y | s, \boldsymbol{G}_j) = \begin{cases} \int_0^{+\infty} \mathrm{d}r_1 \int_0^{y+r_1} p_{R_0}(r_0 | s, g_0) p_{R_1}(r_1 | s, g_1) \mathrm{d}r_0, & y \geq 0 \\ \int_{-y}^{+\infty} \mathrm{d}r_1 \int_0^{y+r_1} p_{R_0}(r_0 | s, g_0) p_{R_1}(r_1 | s, g_1) \mathrm{d}r_0, & y < 0 \end{cases} \tag{7-39}$$

将式（7-34）代入式（7-39）并对 y 求导，可得发送符号为 s、干扰状态为 $\boldsymbol{G}_j$ 时 Y 的条件概率密度函数 $p_Y(y | s, \boldsymbol{G}_j)$ 为一分段函数，分段点为 $y = 0$。若记 $Y \geq 0$ 时为 Y^+、$Y < 0$ 时为 Y^-，则 $p_Y(y | s, \boldsymbol{G}_j)$ 可表示为

$$p_Y(y | 0, \boldsymbol{G}_j) = \begin{cases} p_{Y^+}(y^+ | 0, \boldsymbol{G}_j) = \dfrac{1}{4E_s(N_{g_0} + N_{g_1})} \exp\left(\dfrac{y^+}{4E_s N_{g_1}} - \dfrac{E_s}{N_{g_0} + N_{g_1}}\right) \times \\ \qquad Q\left(\sqrt{\dfrac{2E_s N_{g_1}}{N_{g_0}(N_{g_0} + N_{g_1})}}, \sqrt{\dfrac{y^+(N_{g_0} + N_{g_1})}{2E_s N_{g_0} N_{g_1}}}\right), \quad y^+ \geq 0 \\ p_{Y^-}(y^- | 0, \boldsymbol{G}_j) = \dfrac{1}{4E_s(N_{g_0} + N_{g_1})} \exp\left(\dfrac{y^-}{4E_s N_{g_1}} - \dfrac{E_s}{N_{g_0} + N_{g_1}}\right), \quad y^- < 0 \end{cases} \tag{7-40}$$

$$p_Y(y|1,\boldsymbol{G}_j) = \begin{cases} p_{Y^+}(y^+|0,\boldsymbol{G}_j) = \dfrac{1}{4E_s(N_{g_0}+N_{g_1})}\exp\left(\dfrac{-y^+}{4E_sN_{g_1}} - \dfrac{E_s}{N_{g_0}+N_{g_1}}\right), \quad y^+ \geqslant 0 \\[4mm] p_{Y^-}(y^-|0,\boldsymbol{G}_j) = \dfrac{1}{4E_s(N_{g_0}+N_{g_1})}\exp\left(\dfrac{-y^-}{4E_sN_{g_1}} - \dfrac{E_s}{N_{g_0}+N_{g_1}}\right) \times \\[4mm] \qquad Q\left(\sqrt{\dfrac{2E_sN_{g_1}}{N_{g_0}(N_{g_0}+N_{g_1})}}, \sqrt{\dfrac{-y^-(N_{g_0}+N_{g_1})}{2E_sN_{g_0}N_{g_1}}}\right), \quad y^- < 0 \end{cases} \tag{7-41}$$

假设一条错误路径 $\boldsymbol{s}'$ 有 k 个符号与正确路径 $\boldsymbol{s}$（全 0 路径）不同，则 $\boldsymbol{s}'$ 被选为幸存路径的概率，即成对错误概率 $P_2(k)$ 可表示为

$$P_2(k) = \Pr\left\{\sum_{r=1}^{k}\ln p_Y(y_r|1) > \sum_{r=1}^{k}\ln p_Y(y_r|0)\right\} \tag{7-42}$$

式中，r 遍历错误路径与正确路径不同的 k 个符号。假设在这 k 个符号中，第 r 个符号对应的判决结果 y_r 的干扰状态为 $\boldsymbol{G}_{rj}$，令 $\boldsymbol{G} = (\boldsymbol{G}_{1j},\cdots,\boldsymbol{G}_{rj},\cdots,\boldsymbol{G}_{kj})$ 表示所有 k 个符号对应判决结果的干扰状态向量，且在 $\boldsymbol{G}$ 中，干扰状态 $\boldsymbol{G}_j$ 发生的次数为 k_j，$k_0+k_1+k_2+k_3=k$。从而可将式（7-42）化为条件成对错误概率 $P_2(k,\boldsymbol{G})$ 的平均，即

$$P_2(k) = \sum_{k_0=0}^{k}\sum_{k_1=0}^{k-k_0}\sum_{k_2=0}^{k-k_0-k_1}\binom{k}{k_0}\binom{k-k_0}{k_1}\binom{k-k_0-k_1}{k_2} \times \tag{7-43}$$
$$[P(\boldsymbol{G}_0)]^{k_0}[P(\boldsymbol{G}_1)]^{k_1}[P(\boldsymbol{G}_2)]^{k_2}[P(\boldsymbol{G}_3)]^{k_3}p_2(k,\boldsymbol{G})$$

式中

$$P_2(k,\boldsymbol{G}) = \Pr\left\{\sum_{j=0}^{3}\sum_{r=1}^{k_j}\ln p_Y(y_{rj}|1,\boldsymbol{G}_j) > \sum_{j=0}^{3}\sum_{r=1}^{k_j}\ln p_Y(y_{rj}|0,\boldsymbol{G}_j)\right\} \tag{7-44}$$

注意到 $p_Y(y|1,\boldsymbol{G}_j)$ 是分段函数，分段点为 $y=0$。因此进一步假设在每种干扰状态 $\boldsymbol{G}_j$ 对应的 k_j 个判决结果 Y_j 中，有 n_j 个 $Y \geqslant 0$，即 Y^+，其余 (k_j-n_j) 个 $Y < 0$，即 Y^-。并令向量 $\boldsymbol{N} = (n_0, n_1, n_2, n_3)$，则可再次将 $p_2(k,\boldsymbol{G})$ 看作 $P_2(k,\boldsymbol{G},\boldsymbol{N})$ 的平均，即

$$P_2(k,\boldsymbol{G}) = \sum_{n_0=0}^{k_0}\sum_{n_1=0}^{k_1}\sum_{n_2=0}^{k_2}\sum_{n_3=0}^{k_3}\binom{k_0}{n_0}\binom{k_1}{n_1}\binom{k_2}{n_2}\binom{k_3}{n_3}P_{GN}p_2(k,\boldsymbol{G},\boldsymbol{N}) \tag{7-45}$$

式中

$$P_{GN} = \prod_{j=0}^{3}[P(Y \geqslant 0|0,\boldsymbol{G}_j)]^{n_j}[P(Y < 0|0,\boldsymbol{G}_j)]^{k_j-n_j} \tag{7-46}$$

式中，$P(Y \geqslant 0|0,\boldsymbol{G}_j)$ 和 $P(Y < 0|0,\boldsymbol{G}_j)$ 分别是 $s=0$、干扰条件为 $\boldsymbol{G}_j$ 时 $Y \geqslant 0$ 与 $Y < 0$ 的概率，可由式（7-40）在相应区间上积分得到。而在式（7-45）中有

$$P_2(k,\boldsymbol{G},\boldsymbol{N}) = \Pr\left\{\sum_{j=0}^{3}\left(\sum_{r=1}^{n_j}\ln p_{Y^+}(y_{rj}^+|1,\boldsymbol{G}_j) + \sum_{r=1}^{k_j-n_j}\ln p_{Y^-}(y_{rj}^-|1,\boldsymbol{G}_j)\right) > \right.$$
$$\left. \sum_{j=0}^{3}\left(\sum_{r=1}^{n_j}\ln p_{Y^+}(y_{rj}^+|0,\boldsymbol{G}_j) + \sum_{r=1}^{k_j-n_j}\ln p_{Y^-}(y_{rj}^-|0,\boldsymbol{G}_j)\right)\right\} \tag{7-47}$$

将式（7-40）和式（7-41）代入式（7-47），同样地，用式（7-16）中 $\ln Q(a,b)$ 的上边界 $-(a-b)^2/2$ 来近似 $\ln Q(a,b)$，整理并化简，可得

$$P_2(k,\boldsymbol{G},\boldsymbol{N}) = \Pr\left\{\sum_{j=0}^{3}\left(\sum_{r=1}^{n_j}U_{rj} + \sum_{r=1}^{k_j-n_j}V_{rj}\right) < C_{QN}\right\} \tag{7-48}$$

式中，随机变量 $U_{r0} = \sqrt{Y_{r0}^+}/N_0$，$U_{r1} = \sqrt{Y_{r1}^+}/N_0$，$U_{r2} = \sqrt{Y_{r2}^+}/N_1$，$U_{r3} = \sqrt{Y_{r3}^+}/N_1$（$U_{rj} > 0$，$j = 0,\cdots,3$）；$V_{r0} = -\sqrt{-Y_{r0}^-}/N_0$，$V_{r1} = -\sqrt{-Y_{r1}^-}/N_1$，$V_{r2} = -\sqrt{-Y_{r2}^-}/N_0$，$V_{r3} = -\sqrt{-Y_{r3}^-}/N_1$（$V_{rj} < 0$，$j = 0,\cdots,3$）；$C_{QN}$ 为

$$C_{QN} = \left[n_0 - \frac{k_0}{2} + (n_1+n_2-k_2)(1+\eta^{-1})^{-1}\right]\gamma_0 + \left[n_3 - \frac{k_3}{2} + (n_1+n_2-k_1)(1+\eta)^{-1}\right]\gamma_1 \tag{7-49}$$

式中，$\gamma_{g_i} = E_s/N_{g_i}$（指代 γ_0 和 γ_1）为信号与干扰加噪声的功率比，而 $\eta = \gamma_0/\gamma_1$。由 Y 的条件概率密度函数 $p_Y(y \mid 0,\boldsymbol{G}_j)$ 容易得到 U_j、V_j 的概率密度函数。以 U_0 为例，其概率密度函数为

$$\begin{aligned}
p_{U_0}(u_0) &= \frac{2N_0^2 u_0 \cdot p_{Y^+}(N_0^2 u_0^2 \mid 0,\boldsymbol{G}_0)}{p(Y \geqslant 0 \mid 0,\boldsymbol{G}_0)} \\
&= \frac{u_0}{4\gamma_0}\exp\left(\frac{u_0^2}{4\gamma_0} - \frac{\gamma_0}{2}\right)Q\left(\sqrt{\gamma_0},\frac{u_0}{\sqrt{\gamma_0}}\right)\left[1 - \frac{1}{2}\exp\left(-\frac{\gamma_0}{2}\right)\right]^{-1}U(u_0)
\end{aligned} \tag{7-50}$$

利用与 7.3.1 节相似的量化–卷积算法，可以得到连续随机变量 U_0 经 L 阶均匀量化后的离散随机变量 U_0^*，并得到 U_0^* 的概率密度函数：

$$p_{U_0^*}(u_0^*) = \sum_{m=0}^{L}H_{U_0^*}(m)\delta(u_0^* - b_{u0m}) \tag{7-51}$$

式中，$b_{u0m} = mC_{\text{top}}/L$，$C_{\text{top}}$ 为一个足够大的正数。而

$$\begin{aligned}
H_{U_0^*}(m) &= \int_{b_{u0m}}^{b_{u0m}+C_{\text{top}}/L}p_{U_0}(u_0)\mathrm{d}u_0 \\
&= C_0\left\{2\exp\left(\frac{\gamma_0}{2}\right)\left[Q\left(\sqrt{2\gamma_0},\frac{b_{u0m}}{\sqrt{2\gamma_0}}\right) - Q\left(\sqrt{2\gamma_0},\frac{b_{u0m}+C_{\text{top}}/L}{\sqrt{2\gamma_0}}\right)\right] + \right. \\
&\quad \left. \exp\left(\frac{(b_{u0m}+C_{\text{top}}/L)^2}{4\gamma_0}\right)Q\left(\sqrt{\gamma_0},\frac{b_{u0m}+C_{\text{top}}/L}{\sqrt{\gamma_0}}\right) - \exp\left(\frac{b_{u0m}^2}{4\gamma_0}\right)Q\left(\sqrt{\gamma_0},\frac{b_{u0m}}{\sqrt{\gamma_0}}\right)\right\}
\end{aligned} \tag{7-52}$$

式中，常数 C_0 为

$$C_0 = \frac{1}{2}\exp\left(-\frac{\gamma_0}{2}\right)\left[1 - \frac{1}{2}\exp\left(-\frac{\gamma_0}{2}\right)\right]^{-1} \tag{7-53}$$

同样，可得到所有 U_j 和 V_j 对应的 U_0^* 在区间 $[0,C_{\text{top}}]$ 与 V_j^* 在区间 $[-C_{\text{top}},0]$ 上的概率密度函数。

进一步假设

$$W^* = \sum_{j=0}^{3}\left(\sum_{r=1}^{n_j}U_{rj}^* + \sum_{r=1}^{k_j-n_j}V_{rj}^*\right) \tag{7-54}$$

则 W^* 的概率密度函数可由

$$p_{W^*}(w^*) = \prod_{j=0}^{\otimes 3} \{ [p_{U_j^*}(w^*)]^{\otimes n_j} \otimes [p_{V_j^*}(w^*)]^{\otimes (k_j - n_j)} \} \tag{7-55}$$

得到。在式（7-55）中，运算符 $\otimes$ 表示离散卷积，上标 $\otimes n_j$ 和 $\otimes (k_j - n_j)$ 分别表示对底数的 $(n_j - 1)$ 次与 $(k_j - n_j - 1)$ 次自卷积，$\prod_{j=0}^{\otimes n}$ 是对其后的表达式进行 $(n+1)$ 次卷积的简化记法。至此，$P_2(k, \boldsymbol{G}, \boldsymbol{N})$ 可由

$$P_2(k, \boldsymbol{G}, \boldsymbol{N}) = \Pr\{W^* < C_{QN}\} = \sum_{m=0}^{L_p} p_{W^*}(m) \tag{7-56}$$

给出。其中

$$L_p = \lfloor C_{QN} L / C_{\text{top}} \rfloor + (k - n_0 - n_1)(L-1) + 1 \tag{7-57}$$

式中，$\lfloor x \rfloor$ 表示对 x 向下取整。至此，可利用数值方法较为容易地计算式（7-55）中的离散卷积和式（7-56）中的累加。结合式（7-5）、式（7-43）、式（7-45）和式（7-56），可得到 AWGN 信道跟踪干扰条件下 CCLD-BCFH 误码率上限的数值解。

7.3.3　抗部分频带噪声干扰性能

与第 6 章相似，将部分频带噪声干扰看作跟踪干扰的一种特殊情况，即干扰方无法准确跟踪数据信道，而只能在整个干扰时段内随机选择干扰频带的位置。这相当于跟踪干扰时间比例 $\rho_T = 1$，跟踪干扰成功率下降到 $\beta = \rho_W = \rho = W_J / W_{\text{ss}}$。因此，在部分频带噪声干扰下，可得判决变量 Y 的干扰状态 $\boldsymbol{G}_j$（$j = 0, 1, 2, 3$）的概率分布为

$$P(\boldsymbol{G}_0) = (1 - \rho)^2 \tag{7-58}$$
$$P(\boldsymbol{G}_1) = \rho(1 - \rho) \tag{7-59}$$
$$P(\boldsymbol{G}_2) = \rho(1 - \rho) \tag{7-60}$$
$$P(\boldsymbol{G}_3) = \rho^2 \tag{7-61}$$

由于信道条件不变，所以各干扰状态下的条件判决错误概率也不变。用式（7-58）～式（7-61）分别代替式（7-35）～式（7-38），其余算法不变，即可得部分频带噪声干扰下 BCFH 的比特误码率。

7.3.4　抗多音干扰性能

假设干扰模型为独立多音干扰，在总共 N 个跳频频点中，干扰信号为随机占据其中 K 个不同跳频频点的单频正弦波，占据工作带宽的比例为 $\rho_W = K/N$，接收信号模型为

$$r(t) = e^{j\theta} s(t) + n(t) + J(t) \tag{7-62}$$

在一跳内，用 $p_{R_i}(r_i \mid 0, g_i)$ 表示假设发送编码符号为 $s = 0$、第 i 个子信道干扰状态为 g_i 时判决量 R_i 的条件概率密度函数。假设有用信号与干扰信号之间的相位差服从 $[0, 2\pi]$ 上的均匀分布，则 R_i 的条件概率密度函数也如式（6-37）和式（6-38）所示，在此重写为

$$p_{R_0}(r_0 \mid 0, g_0) \approx \sum_{k=-1}^{1} \frac{1}{3} p_{R_0 \mid 0, g_0, k}(r_0 \mid 0, g_0, k) \qquad (7\text{-}63)$$

式中

$$p_{R_0 \mid 0, g_0, k}(r_0 \mid 0, g_0, k) = \frac{1}{4E_s N_0} \exp\left(-\frac{r_0 + D_0^2(k)}{4E_s N_0}\right) I_0\left(\frac{\sqrt{r_0} D_0(k)}{2E_s N_0}\right) U(r_0) \qquad (7\text{-}64)$$

式中

$$D_0^2(k) = 4E_s^2 \left[1 + g_0\left(k\sqrt{\frac{3}{\gamma_J \rho_W}} + \frac{1}{\gamma_J \rho_W}\right)\right] \qquad (7\text{-}65)$$

且有

$$p_{R_1}(r_1 \mid 0, g_1) = \frac{1}{4E_s N_0} \exp\left(-\frac{r_1 + D_1^2}{4E_s N_0}\right) I_0\left(\frac{\sqrt{r_1} D_1}{2E_s N_0}\right) U(r_1) \qquad (7\text{-}66)$$

式中

$$D_1^2 = 4g_1 E_s^2 / (\gamma_J \rho_W) \qquad (7\text{-}67)$$

同样，令随机变量 $G_j = (g_0 \ g_1)$ 表示 $Y = R_0 - R_1$ 的干扰状态，其中 $j = 0, 1, 2, 3$。G_j 与 g_0 和 g_1 的关系如表 6-1 所示，此时 G_j 的概率分布为

$$P(G_0) = \frac{N-K}{N} \cdot \frac{N-K-1}{N} \qquad (7\text{-}68)$$

$$P(G_1) = P(G_2) = \frac{K}{N} \cdot \frac{N-K}{N-1} \qquad (7\text{-}69)$$

$$P(G_3) = \frac{K}{N} \cdot \frac{K-1}{N} \qquad (7\text{-}70)$$

当 $s = 0$ 时，判决结果 Y 关于干扰状态 G_j 的概率累积函数可表示为

$$F_Y(y \mid 0, G_j) = \begin{cases} \int_0^{+\infty} \mathrm{d}r_1 \int_0^{y+r_1} p_{R_0}(r_0 \mid 0, g_0) p_{R_1}(r_1 \mid 0, g_1) \mathrm{d}r_0, & y \geq 0 \\ \int_{-y}^{+\infty} \mathrm{d}r_1 \int_0^{y+r_1} p_{R_0}(r_0 \mid 0, g_0) p_{R_1}(r_1 \mid 0, g_1) \mathrm{d}r_0, & y < 0 \end{cases} \qquad (7\text{-}71)$$

将式（7-63）和式（7-66）代入式（7-71）并对 y 求导，其中关于 y 的 Marcum Q 函数 $Q(a, f(y))$ 的导数可由牛顿–莱布尼茨公式得到。并注意到当 R_1 被干扰时，问题变得稍微复杂，但仍可得到 $p_Y(y \mid 0, G_1)$ 与 $p_Y(y \mid 0, G_3)$ 的近似表达式，详见附录 A。由此可得当发送符号为 $s = 0$、干扰状态为 G_j 时 Y 的条件概率密度函数 $p_Y(y \mid 0, G_j)$ 为一分段函数，分段点为 $y = 0$。若记 $Y \geq 0$ 时为 Y^+、$Y < 0$ 时为 Y^-，则 $p_Y(y \mid 0, G_j)$ 可分别表示为

$$p_Y(y \mid 0, G_0) = \begin{cases} p_{Y^+}(y^+ \mid 0, G_0) = \dfrac{1}{8E_s N_0} \exp\left(\dfrac{-y^+ - 2E_s^2}{4E_s N_0}\right) Q\left(\sqrt{\dfrac{E_s}{N_0}}, \sqrt{\dfrac{y^+}{E_s N_0}}\right), & y^+ \geq 0 \\ p_{Y^-}(y^- \mid 0, G_0) = \dfrac{1}{8E_s N_0} \exp\left(\dfrac{y^- - 2E_s^2}{4E_s N_0}\right), & y^- < 0 \end{cases} \qquad (7\text{-}72)$$

$$p_Y(y\,|\,0,\boldsymbol{G}_1)=\begin{cases} p_{Y^+}(y^+\,|\,0,\boldsymbol{G}_1)=\dfrac{1}{8E_sN_0C_1}\exp\left(\dfrac{-2y^++8E_s^2+D_1^2}{8E_sN_0}\right)I_0\left(\dfrac{\sqrt{y^+}}{N_0}\right), & y^+\geqslant 0 \\[4mm] p_{Y^-}(y^-\,|\,0,\boldsymbol{G}_1)=\dfrac{1}{8E_sN_0C_1}\exp\left(\dfrac{-2y^-+4E_s^2+2D_1^2}{8E_sN_0}\right)I_0\left(\dfrac{D_1\sqrt{-y^-}}{2E_sN_0}\right), & y^-<0 \end{cases}$$

$$(7\text{-}73)$$

$$p_Y(y\,|\,0,\boldsymbol{G}_2)=\begin{cases} p_{Y^+}(y^+\,|\,0,\boldsymbol{G}_2)=\displaystyle\sum_{k=-1}^{1}\dfrac{1}{24E_sN_0}\times \\[2mm] \qquad\exp\left(\dfrac{-2y^+-D_0^2(k)}{8E_sN_0}\right)Q_0\left(\dfrac{D_0(k)}{2\sqrt{E_sN_0}},\sqrt{\dfrac{y^+}{E_sN_0}}\right), & y^+\geqslant 0 \\[4mm] p_{Y^-}(y^-\,|\,0,\boldsymbol{G}_2)=\displaystyle\sum_{k=-1}^{1}\dfrac{1}{24E_sN_0}\exp\left(\dfrac{2y^--D_0^2(k)}{8E_sN_0}\right), & y^-<0 \end{cases}$$

$$(7\text{-}74)$$

$$p_Y(y\,|\,0,\boldsymbol{G}_3)\begin{cases} p_{Y^+}(y^+\,|\,0,\boldsymbol{G}_3)=\dfrac{1}{24E_sN_0C_3}\times \\[2mm] \qquad\displaystyle\sum_{k=-1}^{1}\exp\left(-\dfrac{2y^++2D_0^2(k)+D_1^2}{8E_sN_0}\right)I_0\left(\dfrac{D_0(k)\sqrt{y^+}}{2E_sN_0}\right), & y^+\geqslant 0 \\[4mm] p_{Y^-}(y^-\,|\,0,\boldsymbol{G}_3)=\dfrac{1}{24E_sN_0C_3}\times \\[2mm] \qquad\displaystyle\sum_{k=-1}^{1}\exp\left(-\dfrac{-2y^-+D_0^2(k)+2D_1^2}{8E_sN_0}\right)I_0\left(\dfrac{D_1\sqrt{-y^-}}{2E_sN_0}\right), & y^-<0 \end{cases}$$

$$(7\text{-}75)$$

式中

$$C_1=\frac{1}{2}\exp\left(-\frac{D_1^2}{8E_sN_0}\right)+\frac{1}{2}\exp\left(-\frac{E_s}{2N_0}\right) \tag{7-76}$$

$$C_3=\frac{1}{2}\exp\left(-\frac{D_1^2}{8E_sN_0}\right)+\frac{1}{6}\sum_{k=-1}^{1}\exp\left(-\frac{D_0^2(k)}{8E_sN_0}\right) \tag{7-77}$$

通过数据信道与对偶信道的信号对称性，容易由式（7-72）～式（7-75）得到 $p_Y(y\,|\,1,\boldsymbol{G}_j)$ 的相应表达式。

依照与 7.3.2 节相似的方法，可将成对错误概率 $P_2(k)$ 化为

$$P_2(k)=\sum_{k_0=0}^{k}\sum_{k_1=0}^{k-k_0}\sum_{k_2=0}^{k-k_0-k_1}\binom{k}{k_0}\binom{k-k_0}{k_1}\binom{k-k_0-k_1}{k_2}\times$$

$$[P(\boldsymbol{G}_0)]^{k_0}[P(\boldsymbol{G}_1)]^{k_1}[P(\boldsymbol{G}_2)]^{k_2}[P(\boldsymbol{G}_3)]^{k_3}\,p_2(k,\boldsymbol{G}) \tag{7-78}$$

式中，k_j 为出错的 k 个符号上干扰状态 $\boldsymbol{G}_j$ 发生的次数；$\boldsymbol{G}=(\boldsymbol{G}_{1j},\cdots,\boldsymbol{G}_{rj},\cdots,\boldsymbol{G}_{kj})$ 为对应的干扰状态向量。且

$$P_2(k,\boldsymbol{G})=\sum_{n_0=0}^{k_0}\sum_{n_1=0}^{k_1}\sum_{n_2=0}^{k_2}\sum_{n_3=0}^{k_3}\binom{k_0}{n_0}\binom{k_1}{n_1}\binom{k_2}{n_2}\binom{k_3}{n_3}P_{GN}\,p_2(k,\boldsymbol{G},\boldsymbol{N}) \tag{7-79}$$

式中，$\boldsymbol{N}=(n_0,n_1,n_2,n_3)$；$n_j$ 为干扰状态 $\boldsymbol{G}_j$ 对应的 k_j 个判决结果中出现 $Y\geqslant 0$ 的个数，其余

$(k_j - n_j)$ 个判决结果为 $Y < 0$；P_{GN} 的表达式同式（7-46），表示在干扰状态向量 $\boldsymbol{G}$ 下，Y 的取值满足向量 $\boldsymbol{N}$ 的概率；$P_2(k, \boldsymbol{G}, \boldsymbol{N})$ 为

$$P_2(k, \boldsymbol{G}, \boldsymbol{N}) = \Pr\left\{\sum_{j=0}^{3}\left(\sum_{r=1}^{n_j}\ln p_{Y^+}(y_{rj}^+ | 1, \boldsymbol{G}_j) + \sum_{r=1}^{k_j - n_j}\ln p_{Y^-}(y_{rj}^- | 1, \boldsymbol{G}_j)\right) > \right.$$
$$\left. \sum_{j=0}^{3}\left(\sum_{r=1}^{n_j}\ln p_{Y^+}(y_{rj}^+ | 0, \boldsymbol{G}_j) + \sum_{r=1}^{k_j - n_j}\ln p_{Y^-}(y_{rj}^- | 0, \boldsymbol{G}_j)\right)\right\} \tag{7-80}$$

将多音干扰下的 $p_Y(y | 0, \boldsymbol{G}_j)$ 和 $p_Y(y | 0, \boldsymbol{G}_j)$ 表达式代入式（7-80），对遇到的形如 $\ln Q(a, b)$ 的表达式，用 $-(a-b)^2/2$ 来近似；对形如 $\ln I_0(x)$ 的表达式，用式（7-81）来近似[31]，经整理可得式（7-82）：

$$\ln I_0(x) \approx x - \ln\sqrt{2\pi x} \tag{7-81}$$

$$P_2(k, \boldsymbol{G}, \boldsymbol{N}) = \Pr\left\{\sum_{j=0}^{3}\left(\sum_{r=1}^{n_j}U_{rj} + \sum_{r=1}^{k_j - n_j}V_{rj}\right) < C_{nk}\right\} \tag{7-82}$$

式中

$$U_{r0} = \sqrt{Y_{r0}^+}/N_0 \tag{7-83}$$

$$V_{r0} = -\sqrt{-y_{r0}^-}/N_0 \tag{7-84}$$

$$U_{r1} = \sqrt{y_{r1}^+}\left(\frac{1}{N_0} - \frac{D_1}{2E_s N_0}\right) \tag{7-85}$$

$$V_{r1} = \sqrt{-y_{r1}^-}\left(\frac{D_1}{2E_s N_0} - \frac{1}{N_0}\right) \tag{7-86}$$

$$U_{r2} = \frac{1}{4}\ln\left(\frac{1}{y_{r2}^+}\right) + \ln\sum_{k=-1}^{1}\frac{1}{\sqrt{D_0(k)}}\exp\left(\frac{2D_0(k)\sqrt{y_{r2}^+} - D_0^2(k)}{4E_s N_0}\right) \tag{7-87}$$

$$V_{r2} = \frac{1}{4}\ln(-y_{r2}^-) - \ln\sum_{k=-1}^{1}\frac{1}{\sqrt{D_0(k)}}\exp\left(\frac{2D_0(k)\sqrt{-y_{r2}^-} - D_0^2(k)}{4E_s N_0}\right) \tag{7-88}$$

$$U_{r3} = \frac{-D_1\sqrt{y_{r3}^+}}{2E_s N_0} + \ln\sum_{k=-1}^{1}\frac{1}{\sqrt{D_0(k)}}\exp\left(\frac{2D_0(k)\sqrt{y_{r3}^+} - D_0^2(k)}{4E_s N_0}\right) \tag{7-89}$$

$$V_{r3} = \frac{D_1\sqrt{-y_{r3}^-}}{2E_s N_0} - \ln\sum_{k=-1}^{1}\frac{1}{\sqrt{D_0(k)}}\exp\left(\frac{2D_0(k)\sqrt{-y_{r3}^-} - D_0^2(k)}{4E_s N_0}\right) \tag{7-90}$$

$$C_{nk} = (2n_0 - k_0)\left(\frac{E_s}{2N_0}\right) + (2n_1 - k_1)\left[\frac{4E_s^2 - D_1^2}{8E_s N_0} - \frac{1}{2}\ln\left(\frac{D_1}{2E_s}\right)\right] +$$
$$(2n_2 - k_2)\ln\left[\sum_{k=-1}^{1}\sqrt{\frac{\pi}{E_s N_0}}\exp\left(-\frac{D_0^2(k)}{8E_s N_0}\right)\right] + \tag{7-91}$$
$$(2n_3 - k_3)\left\{\frac{D_1^2}{8E_s N_0} - \ln\left[\sum_{k=-1}^{1}\frac{1}{\sqrt{D_1}}\exp\left(-\frac{D_0^2(k)}{8E_s N_0}\right)\right]\right\}$$

因为已经假设用户数据为全 0 序列，Y_{r0}^+ 和 Y_{r0}^- 的分布已知，所以在此基础上，对于随机变量 U_{r0}、V_{r0}、U_{r1}、V_{r1}，容易得到它们的概率密度函数。例如，对 U_{r0} 有

$$p_{U_{r0}}(u_{r0}) = \frac{p_{Y^+}(y_0^+ = f(u_{r0}) \mid 0, G_0)}{p(Y \geq 0 \mid 0, G_0)} \left| \frac{df(u_{r0})}{du_{r0}} \right| \tag{7-92}$$

式中，$y_0^+ = f(u_{r0}) = N_0^2 u_{r0}^2$ 是式（7-83）的反函数。而对于随机变量 U_{r2}、V_{r2}、U_{r3}、V_{r3}，不容易直接得到它们的概率密度函数，但借鉴 7.3.1 节中的量化-卷积算法，可以求得其足够精确的概率分布数值。以 U_{r2} 为例，记

$$U_{r2} = U_{r21} + Z_r \tag{7-93}$$

式中

$$U_{r21} = \frac{1}{4} \ln\left(\frac{1}{y_{r2}^+} \right) \tag{7-94}$$

$$Z_r = \ln \sum_{k=-1}^{1} \frac{1}{\sqrt{D_0(k)}} \exp\left(\frac{2D_0(k)\sqrt{y_{r2}^+} - D_0^2(k)}{4E_s N_0} \right) \tag{7-95}$$

则 U_{r21} 的概率密度函数 $p_{U_{r21}}(u_{r21})$ 比较容易参照式（7-92）得到，并可得到 U_{r21} 量化后的离散随机变量 U_{r21}^* 的概率密度函数 $p_{U_{r21}^*}(u_{r21}^*)$。对于 Z_r，将其进一步记为

$$Z_r = \ln \sum_{k=-1}^{1} Z_{rk} \tag{7-96}$$

式中

$$Z_{rk} = \frac{1}{\sqrt{D_0(k)}} \exp\left(\frac{2D_0(k)\sqrt{y_{r2}^+} - D_0^2(k)}{4E_s N_0} \right) \tag{7-97}$$

则 Z_{rk} 的概率密度函数 $p_{Z_{rk}}(z_{rk})$ 也相对容易参照式（7-92）得到。至此，可采用量化-卷积算法首先得到 Z_r 对应的离散随机变量 Z_r^* 的概率分布 $p_{Z_r^*}(z_r^*)$，记连续随机变量 Z_{rk} 对应的离散随机变量为 Z_{rk}^*，以式（7-97）为基础，可按照 7.3.1 节所述方法得概率密度函数 $p_{Z_{rk}^*}(z_{rk}^*)$，并有

$$p_{Z_r^*}(z_r^*) = \prod_{k=-1}^{\otimes 1} \{ p_{Z_{rk}^*}(z_{rk}^* = \exp(z_r^*)) \exp(3z_r^*) \} \tag{7-98}$$

式中，运算符 $\otimes$ 表示离散卷积；$\prod_{j=0}^{\otimes n}$ 表示对其后的表达式进行 $(n+1)$ 次卷积的简化记法。然后可得

$$p_{U_{r2}^*}(u_{r2}^*) = p_{U_{r21}^*}(u_{r21}^*) \otimes p_{Z_r^*}(z_r^*) \tag{7-99}$$

同理可求得 V_{r2}、U_{r3}、V_{r3} 相应的离散随机变量 V_{r2}^*、U_{r3}^*、V_{r3}^* 的概率密度函数 $p_{V_{r2}^*}(v_{r2}^*)$、$p_{U_{r3}^*}(u_{r3}^*)$、$p_{V_{r3}^*}(v_{r3}^*)$，并容易得到 U_{rt}、V_{rt}（$t=0,1$）相应的离散随机变量 U_{rt}^*、V_{rt}^* 的概率密度函数 $p_{U_{rt}^*}(u_{rt}^*)$、$p_{V_{rt}^*}(v_{rt}^*)$。

至此，U_{rj}、V_{rj}（$j=0,1,2,3$）相应的离散随机变量 U_{rj}^*、V_{rj}^* 的概率密度函数 $p_{V_{rj}^*}(v_{rj}^*)$、$p_{U_{rj}^*}(u_{rj}^*)$ 都已得到。假设随机变量

$$W = \sum_{j=0}^{3} \left(\sum_{r=1}^{n_j} U_{rj} + \sum_{r=1}^{k_j-n_j} V_{rj} \right) \tag{7-100}$$

对其进行量化后得到的相应的离散随机变量为

$$W^* = \sum_{j=0}^{3} \left(\sum_{r=1}^{n_j} U_{rj}^* + \sum_{r=1}^{k_j-n_j} V_{rj}^* \right) \tag{7-101}$$

则 W^* 的概率密度函数可由

$$p_{W^*}(w^*) = \prod_{j=0}^{\otimes 3} \{ [p_{U_j^*}(w^*)]^{\otimes n_j} \otimes [p_{V_j^*}(w^*)]^{\otimes (k_j-n_j)} \} \tag{7-102}$$

得到。在式（7-102）中，上标 $\otimes n_j$ 和 $\otimes(k_j-n_j)$ 分别表示对底数的 (n_j-1) 次与 (k_j-n_j-1) 次自卷积。因此，$P_2(k, \boldsymbol{G}, \boldsymbol{N})$ 可由

$$P_2(k, \boldsymbol{G}, \boldsymbol{N}) = \Pr\{W^* < C_{nk}\} = \sum_{m=0}^{L_p} p_{W^*}(m) \tag{7-103}$$

近似给出。其中

$$L_p = \begin{cases} \left\lfloor \dfrac{L}{2} + \dfrac{C_{nk}L}{2C_{\text{top}}} \right\rfloor + 1, & C_{nk} \geq 0 \\[4mm] \left\lfloor \dfrac{L}{2} - \dfrac{C_{nk}L}{2C_{\text{top}}} \right\rfloor + 1, & C_{nk} < 0 \end{cases} \tag{7-104}$$

式中，$\lfloor x \rfloor$ 表示对 x 向下取整；C_{top} 表示一足够大的正数，使得 W^* 落在 $[-C_{\text{top}}, C_{\text{top}}]$ 内的概率近似为 1；L 表示由 W 到 W^* 的量化阶数。借助数值方法，可由式（7-5）、式（7-78）、式（7-79）和式（7-103）得到在 AWGN 信道多音干扰条件下 CCLD-BCFH 误码率上限的数值解。

7.3.5　数值计算结果及仿真结果

假设 CC-BCFH 工作带宽内包含 32 个跳频频点，相邻跳频频点间隔为 $1/T_s$，由两个相互正交的跳频序列组成两个信道，对两个信道检测结果进行线性软判决接收，并假设发送方和接收方的跳频序列均已经取得严格同步。仿真时，假设跟踪干扰的频率随 CC-BCFH 数据信道频率跳变，而部分频带噪声干扰与多音干扰频率保持不变。注意到量化-卷积算法中数值卷积计算量较大，当 k 较大时，要得到精确的 $P_2(k)$ 计算结果将耗费较长时间。因此，这种方法在分析最小自由距离 d_{free} 较大的卷积编码时效率不高；但在计算能力可达范围内，其计算精度是可以保证的。如果没有特别说明，那么以下均假定 CC-BCFH 使用 $d_{\text{free}} = 5$、码率为 1/2 的二进制卷积编码。这样的卷积编码的一个生成多项式为 $[(5)_8 \ (7)_8]$。

利用数值计算和仿真方法得到 CC-BCFH 的误码率性能，并与常规 FH/BFSK 和 DFH 进行比较。比较时，它们具有相同的符号传输时间 T_s，且工作带宽 W_{ss} 相同，工作带宽内的跳频频点数都为 $N = 32$，跳频频点间隔为 $1/T_s$；并且常规 FH/BFSK 与 CC-BCFH 采用相同的卷积编码和线性软判决 Viterbi 译码，以保证两者编码增益相同。假设常规 FH/BFSK 在一个跳频频点上的两个 FSK 调制频隙或者全都被干扰，或者全不被干扰。在比较 CC-BCFH 与 DFH 时，DFH 的扇出系数 fanout $= 2$，且采用序列检测接收方式。在这种情况下，DFH 的 G 函

数映射可等效为约束长度等于 5、$d_{\text{free}} = 5$ 的卷积编码[22]，与 CC-BCFH 具有相同的编码增益。本节对 CC-BCFH 的误码率性能在如表 7-1 所示的干扰条件下进行分析。

表 7-1　试验项目

序　号	干扰条件	结　果
1	无干扰条件下 CC-BCFH 的误码率	图 7-3
2	跟踪干扰、部分频带噪声干扰、多音干扰条件下的 CC-BCFH 误码率仿真结果与数值计算结果	图 7-4
3	跟踪干扰时间比例 ρ_T 对 CC-BCFH 与 FH/BFSK 误码率的影响	图 7-5
4	跟踪干扰成功率 β 对 CC-BCFH 与 FH/BFSK 误码率的影响	图 7-6
5	跟踪干扰带宽比例 ρ_W 对 CC-BCFH 与 FH/BFSK 误码率的影响	图 7-7
6	跟踪干扰带宽比例 ρ_W 对 CC-BCFH 与 DFH 误码率的影响	图 7-8
7	最坏跟踪干扰下 CC-BCFH、FH/BFSK 与 DFH 的误码率	图 7-9
8	部分频带噪声干扰带宽比例 ρ_W 对 CC-BCFH 与 DFH 误码率的影响	图 7-10
9	部分频带噪声干扰带宽比例 ρ_W 对 CC-BCFH 与 FH/BFSK 误码率的影响	图 7-11
10	最坏多音干扰下 CC-BCFH、FH/BFSK 与 DFH 的误码率	图 7-12

1. 无干扰条件下 CC-BCFH 的误码率

图 7-3 所示为在 AWGN 信道下，无干扰时 CC-BCFH 的几种接收方式误码率性能的仿真结果与数值计算结果。

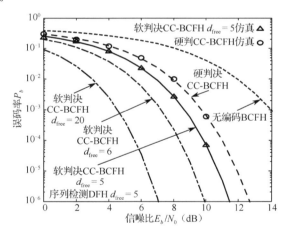

图 7-3　AWGN 信道下 CC-BCFH 的误码率（无干扰）

图 7-3 给出了硬判决接收和 $d_{\text{free}} = 5$ 的卷积编码–线性软判决接收时的仿真结果，可见，与数值计算结果是基本吻合的。几种接收方式相比，卷积编码给系统带来的误码率性能的提高是非常明显的，与卷积编码–硬判决/线性软判决接收相比，未编码系统都有 4dB 以上的误码率性能损失。而线性软判决接收的误码率性能比硬判决还要好 1.3dB。这是因为线性软判决接收更好地保留并利用了信道的状态信息。图 7-3 中也给出了 DFH 序列检测接收网格 $d_{\text{free}} = 5$ 时的误码率曲线，与使用 $d_{\text{free}} = 5$ 的卷积编码–线性软判决接收的 CC-BCFH 误码率曲线重合。注意到，d_{free} 越大，系统误码率越低。但 DFH 系统 G 函数所能达到的 d_{free} 的最大值

为 $\log_{\mathrm{fanout}} N$，在所述条件下，G 函数的 d_{free} 的最大值为 5。而实际上，当卷积编码约束长度与 G 函数约束长度同为 5 时，卷积编码的 d_{free} 的最大值为 20。DFH 的 d_{free} 一般都小于其 G 函数等效卷积码结构所能达到的最大 d_{free}，这是由 DFH 本身的结构特点限制的。要增大 d_{free}，DFH 需要增大可用频率数，这在频谱资源紧张的条件下代价较大。而 CC-BCFH 只要采取合理的编码寄存器抽头模二加结构就可以得到进一步的性能提升。这说明，在相同约束长度下，即发送端系统复杂度基本相同，CC-BCFH 可以达到更好的误码率性能。图 7-3 中也画出了当 CC-BCFH 使用 $d_{\mathrm{free}}=6$ 和 $d_{\mathrm{free}}=20$ 的卷积码时的误码率性能。可见，d_{free} 由 5 增加到 6 将带来 1.6dB 的误码率性能增益，d_{free} 由 5 增加到 20 带来的误码率性能增益达 4.5dB。

2. 跟踪干扰、部分频带噪声干扰、多音干扰条件下的 CC-BCFH 误码率仿真结果与数值计算结果

在跟踪干扰、部分频带噪声干扰、多音干扰下，CC-BCFH 误码率的数值计算结果与仿真结果对比如图 7-4 所示。在下面的讨论中，如果没有特别说明，则均假设信道噪声具有信噪比 10.8dB，相当于 CC-BCFH 在 AWGN 信道无干扰情况下误码率达到 10^{-5} 时所需的信噪比。干扰条件为成功率 $\beta=1$，时间比例 $\rho_T=1$，而跟踪干扰、部分频带噪声干扰和多音干扰的干扰带宽比例同为 $\rho_W=1/8$。可见，跟踪干扰造成明显高于其他两种干扰方式的误码率，而部分频带噪声干扰与多音干扰下的误码率总体相当，这与预期是相符的。并且，3 种干扰状态下的仿真值结果与数值计算结果都非常接近，这说明式（7-6）所确定的联合上界是非常紧密的，说明在计算过程中，对 Q 函数、贝塞尔函数的近似替代和对连续函数的量化都具有很好的精确度。

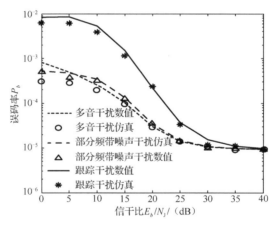

图 7-4 CC-BCFH 误码率的数值计算结果与仿真结果对比

注意到，在多音干扰下，当信干比较低时，数值计算得到的误码率上界变得稍微不紧密，数值计算结果比仿真结果偏高。这与附录 A 中图 A-1 和图 A-2 所示的概率密度函数近似曲线与精确曲线的对比结果是相符合的。由图 A-2 可以看出，在高信干比下，对 Q 函数和贝塞尔函数近似处理后得到的近似误码率曲线与精确误码率曲线是比较吻合的，仅在低信干比下，近似误码率曲线在 $y<0$ 一侧明显高于精确误码率曲线，导致干扰状态 G_3 在低信干比下计算出的误码率偏高。而由第 6 章的分析已知，在 4 种干扰状态（G_j，$j=0,\cdots,3$）中，干扰状态

G_3 对总的误码率大小起主导作用，因此低信干比下系统的总误码率的数值计算结果也是偏高的。总体来看，所使用的近似计算精度满足要求。

3. 跟踪干扰时间比例 ρ_T 对 CC-BCFH 与 FH/BFSK 误码率的影响

与 6.4.4 节类似，首先分析跟踪干扰时间比例 ρ_T、跟踪干扰成功率 β、跟踪干扰带宽比例 ρ_W 对 CC-BCFH 误码率的影响，并与常规 FH/BFSK 和 DFH 进行对比。跟踪干扰时间比例 ρ_T 对 CC-BCFH 与 FH/BFSK 误码率的影响如图 7-5 所示，其中，跟踪干扰成功率 $\beta=1$，跟踪干扰带宽比例 $\rho_W=1/8$。在相同的 ρ_T 下，CC-BCFH 比 FH/BFSK 有超过 5dB 的误码率性能增益。当信干比较低时，CC-BCFH 的误码率性能增益更大，误码率平板明显低于 FH/BFSK。这是因为相比于 FH/BFSK，CC-BCFH 的对偶信道频率独立地伪随机跳变，因此更不易被干扰。

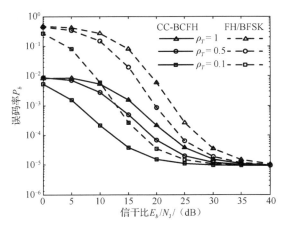

图 7-5　跟踪干扰时间比例 ρ_T 对 CC-BCFH 与 FH/BFSK 误码率的影响

4. 跟踪干扰成功率 β 对 CC-BCFH 与 FH/BFSK 误码率的影响

在图 7-6 中，跟踪干扰条件为时间比例 $\rho_T=1$，带宽比例 $\rho_W=1/8$。如图 7-6 所示，在一定的信干比下，CC-BCFH 的误码率随 β 的升高而单调递增。与 FH/BFSK 相比，随着 β 的升高，CC-BCFH 的误码率性能增益也逐渐增大。当 $\beta=1$ 时，在中等信干比下，CC-BCFH 比 FH/BFSK 有 5dB 以上的误码率性能增益。同时注意到，当 β 取值接近 ρ_W 时（图 7-6 中 $\beta=0.2$，$\rho_W=1/8$），即当跟踪干扰退化为部分频带噪声干扰时，在低信干比下，CC-BCFH 的误码率比 FH/BFSK 的误码率略高。这一现象将在讨论部分频带噪声干扰的影响时进行详细分析。

5. 跟踪干扰带宽比例 ρ_W 对 CC-BCFH 与 FH/BFSK 误码率的影响

图 7-7 所示为跟踪干扰带宽比例 ρ_W 对 CC-BCFH 与 FH/BFSK 误码率的影响。干扰条件为成功率 $\beta=1$，时间比例 $\rho_T=1$。当 $\rho_W=1$ 时，即在宽带干扰下，CC-BCFH 和 FH/BFSK 的误码率曲线重合。在中等信干比和低信干比下，FH/BFSK 的误码率都随 ρ_W 的减小而升高，但 CC-BCFH 的误码率变化规律与 FH/BFSK 不同。当信干比为 11～40dB 时，CC-BCFH 的误码率同样随 ρ_W 的减小而升高；但当信干比低于 11dB 时，CC-BCFH 的误码率随 ρ_W 的减小

而降低。图 7-7 中也给出了当跳频频点数更多，跟踪干扰带宽比例取很小值（$\rho_W = 0.01$）时两种系统的误码率曲线。此时，CC-BCFH 的误码率在某信干比下达到最大值后，随信干比的继续降低，误码率开始下降。这是因为数据信道上的干扰信号会增强接收信号能量，而这种强化效应在干扰带宽很窄、干扰到对偶信道的概率很小时变得更加明显。

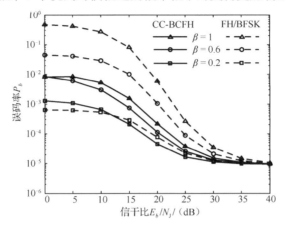

图 7-6　跟踪干扰成功率 β 对 CC-BCFH 与 FH/BFSK 误码率的影响

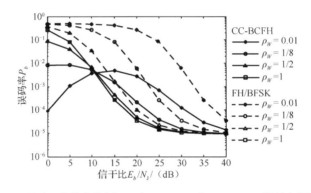

图 7-7　跟踪干扰带宽比例 ρ_W 对 CC-BCFH 与 FH/BFSK 误码率的影响

6. 跟踪干扰带宽比例 ρ_W 对 CC-BCFH 与 DFH 误码率的影响

图 7-8 对比了 CC-BCFH 与 DFH 的抗跟踪干扰性能。由于这两种系统的空中信号波形相似，且由 6.4.4 节可知，跟踪干扰时间比例 ρ_T 和跟踪干扰成功率 β 对二者的影响类似，因此主要分析跟踪干扰带宽比例 ρ_W 的影响，干扰条件为 $\rho_T = 1$，$\beta = 1$。从图 7-8 中可以看到，当 $\rho_W = 1$ 和 $\rho_W = 1/32$ 时，对应宽带干扰和仅有数据信道被干扰的情况，两种系统的误码率曲线重合；当 ρ_W 取其他值时，两者的误码率也非常接近，且 CC-BCFH 的误码率略低。这是因为 CC-BCFH 的窄带接收方式比 DFH 的宽带接收方式减小了干扰信号进入接收机的概率。

7. 最坏跟踪干扰下 CC-BCFH、FH/BFSK 与 DFH 的误码率

在某一信干比下，最坏跟踪干扰定义为当跟踪干扰时间比例 $\rho_T = 1$ 时，跟踪干扰的成功率 β_{opt} 和带宽比例 $\rho_{W(opt)}$ 使 CC-BCFH、FH/BFSK、DFH 分别达到最高误码率。最坏跟踪干扰

对 3 种系统误码率的影响如图 7-9 所示。在最坏跟踪干扰下，CC-BCFH 与 DFH 的误码率曲线几乎重合，FH/BFSK 的误码率最高。对于误码率达到 10^{-3} 所需的信干比，CC-BCFH 比 FH/BFSK 低 9.5dB。而在低信干比下，CC-BCFH 比 FH/BFSK 的误码率性能增益更大。综合图 7-5～图 7-9，可以说明 CC-BCFH 具有良好的抗跟踪干扰性能。

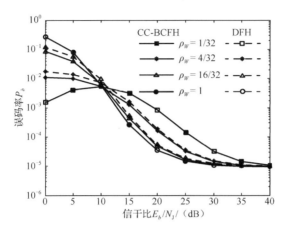

图 7-8　跟踪干扰带宽比例 ρ_W 对 CC-BCFH 与 DFH 误码率的影响

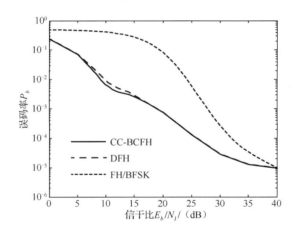

图 7-9　最坏跟踪干扰对 3 种系统误码率的影响

8. 部分频带噪声干扰带宽比例 ρ_W 对 CC-BCFH 与 DFH 误码率的影响

在部分频带噪声干扰下，重点关注 ρ_W 对系统误码率的影响。图 7-10 比较了不同部分频带噪声干扰带宽比例 ρ_W 对 CC-BCFH 与 DFH 误码率的影响。当 $\rho_W = 1$ 时，CC-BCFH 与 DFH 系统误码率曲线重合。此外，CC-BCFH 的误码率随 ρ_W 的减小而降低，可以发现，在很宽的信干比范围内，对 CC-BCFH 的最坏部分频带噪声干扰都是宽带干扰，增加了干扰方实施最佳干扰的难度。总体上，在最坏部分频带噪声干扰下，CC-BCFH 比 DFH 约有 5dB 的误码率性能增益，这同样得益于 CC-BCFH 的窄带接收方式。

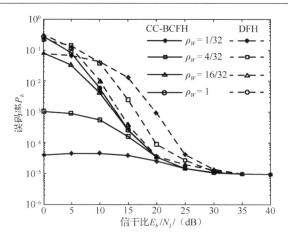

图 7-10　不同部分频带噪声干扰带宽比例 ρ_W 对 CC-BCFH 与 DFH 误码率的影响

9. 部分频带噪声干扰带宽比例 ρ_W 对 CC-BCFH 与 FH/BFSK 误码率的影响

将 CC-BCFH 抗部分频带噪声干扰性能与常规 FH/BFSK 相比，可以得到如图 7-11 所示的结果。可以看到，两者在最坏部分频带噪声干扰下的误码率基本一致。当 $\rho_W = 1$ 时，CC-BCFH 与常规 FH/BFSK 的误码率曲线重合；在窄带干扰下，当 ρ_W 取相同的值时，两者的误码率也是比较相近的，CC-BCFH 的误码率略高于 FH/BFSK。这是因为如 6.4.4 节所指出的，对于 CC-BCFH，当干扰仅击中对偶信道时带来的误码率将非常严重。总体上，CC-BCFH 的抗部分频带噪声干扰的能力与常规 FH/BFSK 基本一致。

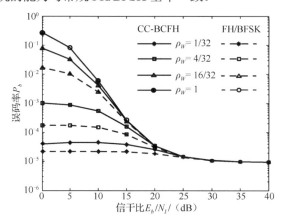

图 7-11　部分频带噪声干扰带宽比例 ρ_W 对 CC-BCFH 与 FH/BFSK 误码率的影响

10. 最坏多音干扰下 CC-BCFH、FH/BFSK 与 DFH 的误码率

多音干扰原理与部分频带噪声干扰类似，在此仅给出最坏多音干扰下 CC-BCFH、FH/BFSK 与 DFH 的误码率性能，如图 7-12 所示。与部分频带噪声干扰相似，在最坏多音干扰下，CC-BCFH 与 FH/BFSK 的误码率基本一致，明显低于 DFH。信干比在 5～25dB 范围内，CC-BCFH 与 DFH 相比有 6dB 的误码率性能增益。与最坏部分频带噪声干扰相比，最坏多音干扰对 CC-BCFH 的干扰效能损失约 2.5dB。图 7-12 说明，在 AWGN 信道下，CC-BCFH

同样具有良好的抗多音干扰能力。

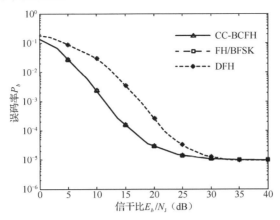

图 7-12　最坏多音干扰下 CC-BCFH、FH/BFSK 与 DFH 的误码率性能

7.4　卷积编码双信道联合跳频在瑞利衰落信道下的抗干扰性能

卷积编码不仅可以提高系统的抗噪声、抗干扰性能，还可以改善系统的抗衰落性能。7.3 节在 AWGN 信道下讨论了线性软判决最大似然接收的抗干扰性能，而在信道中存在衰落和干扰时，线性软判决最大似然接收不一定具有最好的误码率性能，因为某跳或某几跳上的衰落和干扰可能会使信号严重失真，使线性软判决结果发生错误。而非线性接收则可以较好地抑制衰落和干扰带来的影响，因此有必要考察衰落信道下非线性接收结构对误码率性能的影响。本节详细分析 CC-BCFH 在衰落信道下的抗衰落、抗干扰性能，讨论线性软判决（CCLD-BCFH）和乘积软判决（CCPD-BCFH）接收的性能差异，并给出具体的结果。

假设信道模型为频率非选择性慢衰落信道，衰落幅度呈瑞利分布，在一跳内近似为常数，且不同跳频频率上衰落相互独立。对于瑞利衰落信道，等效低通信道的包络 α_s 服从参数为 σ_s 的瑞利分布：

$$p(\alpha_s) = \frac{\alpha_s}{\sigma_s^2} \exp\left(-\frac{\alpha_s^2}{2\sigma_s^2} \right) U(\alpha_s^2) \tag{7-105}$$

在瑞利衰落信道下，平均比特信噪比 $\overline{\gamma} = E(\alpha_s^2)E_b/N_0 = 2\sigma_s^2 E_b/N_0$，平均比特信干比 $\overline{\gamma_J} = E(\alpha_s^2)E_b/N_J = 2\sigma_s^2 E_b/N_J$。

假设用户数据为全 0 序列，经编码后得到全 0 符号序列。卷积编码-Viterbi 译码算法比特误码率 P_b 的联合上界为

$$P_b \leqslant \sum_{k=d_{\text{free}}}^{\infty} a_k P_2(k) \tag{7-106}$$

对于不同的信道条件和判决准则，成对错误概率 $P_2(k)$ 不同。下面在典型干扰条件下分别计算线性软判决和乘积软判决接收的成对错误概率，并得到相应的误码率性能。

7.4.1 抗衰落性能

首先讨论无干扰的情形，即有 $J(t)=0$。此时，接收信号的基带等效表示式（7-2）可重写为

$$r(t)=\alpha_s \mathrm{e}^{\mathrm{j}\theta}s(t)+n(t) \tag{7-107}$$

用 $p_{R_i}(r_i\,|\,\alpha,s)$ 表示已知衰落幅度为 α_s、发送符号为 s（$s=0,1$）时 R_i（$i=0,1$）的条件概率密度函数：

$$p_{R_i}(r_i\,|\,\alpha_s,s)=\frac{1}{4E_sN_0}\exp\left(-\frac{r_i+4q_{is}\alpha_s^2E_s^2}{4E_sN_0}\right)I_0\left(\frac{q_{is}\alpha_s\sqrt{r_i}}{N_0}\right)U(r_i) \tag{7-108}$$

式中，$q_{is}=1-|i-s|$。对衰落幅度 α_s 求平均，可得 R_i 仅依赖 s 的概率密度函数：

$$p_{R_i}(r_i\,|\,s)=\frac{1}{4E_sN_0+8q_{is}\sigma_s^2E_s^2}\exp\left(-\frac{r_i}{4E_sN_0+8q_{is}\sigma_s^2E_s^2}\right)U(r_i) \tag{7-109}$$

1. 线性软判决接收的抗衰落性能

对于 CCLD-BCFH，判决器输出 $Y=R_0-R_1$。发送符号为 s 时 Y 的条件分布函数为

$$F_Y(y\,|\,s)=\begin{cases}\displaystyle\int_0^{+\infty}\mathrm{d}r_1\int_0^{y+r_1}p_{R_0}(r_0\,|\,s)p_{R_1}(r_1\,|\,s)\mathrm{d}r_0 & y\geqslant 0\\[2mm]\displaystyle\int_{-y}^{+\infty}\mathrm{d}r_1\int_0^{y+r_1}p_{R_0}(r_0\,|\,s)p_{R_1}(r_1\,|\,s)\mathrm{d}r_0 & y<0\end{cases} \tag{7-110}$$

将式（7-109）代入式（7-110）并对 y 求导，可得发送符号为 s 时 Y 的条件概率密度函数 $p_Y(y\,|\,s)$ 为一分段函数，分段点为 $y=0$。若记 $Y\geqslant 0$ 时为 Y^+、$Y<0$ 时为 Y^-，则 $p_Y(y\,|\,s)$ 可表示为

$$p_Y(y\,|\,0)=\begin{cases}p_{Y^+}(y^+\,|\,0)=\dfrac{1}{8E_sN_0+8\sigma_s^2E_s^2}\exp\left(-\dfrac{y^+}{4E_sN_0+8\sigma_s^2E_s^2}\right) & y^+\geqslant 0\\[3mm]p_{Y^-}(y^-\,|\,0)=\dfrac{1}{8E_sN_0+8\sigma_s^2E_s^2}\exp\left(\dfrac{y^-}{4E_sN_0}\right) & y^-<0\end{cases} \tag{7-111}$$

$$p_Y(y\,|\,1)=\begin{cases}p_{Y^+}(y^+\,|\,1)=\dfrac{1}{8E_sN_0+8\sigma_s^2E_s^2}\exp\left(-\dfrac{y^+}{4E_sN_0}\right) & y^+\geqslant 0\\[3mm]p_{Y^-}(y^-\,|\,1)=\dfrac{1}{8E_sN_0+8\sigma_s^2E_s^2}\exp\left(\dfrac{y^-}{4E_sN_0+8\sigma_s^2E_s^2}\right) & y^-<0\end{cases} \tag{7-112}$$

假设一条错误路径 s' 有 k 个符号与正确路径 s（全 0 路径）不同，这 k 个符号对应的判决输出 Y_r 中有 n 个 $Y_r\geqslant 0$，即 Y^+；其余 $(k-n)$ 个 $Y_r<0$，即 Y^-，则 s' 被选为幸存路径的概率，即成对错误概率 $P_2(k)$ 可表示为

$$P_2(k)=\sum_{n=0}^{k}\binom{k}{n}[P(Y\geqslant 0)]^n[P(Y<0)]^{k-n}P_2(k,n) \tag{7-113}$$

式中，$P(Y\geqslant 0)$ 和 $P(Y<0)$ 为 $Y\geqslant 0$ 与 $Y<0$ 的概率，因为已经假设发送符号序列为全 0 序列，

所以 $P(Y \geq 0)$ 和 $P(Y < 0)$ 可以由式（7-111）在相应区间上积分得到。而

$$P_2(k,n) = \Pr\left\{\sum_{r=1}^{n}\ln p_{Y^+}(y_r^+|1) + \sum_{r=1}^{k-n}\ln p_{Y^-}(y_r^-|1) > \sum_{r=1}^{n}\ln p_{Y^+}(y_r^+|0) + \sum_{r=1}^{k-n}\ln p_{Y^-}(y_r^-|0)\right\} \quad (7\text{-}114)$$

是有 n 个 $Y_r \geq 0$ 时的条件成对错误概率。将式（7-111）和式（7-112）代入式（7-114）并化简，可得

$$\begin{aligned}
P_2(k) &= \Pr\left\{\sum_{r=1}^{n} y_r^+ + \sum_{r=1}^{k-n} y_r^- < 0\right\} = \Pr\left\{\sum_{r=1}^{k} y_r < 0\right\} \\
&= \Pr\left\{\sum_{r=1}^{k}(R_{0,r} - R_{1,r}) < 0\right\} = \Pr\left\{\sum_{r=1}^{k} R_{0,r} < \sum_{r=1}^{k} R_{1,r}\right\}
\end{aligned} \quad (7\text{-}115)$$

由此可见，在无干扰瑞利衰落信道下，似然概率最大的路径等价于累积判决量最大的路径。设

$$U_0 = \sum_{r=1}^{k} R_{0,r} \quad (7\text{-}116)$$

$$U_1 = \sum_{r=1}^{k} R_{1,r} \quad (7\text{-}117)$$

则

$$P_2(k) = \Pr\{U_0 < U_1\} \quad (7\text{-}118)$$

为求式（7-118）的概率，由随机变量 R_i 的概率密度函数，即式（7-109）可得 R_i 的特征函数为

$$\varphi_{R_0}(iv) = \frac{1}{1 - iv(4E_sN_0 + 8\sigma_s^2 E_s^2)} \quad (7\text{-}119)$$

$$\varphi_{R_1}(iv) = \frac{1}{1 - iv \cdot 4E_sN_0} \quad (7\text{-}120)$$

进而可得 U_i 的特征函数为

$$\varphi_{U_i}(iv) = [\varphi_{R_i}(iv)]^k \quad (7\text{-}121)$$

对特征函数进行反变换，可得到 U_i 的概率密度函数：

$$p_{U_0}(u_0) = \frac{u_0^{k-1}}{(4E_sN_0 + 8\sigma_s^2 E_s^2)^k (k-1)!}\exp\left(-\frac{u_0}{4E_sN_0 + 8\sigma_s^2 E_s^2}\right) U(u_0) \quad (7\text{-}122)$$

$$p_{U_1}(u_1) = \frac{u_0^{k-1}}{(4E_sN_0)^k (k-1)!}\exp\left(-\frac{u_0}{4E_sN_0}\right) U(u_1) \quad (7\text{-}123)$$

由此可得成对错误概率为

$$P_2(k) = 1 - \int_0^{\infty}\int_0^{u_0} p_{U_1}(u_1)\mathrm{d}u_1 p_{U_0}(u_0)\mathrm{d}u_0 = \frac{1}{(2+\overline{\gamma})^k}\sum_{n=0}^{k-1}\binom{k+n-1}{n}\left(\frac{1+\overline{\gamma}}{2+\overline{\gamma}}\right)^n \quad (7\text{-}124)$$

至此，由式（7-106）和式（7-124）可求得 CCLD-BCFH 在无干扰瑞利衰落信道下的误码率。

2. 乘积软判决接收的抗衰落性能

CCPD-BCFH 判决器输出 $Y = R_0/R_1$，$Y \geq 0$，其等效判决量为 $Z = \ln Y = \ln R_0 - \ln R_1$，

$Z \in (-\infty, +\infty)$。设 $V_i = \ln R_i$，$V_i \in (-\infty, +\infty)$，则首先可由式（7-109）得到当发送符号为 s（$s = 0,1$）时 V_i 的条件概率密度函数：

$$p_{V_i}(v_i \mid s) = \frac{\mathrm{e}^{v_i}}{4E_s N_0 + 8q_{is}\sigma_s^2 E_s^2} \exp\left(-\frac{\mathrm{e}^{v_i}}{4E_s N_0 + 8q_{is}\sigma_s^2 E_s^2}\right) \tag{7-125}$$

式中，$q_{is} = 1 - |i - s|$。于是 Z 的条件概率密度函数为

$$p_Z(z \mid 0) = \int_{-\infty}^{+\infty} p_{V_0}(z + v_1 \mid 0) p_{V_1}(v_1 \mid 0)\mathrm{d}v_1 = \frac{\mathrm{e}^z(1 + \overline{\gamma})}{(\mathrm{e}^z + 1 + \overline{\gamma})^2} \tag{7-126}$$

$$p_Z(z \mid 1) = \int_{-\infty}^{+\infty} p_{V_0}(z + v_1 \mid 1) p_{V_1}(v_1 \mid 1)\mathrm{d}v_1 = \frac{\mathrm{e}^z(1 + \overline{\gamma})}{[(1 + \overline{\gamma})\mathrm{e}^z + 1]^2} \tag{7-127}$$

进而可得 Y 的条件概率密度函数为

$$p_Y(y \mid 0) = \frac{1 + \overline{\gamma}}{(y + 1 + \overline{\gamma})^2} \tag{7-128}$$

$$p_Y(y \mid 1) = \frac{1 + \overline{\gamma}}{[(1 + \overline{\gamma})y + 1]^2} \tag{7-129}$$

因为恒有 $Y \geq 0$，所以成对错误概率为

$$P_2(k) = \Pr\left\{\sum_{r=1}^{k} \ln p_Y(y_r \mid 1) > \sum_{r=1}^{k} \ln p_Y(y_r \mid 0)\right\} = \Pr\left\{\sum_{r=1}^{k} \ln \frac{(1 + \overline{\gamma})y_r + 1}{y_r + 1 + \overline{\gamma}} < 0\right\} \tag{7-130}$$

为求 $P_2(k)$，设随机变量

$$U = \ln \frac{(1 + \overline{\gamma})Y + 1}{Y + 1 + \overline{\gamma}}, \quad U \in (-\ln(1 + \overline{\gamma}), \ln(1 + \overline{\gamma})) \tag{7-131}$$

因为已经假设发送数据为全 0 序列，所以 U 的概率密度函数可由式（7-128）推得

$$p_U(u) = \frac{1 + \overline{\gamma}}{\overline{\gamma}^2 + 2\overline{\gamma}}\mathrm{e}^u \tag{7-132}$$

由于 U 的取值限定在有限区间内，使其特征函数表达式变得烦琐，不利于后续处理。所以，这里再次使用文献[17]给出的量化–卷积算法，假设连续随机变量 U 被一个量化间隔足够小的 L 阶均匀量化器量化，将量化输出的离散随机变量 U^* 看作对连续随机变量 U 的近似。U^* 的概率密度函数可以表示为

$$p_{U^*}(u^*) = \sum_{m=0}^{L} H_{U^*}(m)\delta(u^* - b_{um}) \tag{7-133}$$

式中，$b_{um} = [2m\ln(1 + \overline{\gamma})]/L$；$H_{U^*}(m)$ 定义为

$$H_{U^*}(m) = \int_{b_{um}}^{b_{um} + C_U/L} p_U(u)\mathrm{d}u \tag{7-134}$$

可较容易地求出它。进一步，令离散随机变量

$$W^* = \sum_{r=1}^{k} U_r^*, \quad W^* \in (-k\ln(1 + \overline{\gamma}), k\ln(1 + \overline{\gamma})) \tag{7-135}$$

则 W^* 的概率密度函数可由

$$p_{W^*}(w^*) = [p_{U^*}(w^*)]^{\otimes k} \tag{7-136}$$

得到。其中运算符 $\otimes$ 表示离散卷积。此时，式（7-130）可写为

$$P_2(k) = \Pr\{W^* < 0\} = \sum_{m=0}^{L_p} p_{W^*}(m) \qquad (7\text{-}137)$$

式中

$$L_p = \left\lfloor k \ln(1+\overline{\gamma}) \frac{L}{C_U} \right\rfloor + 1 \qquad (7\text{-}138)$$

式中，$\lfloor x \rfloor$ 表示对 x 向下取整；L 表示由 W 到 W^* 的量化阶数。至此，由式（7-106）和式（7-137）也可求得 CCPD-BCFH 在无干扰瑞利衰落信道下误码率联合上界的数值解。

7.4.2　抗跟踪干扰性能

假设跟踪干扰波形为窄带噪声，干扰方试图以跟踪干扰成功率 β 击中有用通信使用的数据信道，即子信道 0，并具有跟踪干扰时间比例 ρ_T 和跟踪干扰带宽比例 ρ_W。

在第 l 跳，判决结果 Y 的干扰状态与 R_0 和 R_1 的干扰状态有关，假设子信道接收信号的非相干检测结果 R_0 和 R_1 相互独立；定义随机变量 $g_i = 1$（$i = 0,1$）或 0 表示 R_i 被干扰或没有被干扰，则在每个信道的非相干检测器处，噪声加干扰的等效功率谱密度可统一写为

$$N_{g_i} = N_0 + g_i N_J \rho_T / \rho_W \qquad (7\text{-}139)$$

首先可知，当发送符号为 s（$s = 0,1$）、干扰状态为 g_i 时，R_i 的条件概率密度函数为

$$p_{R_i}(r_i \mid s, g_i) = \frac{1}{4E_s N_{g_i} + 8q_{is}\sigma_s^2 E_s^2} \exp\left(-\frac{r_0}{4E_s N_{g_i} + 8q_{is}\sigma_s^2 E_s^2}\right) U(r_0) \qquad (7\text{-}140)$$

式中，$q_{is} = 1 - |i - s|$。

令随机变量 $\boldsymbol{G}_j = (g_0\ g_1)$ 表示判决结果 Y 的干扰状态，其中 $j = 0,1,2,3$。$\boldsymbol{G}_j$ 与 g_0 和 g_1 的关系如表 6-1 所示，则 $\boldsymbol{G}_j$ 的概率分布如式（7-35）～式（7-38）所示。

对于不同的判决方法，判决量的概率密度函数不同，成对错误概率也不同。下面针对线性软判决和乘积软判决两种方法分别进行讨论。

1. 线性软判决接收的抗跟踪干扰性能

CCLD-BCFH 判决器输出 $Y = R_0 - R_1$。当发送编码符号为 s（$s = 0,1$）、干扰状态为 $\boldsymbol{G}_j$ 时，判决结果 Y 的条件概率密度函数 $p_Y(y \mid s, \boldsymbol{G}_j)$ 为一分段函数，分段点为 $y = 0$。若记 $Y \geq 0$ 时为 Y^+、$Y < 0$ 时为 Y^-，则可由式（7-140）得到 $p_Y(y \mid s, \boldsymbol{G}_j)$ 表达式为

$$p_Y(y \mid s, \boldsymbol{G}_j) = \begin{cases} p_{Y^+}(y^+ \mid s, \boldsymbol{G}_j) = \dfrac{1}{4E_s(N_{q_0} + N_{q_1}) + 8\sigma_s^2 E_s^2} \exp\left(\dfrac{-y^+}{4E_s N_{q_0} + 8\sigma_s^2 E_s^2(1-s)}\right), & y^+ \geq 0 \\[3mm] p_{Y^-}(y^- \mid s, \boldsymbol{G}_j) = \dfrac{1}{4E_s(N_{q_0} + N_{q_1}) + 8\sigma_s^2 E_s^2} \exp\left(\dfrac{y^-}{4E_s N_{q_1} + 8\sigma_s^2 E_s^2 s}\right), & y^- < 0 \end{cases}$$

$$(7\text{-}141)$$

成对错误概率 $P_2(k)$ 可表示为错误路径 $\boldsymbol{s'}$ 与正确路径 $\boldsymbol{s}$（全 0 路径）不同的 k 个符号遍历干扰状态时错误概率的平均，即

$$P_2(k) = \sum_{k_0=0}^{k} \sum_{k_1=0}^{k-k_0} \sum_{k_2=0}^{k-k_0-k_1} \binom{k}{k_0} \binom{k-k_0}{k_1} \binom{k-k_0-k_1}{k_2} \times \qquad (7\text{-}142)$$

$$[P(\boldsymbol{G}_0)]^{k_0} [P(\boldsymbol{G}_1)]^{k_1} [P(\boldsymbol{G}_2)]^{k_2} [P(\boldsymbol{G}_3)]^{k_3} P_2(k,\boldsymbol{G})$$

式中，k_j 为出错的 k 个符号中干扰状态 $\boldsymbol{G}_j$ 发生的次数；$\boldsymbol{G} = (\boldsymbol{G}_{1j}, \cdots, \boldsymbol{G}_{rj}, \cdots, \boldsymbol{G}_{kj})$ 为对应的干扰状态向量，且

$$P_2(k,\boldsymbol{G}) = \sum_{n_0=0}^{k_0} \sum_{n_1=0}^{k_1} \sum_{n_2=0}^{k_2} \sum_{n_3=0}^{k_3} \binom{k_0}{n_0} \binom{k_1}{n_1} \binom{k_2}{n_2} \binom{k_3}{n_3} P_{GN} P_2(k,\boldsymbol{G},\boldsymbol{N}) \qquad (7\text{-}143)$$

式中，$\boldsymbol{N} = (n_0, n_1, n_2, n_3)$；$n_j$ 为干扰状态 $\boldsymbol{G}_j$ 对应的 k_j 个判决结果中出现 $Y \geqslant 0$ 的个数，其余 $(k_j - n_j)$ 个判决结果为 $Y < 0$；P_{GN} 表示为

$$P_{GN} = \prod_{j=0}^{3} [P(Y \geqslant 0 \mid 0, \boldsymbol{G}_j)]^{n_j} [P(Y < 0 \mid 0, \boldsymbol{G}_j)]^{k_j - n_j} \qquad (7\text{-}144)$$

表示在干扰状态向量 $\boldsymbol{G}$ 下，Y 的取值满足向量 $\boldsymbol{N}$ 的概率；且有

$$P_2(k,\boldsymbol{G},\boldsymbol{N}) = \Pr \left\{ \sum_{j=0}^{3} \left(\sum_{r=1}^{n_j} \ln p_{Y^+}(y_{rj}^+ \mid 1, \boldsymbol{G}_j) + \sum_{r=1}^{k_j-n_j} \ln p_{Y^-}(y_{rj}^- \mid 1, \boldsymbol{G}_j) \right) > \right.$$
$$\left. \sum_{j=0}^{3} \left(\sum_{r=1}^{n_j} \ln p_{Y^+}(y_{rj}^+ \mid 0, \boldsymbol{G}_j) + \sum_{r=1}^{k_j-n_j} \ln p_{Y^-}(y_{rj}^- \mid 0, \boldsymbol{G}_j) \right) \right\} \qquad (7\text{-}145)$$

将式（7-141）代入式（7-145）并化简，可得

$$P_2(k,\boldsymbol{G},\boldsymbol{N}) = \Pr \left\{ \sum_{r=1}^{n_0+n_1} \frac{Y_r^+}{4E_s N_0 C_0} + \sum_{r=1}^{n_2+n_3} \frac{Y_r^+}{4E_s N_1 C_1} < \sum_{r=1}^{k_0-n_0+k_2-n_2} \frac{-Y_r^-}{4E_s N_0 C_0} + \sum_{r=1}^{k_1-n_1+k_3-n_3} \frac{-Y_r^-}{4E_s N_1 C_1} \right\} \qquad (7\text{-}146)$$

式中，$C_0 = 4E_s N_0 + 8\sigma_s^2 E_s^2$；$C_1 = 4E_s N_1 + 8\sigma_s^2 E_s^2$。

为求式（7-146），假设随机变量

$$V = \sum_{r=1}^{n_0+n_1} \frac{Y_r^+}{4E_s N_0 C_0} + \sum_{r=1}^{n_2+n_3} \frac{Y_r^+}{4E_s N_1 C_1}, \ V \in (0, +\infty) \qquad (7\text{-}147)$$

则 V 的特征函数为

$$\varphi_V(iv) = \left(\frac{1}{1 - iv/4E_s N_0} \right)^{n_0+n_1} \left(\frac{1}{1 - iv/4E_s N_1} \right)^{n_2+n_3} \qquad (7\text{-}148)$$

将 $\varphi_V(iv)$ 进行部分分式展开，可得

$$\varphi_V(iv) = \sum_{m=1}^{n_0+n_1} \frac{A_{0m}}{(1 - iv/4E_s N_0)^m} + \sum_{m=1}^{n_2+n_3} \frac{A_{1m}}{(1 - iv/4E_s N_1)^m} \qquad (7\text{-}149)$$

式中

$$A_{0m} = \binom{D_1 - m - 1}{n_0 + n_1 - m} \frac{(-1-\eta)^{m-n_0-n_1}}{[\eta/(1+\eta)]^{D_1-m}} \qquad (7\text{-}150)$$

$$A_{1m} = \binom{D_1 - m - 1}{n_2 + n_3 - m} \frac{(-1-\eta)^{n_2+n_3-m}}{(-\eta)^{D_1-m}} \qquad (7\text{-}151)$$

式中，$D_1 = n_0 + n_1 + n_2 + n_3$；$\eta = \rho_T \overline{\gamma}/(\rho_W \overline{\gamma_J})$ 为干扰与加性噪声的功率谱密度比。特殊地，当 $n_0 + n_1 = 0$，$n_2 + n_3 > 0$ 时，$A_{0m} = 0$，$A_{1m} = 0$（当 $m < n_2 + n_3$ 时）或 1（当 $m = n_2 + n_3$ 时）；

当 $n_2 + n_3 = 0$，$n_0 + n_1 > 0$ 时，$A_{1m} = 0$，$A_{0m} = 0$（当 $m < n_0 + n_1$ 时）或 1（当 $m = n_0 + n_1$ 时）。

对式（7-149）进行反变换，可得 V 的概率密度函数为

$$p_V(v) = \left\{ \sum_{m=1}^{n_0+n_1} A_{0m}(4E_s N_0)^m \frac{v^{m-1}}{(m-1)!} \exp(-4E_s N_0 v) + \right.$$
$$\left. \sum_{m=1}^{n_2+n_3} A_{1m}(4E_s N_1)^m \frac{v^{m-1}}{(m-1)!} \exp(-4E_s N_1 v) \right\} U(v) \tag{7-152}$$

同理，若假设随机变量

$$U = \sum_{r=1}^{k_0-n_0+k_2-n_2} \frac{-Y_r^-}{4E_s N_0 C_0} + \sum_{r=1}^{k_1-n_1+k_3-n_3} \frac{-Y_r^-}{4E_s N_1 C_1}, \quad U \in (-\infty, 0) \tag{7-153}$$

则可得 U 的概率密度函数为

$$p_U(u) = \left\{ \sum_{n=1}^{D_3} B_{0n} C_0^n \frac{u^{n-1}}{(n-1)!} \exp(-C_0 u) + \sum_{n=1}^{D_4} B_{1n} C_1^n \frac{w^{n-1}}{(n-1)!} \exp(-C_1 u) \right\} U(u) \tag{7-154}$$

式中，$D_3 = k_0 - n_0 + k_2 - n_2$；$D_4 = k_1 - n_1 + k_3 - n_3$；且有

$$B_{0n} = \binom{D_2 - n - 1}{D_3} \frac{[-(1+\bar{\gamma})/(1+\eta+\bar{\gamma})]^{D_3-n}}{[\eta/(1+\eta+\bar{\gamma})]^{D_2-n}} \tag{7-155}$$

$$B_{1n} = \binom{D_2 - n - 1}{D_4 - n} \frac{[-(1+\eta+\bar{\gamma})/(1+\bar{\gamma})]^{D_4-n}}{[-\eta/(1+\bar{\gamma})]^{D_2-n}} \tag{7-156}$$

式中，$D_2 = D_3 + D_4$。特殊地，当 $D_3 = 0$，$D_4 > 0$ 时，$B_{0n} = 0$，$B_{1n} = 0$（当 $n < D_4$ 时）或 1（当 $n = D_4$ 时）；当 $D_4 = 0$，$D_3 > 0$ 时，$B_{1n} = 0$，$B_{0n} = 0$（当 $n < D_3$ 时）或 1（当 $n = D_3$ 时）。

因此，式（7-146）可化为

$$P_2(k, \boldsymbol{G}, \boldsymbol{N}) = \Pr\{V < U\} = \int_0^{+\infty} p_U(u)\mathrm{d}u \int_0^u p_V(v)\mathrm{d}v \tag{7-157}$$

将式（7-152）和式（7-154）代入式（7-157）并积分，可得

$$P_2(k, \boldsymbol{G}, \boldsymbol{N}) = I_1 + I_2 + I_3 + I_4 \tag{7-158}$$

式中

$$I_1 = \sum_{m=1}^{n_0+n_1} \sum_{n=1}^{k_0-n_0+k_2-n_2} A_{0m} B_{0n} \left[1 - \sum_{k=0}^{m-1} \binom{n+k-1}{k} \frac{(1+\bar{\gamma})^n}{(2+\bar{\gamma})^{n+k}} \right] \tag{7-159}$$

$$I_2 = \sum_{m=1}^{n_2+n_3} \sum_{n=1}^{k_0-n_0+k_2-n_2} A_{1m} B_{0n} \left[1 - \sum_{k=0}^{m-1} \binom{n+k-1}{k} \frac{(1+\bar{\gamma})^n(1+\eta)^k}{(2+\bar{\gamma}+\eta)^{n+k}} \right] \tag{7-160}$$

$$I_3 = \sum_{m=1}^{n_0+n_1} \sum_{n=1}^{k_1-n_1+k_3-n_3} A_{0m} B_{1n} \left[1 - \sum_{k=0}^{m-1} \binom{n+k-1}{k} \frac{(1+\eta+\bar{\gamma})^n}{(2+\eta+\bar{\gamma})^{n+k}} \right] \tag{7-161}$$

$$I_4 = \sum_{m=1}^{n_2+n_3} \sum_{n=1}^{k_1-n_1+k_3-n_3} A_{1m} B_{1n} \left[1 - \sum_{k=0}^{m-1} \binom{n+k-1}{k} \frac{(1+\eta+\bar{\gamma})^n(1+\eta)^k}{(2+2\eta+\bar{\gamma})^{n+k}} \right] \tag{7-162}$$

特殊地，有

$$P_2(k, \boldsymbol{G}, \boldsymbol{N}) = \begin{cases} \Pr\{U > 0\} = 1, & n_0 = n_1 = n_2 = n_3 = 0 \\ \Pr\{V < 0\} = 0, & k_0 - n_0 = k_1 - n_1 = k_2 - n_2 = k_3 - n_3 = 0 \end{cases} \tag{7-163}$$

至此，可由式（7-106）、式（7-142）、式（7-143）和式（7-158）得到瑞利衰落信道跟踪干扰条件下 CCLD-BCFH 的比特误码率联合上界的数值解。

2. 乘积软判决接收的抗跟踪干扰性能

CCPD-BCFH 判决器输出 $Y = R_0/R_1$，$Y \geqslant 0$，其等效判决量为 $Z = \ln Y = \ln R_0 - \ln R_1$，$Z \in (-\infty, +\infty)$。令随机变量 $V_i = \ln R_i$，$V_i \in (-\infty, +\infty)$。于是可由式（7-140）得到 V_i 的条件概率密度函数：

$$p_{V_i}(v_i \mid s, g_i) = \frac{\mathrm{e}^{v_i}}{4E_s N_{g_i} + 8q_{is}\sigma_\alpha^2 E_s^2} \exp\left(-\frac{\mathrm{e}^{v_i}}{4E_s N_{g_i} + 8q_{is}\sigma_\alpha^2 E_s^2}\right) \tag{7-164}$$

进而可知，当发送符号为 s、干扰状态为 $\boldsymbol{G}_j$ 时，Z 的条件概率密度函数为

$$p_Z(z \mid s, \boldsymbol{G}_j) = \int_{-\infty}^{+\infty} p_{V_0}(z + v_1 \mid s, g_0) p_{V_1}(v_1 \mid s, g_1) \mathrm{d}v_1 \tag{7-165}$$

并可进一步得 Y 的条件概率密度函数为

$$p_Y(y \mid s, \boldsymbol{G}_j) = p_Z(z = \ln y \mid s, \boldsymbol{G}_j)/y \tag{7-166}$$

成对错误概率 $P_2(k)$ 可表示为错误路径 $\boldsymbol{s}'$ 与正确路径 $\boldsymbol{s}$（全 0 路径）不同的 k 个符号遍历干扰状态时错误概率的平均，即

$$P_2(k) = \sum_{k_0=0}^{k} \sum_{k_1=0}^{k-k_0} \sum_{k_2=0}^{k-k_0-k_1} \binom{k}{k_0}\binom{k-k_0}{k_1}\binom{k-k_0-k_1}{k_2} \times \\ [P(\boldsymbol{G}_0)]^{k_0}[P(\boldsymbol{G}_1)]^{k_1}[P(\boldsymbol{G}_2)]^{k_2}[P(\boldsymbol{G}_3)]^{k_3} P_2(k, \boldsymbol{G}) \tag{7-167}$$

式中，k_j 为出错的 k 个符号中干扰状态 $\boldsymbol{G}_j$ 发生的次数；$\boldsymbol{G} = (\boldsymbol{G}_{1j}, \cdots, \boldsymbol{G}_{rj}, \cdots, \boldsymbol{G}_{kj})$ 为对应的干扰状态向量。因为恒有 $Y \geqslant 0$，所以

$$P_2(k, \boldsymbol{G}) = \Pr\left\{\sum_{j=0}^{3}\left(\sum_{r=1}^{k_j} \ln p_Y(y_{rj} \mid 1, \boldsymbol{G}_j)\right) > \sum_{j=0}^{3}\left(\sum_{r=1}^{k_j} \ln p_Y(y_{rj} \mid 0, \boldsymbol{G}_j)\right)\right\} \tag{7-168}$$

将式（7-166）代入式（7-168）并化简，可得

$$P_2(k, \boldsymbol{G}) = \Pr\left\{\sum_{r=1}^{k_0}\ln\left(\frac{(1+\overline{\gamma})y_r+1}{y_r+1+\overline{\gamma}}\right) + \sum_{r=1}^{k_1}\ln\left(\frac{(\eta+\overline{\gamma})y_r+1}{\eta y_r+1+\overline{\gamma}}\right) + \right. \\ \sum_{r=1}^{k_2}\ln\left(\frac{(1+\overline{\gamma})y_r+\eta}{y_r+\eta+\overline{\gamma}}\right) + \sum_{r=1}^{k_3}\ln\left(\frac{(1+\overline{\gamma_J})y_r+1}{y_r+1+\overline{\gamma_J}}\right) < \\ \left. \frac{k_1}{2}\ln\left(\frac{1+\overline{\gamma_J}}{1+\overline{\gamma}}\right) + \frac{k_2}{2}\ln\left(\frac{1+\overline{\gamma}}{1+\overline{\gamma_J}}\right)\right\} \tag{7-169}$$

式中，$\eta = 1 + \rho_T \overline{\gamma}/(\rho_W \overline{\gamma_J})$，为干扰加噪声功率与噪声功率的比值。为求式（7-169），令随机变量

$$U_{0r} = \ln\left(\frac{(1+\overline{\gamma})y_r+1}{y_r+1+\overline{\gamma}}\right), \quad U_{0r} \in (-\ln(1+\overline{\gamma}), \ln(1+\overline{\gamma})) \tag{7-170}$$

$$U_{1r} = \ln\left(\frac{(\eta+\overline{\gamma})y_r+1}{\eta y_r+1+\overline{\gamma}}\right), \quad U_{1r} \in (-\ln(1+\overline{\gamma}), \ln(1+\overline{\gamma_J})) \tag{7-171}$$

$$U_{2r} = \ln\left(\frac{(1+\overline{\gamma})y_r+\eta}{y_r+\eta+\overline{\gamma}}\right), \quad U_{2r} \in (-\ln(1+\overline{\gamma_J}), \ln(1+\overline{\gamma})) \tag{7-172}$$

$$U_{3r} = \ln\left(\frac{\left(1+\overline{\gamma_J}\right)y_r + 1}{y_r + 1 + \overline{\gamma_J}}\right), \quad U_{3r} \in (-\ln(1+\overline{\gamma_J}), \ln(1+\overline{\gamma_J})) \tag{7-173}$$

容易得到它们的概率密度函数分别为

$$p_{U_{0r}}(u_{0r}) = \frac{1+\overline{\gamma}}{\overline{\gamma}^2 + 2\overline{\gamma}}\mathrm{e}^{u_{0r}} \tag{7-174}$$

$$p_{U_{1r}}(u_{1r}) = \frac{\eta(1+\overline{\gamma})}{\overline{\gamma}^2 + \overline{\gamma}\eta + \overline{\gamma}}\mathrm{e}^{u_{1r}} \tag{7-175}$$

$$p_{U_{2r}}(u_{2r}) = \frac{\eta + \overline{\gamma}}{\overline{\gamma}^2 + \overline{\gamma}\eta + \overline{\gamma}}\mathrm{e}^{n_{2r}} \tag{7-176}$$

$$p_{U_{3r}}(u_{3r}) = \frac{1+\overline{\gamma_J}}{\overline{\gamma_J}^2 + 2\overline{\gamma_J}}\mathrm{e}^{u_{3r}} \tag{7-177}$$

与 7.4.1 节式（7-131）～式（7-134）的处理方法类似，对 U_{jr} $(j=0,1,2,3)$ 进行量化，并由其相应的离散随机变量 U_{jr}^* 作为 U_{jr} 的近似，容易得到 U_{jr}^* 的概率密度函数 $p_{U_{jr}^*}(u_{jr}^*)$。假设离散随机变量

$$W^* = \sum_{j=0}^{3}\sum_{r=1}^{k_j}U_{jr}^*, \quad W^* \in (w_L, w_U) \tag{7-178}$$

作为连续随机变量

$$W = \sum_{j=0}^{3}\sum_{r=1}^{k_j}U_{jr} \tag{7-179}$$

的近似。其中

$$w_L = -(k_0 + k_1)\ln(1+\overline{\gamma}) - (k_2 + k_3)\ln(1+\overline{\gamma_J}) \tag{7-180}$$

$$w_U = (k_1 + k_3)\ln(1+\overline{\gamma_J}) + (k_0 + k_2)\ln(1+\overline{\gamma}) \tag{7-181}$$

则式（7-169）可化为

$$P_2(k, \boldsymbol{G}) = \Pr\{W < C\} \approx \Pr\{W^* < C\} = \sum_{m=0}^{L_p}p_{W^*}(m) \tag{7-182}$$

式中

$$p_{W^*}(w^*) = \prod_{j=1}^{\otimes 3}[p_{U^*}(w^*)]^{\otimes k_j} \tag{7-183}$$

$$C = \frac{k_1}{2}\ln\left(\frac{1+\overline{\gamma_J}}{1+\overline{\gamma}}\right) + \frac{k_2}{2}\ln\left(\frac{1+\overline{\gamma}}{1+\overline{\gamma_J}}\right) \tag{7-184}$$

$$L_p = \lfloor(C - w_L)L/(w_U - w_L)\rfloor + 1 \tag{7-185}$$

式中，运算符 $\otimes$ 表示离散卷积；上标 $\otimes k_j$ 表示对底数的 $(k_j - 1)$ 次自卷积；$\prod_{j=0}^{\otimes n}$ 表示对其后的表达式进行 $(n+1)$ 次卷积，是简化记法；$\lfloor x\rfloor$ 表示对 x 向下取整；L 表示由 W 到 W^* 的量化阶数。借助数值方法，可由式（7-106）、式（7-167）和式（7-182）得到瑞利衰落信道多音干扰条件下 CCPD-BCFH 误码率联合上界的数值解。

7.4.3 抗部分频带噪声干扰性能

将部分频带噪声干扰看作跟踪干扰的一种特殊情况，即 $\rho_T = 1$，$\beta = \rho_W = W_J / W_{ss}$。因此，在部分频带噪声干扰下，可得 $\boldsymbol{G}_j$ 的概率分布为

$$P(\boldsymbol{G}_0) = (1 - \rho_W)^2 \tag{7-186}$$

$$P(\boldsymbol{G}_1) = \rho_W (1 - \rho_W) \tag{7-187}$$

$$P(\boldsymbol{G}_2) = \rho_W (1 - \rho_W) \tag{7-188}$$

$$P(\boldsymbol{G}_3) = \rho_W^2 \tag{7-189}$$

将式（7-186）～式（7-189）代入式（7-142），即可计算成对错误概率 $P_2(k)$，并进一步将 $P_2(k)$ 代入式（7-106）即可得瑞利衰落信道部分频带噪声干扰条件下 CCLD-BCFH 的比特误码率上限。同样，利用式（7-106）、式（7-167）和式（7-186）～式（7-189），可以得到瑞利衰落信道部分频带噪声干扰条件下 CCPD-BCFH 的比特误码率上限。

7.4.4 抗多音干扰性能

仍假设干扰模型为独立多音干扰，在总共 N 个跳频频点中，干扰信号为随机占据其中 K 个不同跳频频点的单频正弦波，占据工作带宽的比例为 $\rho_W = K/N$。假设干扰信号经历幅度为 α_J 的衰落过程，且 α_J 服从参数为 σ_J 的瑞利衰落。进一步假设有用信号与干扰信号经历各自独立的衰落过程，即 $\sigma_s \neq \sigma_J$，有用信号与干扰信号之间的相位差 θ 服从 $[0, 2\pi]$ 上的均匀分布。

假设子信道接收信号的非相干检测结果 R_0 和 R_1 相互独立。定义随机变量 $g_i = 1$（$i = 0,1$）或 0 表示 R_i 被干扰或没有被干扰。$p_{R_i}(r_i | s, g_i)$ 表示发送编码符号为 s 且第 i 个子信道干扰状态为 g_i 时判决量 R_i 的条件概率密度函数。6.5.3 节已得到 $p_{R_i}(r_i | 0, g_i)$ 表达式，在此重写为

$$p_{R_0}(r_0 | 0, g_0 = 0) = \frac{1}{C_s} \exp\left(-\frac{r_0}{C_s}\right) U(r_0) \tag{7-190}$$

$$p_{R_0}(r_0 | 0, g_0 = 1) = \frac{1}{C_J D_J} \exp\left(-\frac{r_0}{C_J}\right) U(r_0) + \frac{1}{C_s D_s} \exp\left(-\frac{r_0}{C_s}\right) U(r_0) \tag{7-191}$$

$$p_{R_1}(r_1 | 0, g_1 = 0) = \frac{1}{4 E_s N_0} \exp\left(-\frac{r_1}{4 E_s N_0}\right) U(r_1) \tag{7-192}$$

$$p_{R_1}(r_1 | 0, g_1 = 1) = \frac{1}{C_J} \exp\left(-\frac{r_1}{C_J}\right) U(r_1) \tag{7-193}$$

式中，$C_s = 4 E_s N_0 + 8 E_s^2 \sigma_s^2$；$C_J = 4 E_s N_0 + 8 E_s^2 \sigma_J^2 N_J / \rho$；$D_J = 1 - E_s \sigma_s^2 \rho / (\sigma_J^2 N_J)$；$D_s = 1 - \sigma_J^2 N_J / (E_s \sigma_s^2 \rho)$。

同样，令随机变量 $\boldsymbol{G}_j = (g_0 \, g_1)$ 表示判决结果 Y 的干扰状态，其中 $j = 0,1,2,3$。$\boldsymbol{G}_j$ 与 g_0 和 g_1 的关系如表 6-1 所示，则在多音干扰下，$\boldsymbol{G}_j$ 的概率分布如式（7-68）～式（7-70）所示。

下面分 CCLD-BCFH 和 CCPD-BCFH 两种情况讨论 Y 关于干扰状态 $\boldsymbol{G}_j$ 的条件概率密度

函数及相应的成对错误概率。

1. 线性软判决接收的抗多音干扰性能

在第 l 跳，CCLD-BCFH 的线性软判决结果 $Y = R_0 - R_1$。当 $s = 0$ 时，判决结果 Y 关于干扰状态 $\boldsymbol{G}_j$ 的概率累积函数可表示为

$$F_Y(y \mid 0, \boldsymbol{G}_j) = \begin{cases} \int_0^{+\infty} \mathrm{d}r_1 \int_0^{y+r_1} p_{R_0}(r_0 \mid 0, g_0) p_{R_1}(r_1 \mid 0, g_1) \mathrm{d}r_0, & y \geq 0 \\ \int_{-y}^{+\infty} \mathrm{d}r_1 \int_0^{y+r_1} p_{R_0}(r_0 \mid 0, g_0) p_{R_1}(r_1 \mid 0, g_1) \mathrm{d}r_0, & y < 0 \end{cases} \tag{7-194}$$

将式（7-190）～式（7-193）代入式（7-194）并对 y 求导，可得 Y 的条件概率密度函数 $p_Y(y \mid 0, \boldsymbol{G}_j)$ 为一分段函数，分段点为 $y = 0$。记 $Y \geq 0$ 时为 Y^+、$Y < 0$ 时为 Y^-，则 $p_Y(y \mid 0, \boldsymbol{G}_j)$ 可表示为

$$p_Y(y \mid 0, \boldsymbol{G}_0) = \begin{cases} p_{Y^+}(y^+ \mid 0, \boldsymbol{G}_0) = \dfrac{1}{4E_s N_0 + C_s} \exp\left(-\dfrac{y^+}{C_s}\right), & y^+ \geq 0 \\ p_{Y^-}(y^- \mid 0, \boldsymbol{G}_0) = \dfrac{1}{4E_s N_0 + C_s} \exp\left(\dfrac{y^-}{4E_s N_0}\right), & y^- < 0 \end{cases} \tag{7-195}$$

$$p_Y(y \mid 0, \boldsymbol{G}_1) = \begin{cases} p_{Y^+}(y^+ \mid 0, \boldsymbol{G}_1) = \dfrac{1}{C_s + C_J} \exp\left(-\dfrac{y^+}{C_s}\right), & y^+ \geq 0 \\ p_{Y^-}(y^- \mid 0, \boldsymbol{G}_1) = \dfrac{1}{C_s + C_J} \exp\left(\dfrac{y^-}{C_J}\right), & y^- < 0 \end{cases} \tag{7-196}$$

$$p_Y(y \mid 0, \boldsymbol{G}_2) = \begin{cases} p_{Y^+}(y^+ \mid 0, \boldsymbol{G}_2) = \dfrac{1}{(4E_s N_0 + C_J)D_J} \exp\left(-\dfrac{y^+}{C_J}\right) + \\ \qquad\qquad\qquad \dfrac{1}{(4E_s N_0 + C_s)D_s} \exp\left(-\dfrac{y^+}{C_s}\right), & y^+ \geq 0 \\ p_{Y^-}(y^- \mid 0, \boldsymbol{G}_2) = \dfrac{1}{(4E_s N_0 + C_J)D_J} \exp\left(-\dfrac{y^-}{4E_s N_0}\right) + \\ \qquad\qquad\qquad \dfrac{1}{(4E_s N_0 + C_s)D_s} \exp\left(-\dfrac{y^-}{4E_s N_0}\right), & y^- < 0 \end{cases} \tag{7-197}$$

$$p_Y(y \mid 0, \boldsymbol{G}_3) = \begin{cases} p_{Y^+}(y^+ \mid 0, \boldsymbol{G}_3) = \dfrac{1}{2C_J D_J} \exp\left(-\dfrac{y^+}{C_J}\right) + \\ \qquad\qquad\qquad \dfrac{1}{(C_s + C_J)D_s} \exp\left(-\dfrac{y^+}{C_s}\right), & y^+ \geq 0 \\ p_{Y^-}(y^- \mid 0, \boldsymbol{G}_3) = \dfrac{1}{2C_J D_J} \exp\left(\dfrac{y^-}{C_J}\right) + \\ \qquad\qquad\qquad \dfrac{1}{(C_s + C_J)D_s} \exp\left(\dfrac{y^-}{C_J}\right), & y^- < 0 \end{cases} \tag{7-198}$$

并且，通过数据信道和对偶信道的对称性，可由

$$p_Y(y|1,\boldsymbol{G}_j) = \begin{cases} p_{Y^+}(y^+|1,\boldsymbol{G}_j) = p_{Y^-}(y^- = -y^+|0,\boldsymbol{G}_j), & y^+ \geqslant 0 \\ p_{Y^-}(y^-|1,\boldsymbol{G}_j) = p_{Y^+}(y^+ = -y^-|0,\boldsymbol{G}_j), & y^- < 0 \end{cases} \qquad (7\text{-}199)$$

得到 $p_Y(y|s=1,\boldsymbol{G}_j)$ 的表达式。

成对错误概率 $P_2(k)$ 可表示为错误路径 $\boldsymbol{s}'$ 与正确路径 $\boldsymbol{s}$（全 0 路径）不同的 k 个符号遍历干扰状态的错误概率的平均，即

$$P_2(k) = \sum_{k_0=0}^{k} \sum_{k_1=0}^{k-k_0} \sum_{k_2=0}^{k-k_0-k_1} \binom{k}{k_0}\binom{k-k_0}{k_1}\binom{k-k_0-k_1}{k_2} \times$$
$$[P(\boldsymbol{G}_0)]^{k_0}[P(\boldsymbol{G}_1)]^{k_1}[P(\boldsymbol{G}_2)]^{k_2}[P(\boldsymbol{G}_3)]^{k_3} P_2(k,\boldsymbol{G}) \qquad (7\text{-}200)$$

式中，k_j 为出错的 k 个符号中干扰状态 $\boldsymbol{G}_j$ 发生的次数；$\boldsymbol{G} = (\boldsymbol{G}_{1j},\cdots,\boldsymbol{G}_{rj},\cdots,\boldsymbol{G}_{kj})$ 为对应的干扰状态向量；且

$$P_2(k,\boldsymbol{G}) = \sum_{n_0=0}^{k_0} \sum_{n_1=0}^{k_1} \sum_{n_2=0}^{k_2} \sum_{n_3=0}^{k_3} \binom{k_0}{n_0}\binom{k_1}{n_1}\binom{k_2}{n_2}\binom{k_3}{n_3} P_{GN} P_2(k,\boldsymbol{G},\boldsymbol{N}) \qquad (7\text{-}201)$$

式中，$\boldsymbol{N} = (n_0,n_1,n_2,n_3)$；$n_j$ 为干扰状态 $\boldsymbol{G}_j$ 对应的 k_j 个判决结果中出现 $Y \geqslant 0$ 的个数，其余 $(k_j - n_j)$ 个判决结果为 $Y < 0$；P_{GN} 为

$$P_{GN} = \prod_{j=0}^{3} [P(Y \geqslant 0|0,\boldsymbol{G}_j)]^{n_j}[P(Y < 0|0,\boldsymbol{G}_j)]^{k_j - n_j} \qquad (7\text{-}202)$$

表示在干扰状态向量 $\boldsymbol{G}$ 下，Y 的取值满足向量 $\boldsymbol{N}$ 的概率；且有

$$P_2(k,\boldsymbol{G},\boldsymbol{N}) = \Pr\left\{ \sum_{j=0}^{3}\left(\sum_{r=1}^{n_j}\ln p_{Y^+}(y_{rj}^+|1,\boldsymbol{G}_j) + \sum_{r=1}^{k_j-n_j}\ln p_{Y^-}(y_{rj}^-|1,\boldsymbol{G}_j) \right) > \right.$$
$$\left. \sum_{j=0}^{3}\left(\sum_{r=1}^{n_j}\ln p_{Y^+}(y_{rj}^+|0,\boldsymbol{G}_j) + \sum_{r=1}^{k_j-n_j}\ln p_{Y^-}(y_{rj}^-|0,\boldsymbol{G}_j) \right) \right\} \qquad (7\text{-}203)$$

将式（7-195）～式（7-199）代入式（7-203）并化简，可得

$$P_2(k,\boldsymbol{G},\boldsymbol{N}) = \Pr\left\{ \sum_{j=0}^{3}\left(\sum_{r=1}^{n_j} U_{rj} + \sum_{r=1}^{k_j-n_j} V_{rj} \right) < C_{nk} \right\} \qquad (7\text{-}204)$$

式中，随机变量为

$$U_{r0} = \frac{2E_s\sigma_s^2}{N_0 C_s} y_{r0}^+ \qquad (7\text{-}205)$$

$$V_{r0} = \frac{2E_s\sigma_s^2}{N_0 C_s} y_{r0}^- \qquad (7\text{-}206)$$

$$U_{r1} = \frac{C_s - C_J}{C_s C_J} y_{r1}^+ \qquad (7\text{-}207)$$

$$V_{r1} = \frac{C_s - C_J}{C_s C_J} y_{r1}^- \qquad (7\text{-}208)$$

$$U_{r2} = \ln\left[\frac{1}{(C_J + 4E_s N_0)D_J}\exp\left(\frac{C_J - 4E_s N_0}{4E_s N_0 C_J}y_{r2}^+\right) + \frac{1}{(C_s + 4E_s N_0)D_s}\exp\left(\frac{C_s - 4E_s N_0}{4E_s N_0 C_s}y_{r2}^+\right)\right]$$

$$（7\text{-}209）$$

$$V_{r2} = -\ln\left[\frac{1}{(C_J + 4E_s N_0)D_J}\exp\left(\frac{4E_s N_0 - C_J}{4E_s N_0 C_J}y_{r2}^-\right) + \frac{1}{(C_s + 4E_s N_0)D_s}\exp\left(\frac{4E_s N_0 - C_s}{4E_s N_0 C_s}y_{r2}^-\right)\right]$$

$$（7\text{-}210）$$

$$U_{r3} = \ln\left[\frac{1}{2C_J D_J} + \frac{1}{(C_s + C_J)D_s}\exp\left(\frac{C_s - C_J}{C_s C_J}y_{r3}^+\right)\right]$$

$$（7\text{-}211）$$

$$V_{r3} = -\ln\left[\frac{1}{2C_J D_J} + \frac{1}{(C_s + C_J)D_s}\exp\left(\frac{C_J - C_s}{C_s C_J}y_{r3}^-\right)\right]$$

$$（7\text{-}212）$$

$$C_{nk} = (2n_2 - k_2)\ln\left[\frac{1}{(C_J + 4E_s N_0)D_J} + \frac{1}{(C_s + 4E_s N_0)D_s}\right] +$$
$$(2n_3 - k_3)\ln\left[\frac{1}{2C_J D_J} + \frac{1}{(C_s + C_J)D_s}\right]$$

$$（7\text{-}213）$$

将 U_{r0}、V_{r0}、U_{r1}、V_{r1} 看作 Y_{rj} 的复合函数，因为已经假设发送全 0 编码序列，所以结合式（7-195）~式（7-198）比较容易得到这 4 个随机变量的概率密度函数。对于 U_{r2}、V_{r2}、V_{r3}、V_{r3}，难以由 Y_{rj} 求得它们的概率密度函数的解析表达式，但与 7.3.4 节相似，利用量化-卷积算法，可以得到其量化后的离散随机变量 U_{r2}^*、V_{r2}^*、U_{r3}^*、V_{r3}^* 的概率密度函数 $p_{U_{r2}^*}(u_{r2}^*)$、$p_{V_{r2}^*}(v_{r2}^*)$、$p_{U_{r3}^*}(u_{r3}^*)$、$p_{V_{r3}^*}(v_{r3}^*)$ 的数值。同时，将 U_{r0}、V_{r0}、U_{r1}、V_{r1} 量化为离散随机变量 U_{r0}^*、V_{r0}^*、U_{r1}^*、V_{r1}^*，它们的离散概率密度函数记为 $p_{U_{r0}^*}(u_{r0}^*)$、$p_{V_{r0}^*}(v_{r0}^*)$、$p_{U_{r1}^*}(u_{r1}^*)$、$p_{V_{r1}^*}(v_{r1}^*)$。假设随机变量

$$W = \sum_{j=0}^{3}\left(\sum_{r=1}^{n_j}U_{rj} + \sum_{r=1}^{k_j - n_j}V_{rj}\right), \quad W \in (-\infty, +\infty)$$

$$（7\text{-}214）$$

对其进行量化后得到相应的离散随机变量

$$W^* = \sum_{j=0}^{3}\left(\sum_{r=1}^{n_j}U_{rj}^* + \sum_{r=1}^{k_j - n_j}V_{rj}^*\right), \quad W^* \in (-\infty, +\infty)$$

$$（7\text{-}215）$$

则 W^* 的概率密度函数可由

$$p_{W^*}(w^*) = \prod_{j=0}^{\otimes 3}\{[p_{U_{rj}^*}(w^*)]^{\otimes n_j} \otimes [p_{V_{rj}^*}(w^*)]^{\otimes(k_j - n_j)}\}$$

$$（7\text{-}216）$$

得到。因此，$P_2(k, \boldsymbol{G}, \boldsymbol{N})$ 可由

$$P_2(k, \boldsymbol{G}, \boldsymbol{N}) = \Pr\{W^* < C_{nk}\} = \sum_{m=0}^{L_p}p_{W^*}(m)$$

$$（7\text{-}217）$$

近似给出。其中

$$L_p = \begin{cases} \left\lfloor \dfrac{L}{2} + \dfrac{C_{nk}L}{2C_{\text{top}}} \right\rfloor + 1, & C_{nk} \geq 0 \\[3mm] \left\lfloor \dfrac{L}{2} - \dfrac{C_{nk}L}{2C_{\text{top}}} \right\rfloor + 1, & C_{nk} < 0 \end{cases} \tag{7-218}$$

式中，$\lfloor x \rfloor$ 表示对 x 向下取整；C_{top} 表示一足够大的正数，使得 W^* 落在 $[-C_{\text{top}}, C_{\text{top}}]$ 内的概率近似为 1；L 表示由 W 到 W^* 的量化阶数。由式（7-106）、式（7-200）、式（7-201）和式（7-217）可得线性软判决的 CCLD-BCFH 在瑞利衰落信道存在多音干扰条件下的误码率联合上界的数值解。

2. 乘积软判决接收的抗多音干扰性能

在第 l 跳，CCPD-BCFH 的线性软判决结果 $Y = R_0 / R_1$，$Y \geq 0$，其等效判决量为 $Z = \ln Y = \ln R_0 - \ln R_1$，$Z \in (-\infty, +\infty)$。令随机变量 $V_i = \ln R_i$，$V_i \in (-\infty, +\infty)$。当发送符号为 s、干扰状态为 $\boldsymbol{G}_j$ 时，Z 的条件概率密度函数为

$$p_Z(z \mid s, \boldsymbol{G}_j) = \int_{-\infty}^{+\infty} p_{V_0}(z + v_1 \mid s, g_0) p_{V_1}(v_1 \mid s, g_1) \mathrm{d}v_1 \tag{7-219}$$

进而可得 Y 的条件概率密度函数为

$$p_Y(y \mid s, \boldsymbol{G}_j) = p_Z(z = \ln y \mid s, \boldsymbol{G}_j) / y \tag{7-220}$$

成对错误概率 $P_2(k)$ 可表示为错误路径 $\boldsymbol{s}'$ 与正确路径 $\boldsymbol{s}$（全 0 路径）不同的 k 个符号遍历干扰状态的错误概率的平均，即

$$\begin{aligned} P_2(k) = \sum_{k_0=0}^{k} \sum_{k_1=0}^{k-k_0} \sum_{k_2=0}^{k-k_0-k_1} \binom{k}{k_0} \binom{k-k_0}{k_1} \binom{k-k_0-k_1}{k_2} \times \\ [P(\boldsymbol{G}_0)]^{k_0} [P(\boldsymbol{G}_1)]^{k_1} [P(\boldsymbol{G}_2)]^{k_2} [P(\boldsymbol{G}_3)]^{k_3} P_2(k, \boldsymbol{G}) \end{aligned} \tag{7-221}$$

式中，k_j 为出错的 k 个符号中干扰状态 $\boldsymbol{G}_j$ 发生的次数；$\boldsymbol{G} = (\boldsymbol{G}_{1j}, \cdots, \boldsymbol{G}_{rj}, \cdots, \boldsymbol{G}_{kj})$ 为对应的干扰状态向量。因为恒有 $Y \geq 0$，所以

$$P_2(k, \boldsymbol{G}) = \Pr\left\{ \sum_{j=0}^{3} \left(\sum_{r=1}^{k_j} \ln p_Y(y_{rj} \mid 1, \boldsymbol{G}_j) \right) > \sum_{j=0}^{3} \left(\sum_{r=1}^{k_j} \ln p_Y(y_{rj} \mid 0, \boldsymbol{G}_j) \right) \right\} \tag{7-222}$$

将式（7-220）代入式（7-222）并化简，可得

$$P_2(k, \boldsymbol{G}) = \left\{ \sum_{j=0}^{3} \sum_{r=1}^{k_j} U_{rj} < 0 \right\} \tag{7-223}$$

式中

$$U_{r0} = \ln\left[\left(\frac{4E_s N_0 y_{r0} + C_s}{C_s y_{r0} + 4E_s N_0} \right)^2 \right] \tag{7-224}$$

$$U_{r1} = \ln\left[\frac{4E_s N_0}{C_J D_J} \left(\frac{C_J y_{r1} + C_s}{C_J y_{r1} + 4E_s N_0} \right)^2 + \frac{4E_s N_0}{C_s D_s} \left(\frac{C_J y_{r1} + C_s}{C_s y_{r1} + 4E_s N_0} \right)^2 \right] \tag{7-225}$$

$$U_{r2} = \ln\left[\frac{4E_sN_0}{C_sD_s}\left(\frac{C_sy_{r2}+C_J}{4E_sN_0y_{r2}+C_J}\right)^2 + \frac{4E_sN_0}{C_JD_J}\left(\frac{C_sy_{r2}+C_J}{4E_sN_0y_{r2}+C_s}\right)^2\right] \tag{7-226}$$

$$U_{r3} = \ln\left[\frac{1+\dfrac{C_sC_JD_J}{D_s}\left(\dfrac{y_{r3}+1}{C_sy_{r3}+C_J}\right)^2}{1+\dfrac{C_sC_JD_J}{D_s}\left(\dfrac{y_{r3}+1}{C_Jy_{r3}+C_s}\right)^2}\right] \tag{7-227}$$

将 U_{r0}、U_{r1}、U_{r2}、U_{r3} 看作 Y_{rj} 的复合函数，虽然表达式比较复杂，但经过量化-卷积算法，仍可以得到量化后的离散随机变量 U_{r0}^*、U_{r1}^*、U_{r2}^*、U_{r3}^* 的概率密度函数 $p_{U_{r0}^*}(u_{r0}^*)$、$p_{U_{r1}^*}(u_{r1}^*)$、$p_{U_{r2}^*}(u_{r2}^*)$、$p_{U_{r3}^*}(u_{r3}^*)$ 的数值。假设由随机变量

$$W = \sum_{j=0}^{3}\sum_{r=1}^{k_j}U_{rj}, \quad W \in (-\infty,+\infty) \tag{7-228}$$

量化得到离散随机变量 W^*，即有

$$W^* = \sum_{j=0}^{3}\sum_{r=1}^{k_j}U_{rj}^*, \quad W^* \in (-\infty,+\infty) \tag{7-229}$$

则 W^* 的概率密度函数可由

$$p_W(w^*) = \prod_{j=0}^{\otimes 3}[p_{U_{rj}^*}(w^*)]^{\otimes k_j} \tag{7-230}$$

得到。因此，$p_2(k,\boldsymbol{G})$ 可由

$$p_2(k,\boldsymbol{G}) = \Pr\{W^* < 0\} = \sum_{m=0}^{L_p}p_{W^*}(m) \tag{7-231}$$

近似给出。其中

$$L_p = \frac{L}{2} + 1 \tag{7-232}$$

式中，$\lfloor x\rfloor$ 表示对 x 向下取整；C_{top} 表示一足够大的正数，使得 W^* 落在 $[-C_{\text{top}},C_{\text{top}}]$ 内的概率近似为 1；L 表示由 W 到 W^* 的量化阶数。由式（7-106）、式（7-221）和式（7-231）可得乘积软判决的 CCPD-BCFH 在瑞利衰落信道存在多音干扰条件下的误码率联合上界的数值解。

7.4.5　数值计算结果及仿真结果

与 7.3.5 节相似，假设 CC-BCFH 工作带宽内包含 32 个跳频频点，相邻跳频频点间隔为 $1/T_s$，由两个相互正交的跳频序列组成两个信道。并假设发送方和接收方的跳频序列均已经取得严格同步。仿真时，假设跟踪干扰频率随 CC-BCFH 数据信道频率跳变，而部分频带噪声干扰与多音干扰频率保持不变。并且 3 种干扰都符合 2.2 节建立的干扰模型。如果没有特别说明，则均假定 CC-BCFH 使用 $d_{\text{free}} = 5$、码率为 1/2、生成多项式为 $[(5)_8\,(7)_8]$ 的二进制卷积编码。

在比较 CC-BCFH 与常规 FH/BFSK 和 DFH 时，3 者具有相同的符号传输时间 T_s，且工

作带宽 W_{ss} 相同,工作带宽内的跳频频点数都为32,跳频频点间隔为 $1/T_s$。并且常规 FH/BFSK 与 CC-BCFH 采用相同的卷积编码和 Viterbi 译码。假设常规 FH/BFSK 在一个跳频频点上的两个 FSK 调制频隙或者全都被干扰,或者全不被干扰。在比较 CC-BCFH 与 DFH 时,DFH 的扇出系数 fanout = 2,且采用序列检测接收方式。基于上述假设,在如表 7-2 所示的干扰条件下,分析 CC-BCFH 线性软判决(CCLD-BCFH)、CC-BCFH 乘积软判决(CCPD-BCFH)的抗干扰性能。

表 7-2 试验项目

序　号	干扰条件	结　果
1	无干扰条件下 CC-BCFH 的误码率	图 7-13
2	跟踪干扰、部分频带噪声干扰、多音干扰条件下 CC-BCFH 误码率的仿真结果与数值计算结果	图 7-14
3	跟踪干扰时间比例 ρ_T 对 CC-BCFH 与 FH/BFSK 误码率的影响	图 7-15
4	跟踪干扰成功率 β 对 CC-BCFH 与 FH/BFSK 误码率的影响	图 7-16
5	跟踪干扰带宽比例 ρ_W 对 CC-BCFH 与 FH/BFSK 误码率的影响	图 7-17
6	最坏跟踪干扰下 CC-BCFH、FH/BFSK 与 DFH 的误码率	图 7-18
7	部分频带噪声干扰带宽比例 ρ_W 对 CCLD-BCFH 与 CCPD-BCFH 误码率的影响	图 7-19
8	最坏部分频噪声带干扰下 CC-BCFH、FH/BFSK 与 DFH 的误码率	图 7-20
9	最坏多音干扰下 CC-BCFH、FH/BFSK 与 DFH 的误码率	图 7-21

1. 无干扰条件下 CC-BCFH 的误码率

图 7-13 所示为在瑞利衰落信道无干扰条件下,硬判决 CC-BCFH、CCLD-BCFH、CCPD-BCFH 误码率的数值计算结果与仿真结果。可见,与仿真结果相比,式(7-106)给出的联合上界是渐进紧密的,在低信噪比下,仿真结果略低于数值计算得到的联合上界;而在信噪比较高时,仿真结果与数值计算得到的联合上界基本重合。与无编码 BCFH 系统相比,卷积编码的 3 种接收译码方式都使系统误码率明显下降。在 3 种接收译码方式中,硬判决 CCPD-BCFH 接收的误码率最高,比 CCLD-BCFH 接收普遍有 4~5dB 的性能损失;而在瑞利衰落信道无干扰条件下,CCPD-BCFH 比 CCLD-BCFH 的误码率略低,对于误码率达到 10^{-5} 所需的信噪比,CCPD-BCFH 比 CCLD-BCFH 降低约 0.5dB,初步说明 CC-BCFH 接收方式具有良好的抗衰落性能。

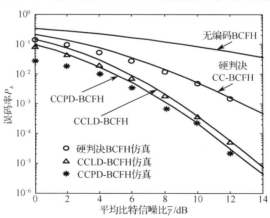

图 7-13 硬判决 CC-BCFH、CCLD-BCFH、CCPD-BCFH 误码率的数值计算结果与仿真结果

2. 跟踪干扰、部分频带噪声干扰、多音干扰条件下 CC-BCFH 误码率的仿真结果与数值计算结果

当信道中存在干扰时，CC-BCFH 线性软判决和乘积软判决接收机误码率的数值计算结算与仿真结果分别如图 7-14（a）、（b）所示。其中固定平均信噪比为 13.7dB，即在无干扰条件下，使线性软判决接收机误码率为 10^{-5} 时所需的平均信噪比，如果没有特别说明，则以下均做此假设。跟踪干扰具有成功率 $\beta=1$、干扰时间比例 $\rho_T=1$，跟踪干扰、部分频带噪声干扰和多音干扰都具有带宽比例 $\rho_W=1$。由图 7-14 可见，对于线性软判决和乘积软判决接收，数值计算结果与仿真结果都基本吻合。对于每种接收方式，跟踪干扰都具有最好的干扰效果，部分频带噪声干扰次之，多音干扰效果最差。比较图 7-14（a）、（b），可以初步看到，对于 3 种干扰条件，在相同信干比下，乘积软判决比线性软判决的误码率要低。

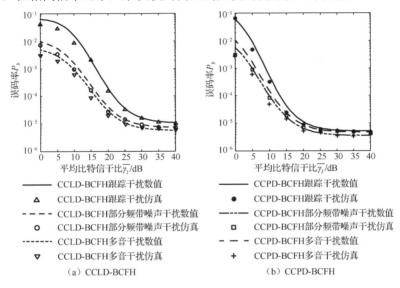

图 7-14　CC-BCFH 线性软判决和乘积软判决接收机误码率的数值计算结果与仿真结果

3. 跟踪干扰时间比例 ρ_T 对 CC-BCFH 与 FH/BFSK 误码率的影响

CC-BCFH 线性软判决接收在瑞利衰落信道下的误码率性能与在 AWGN 信道下有相似的规律，因此，以 CC-BCFH 线性软判决接收为例，与常规 FH/BFSK 和 DFH 进行对比，并以线性软判决为基准研究乘积软判决接收的抗干扰性能。图 7-15 所示为跟踪干扰时间比例 ρ_T 对 CC-BCFH 与 FH/BFSK 误码率的影响。跟踪干扰条件为成功率 $\beta=1$、带宽比例 $\rho_W=1/8$。CC-BCFH 与 FH/BFSK 的误码率都随跟踪干扰时间比例的增大而升高。由图 7-15（a）可知，对于相同的跟踪干扰时间比例，在中等信干比下，CC-BCFH 比 FH/BFSK 普遍有 3～5dB 的误码率性能增益；而在低信干比下，CC-BCFH 的误码率性能增益更大，可达 5dB 以上。而由图 7-15（b）可知，对于相同的跟踪干扰时间比例，在中等信干比下，CC-BCFH 乘积软判决比线性软判决普遍约有 3dB 的误码率性能增益。这是因为乘积软判决接收方式将强干扰分量与很小的无干扰分量相乘，使强干扰分量可以在一定程度上受到抑制。而在低信干比下，乘积软判决与线性软判决的误码率性能差异减小，两者达到相同的误码率平板。在高信干比下，误码率主要由信道噪声的信噪比决定，与图 7-13 相同，两者误码率相近，乘积软判决的误码率略低。

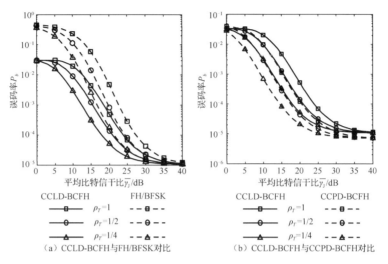

（a）CCLD-BCFH与FH/BFSK对比　　　　（b）CCLD-BCFH与CCPD-BCFH对比

图 7-15　跟踪干扰时间比例 ρ_T 对 CC-BCFH 与 FH/BFSK 误码率的影响

4. 跟踪干扰成功率 β 对 CC-BCFH 与 FH/BFSK 误码率的影响

跟踪干扰成功率 β 对 CC-BCFH 与 FH/BFSK 误码率的影响如图 7-16 所示。跟踪干扰条件为时间比例 $\rho_T = 1$、带宽比例 $\rho_W = 1/8$。在图 7-16（a）中，CCLD-BCFH 与 FH/BFSK 的误码率都随 β 的增大而升高；当 β 较大时，CCLD-BCFH 比 FH/BFSK 普遍有 3～5dB 的误码率性能增益；而在低信干比下，CCLD-BCFH 的误码率性能增益可达 5dB 以上。当 β 接近于 ρ_W（图 7-16 中 $\beta = 1/4$，$\rho_W = 1/8$）时，即跟踪干扰逐渐退化为部分频带噪声干扰，CCLD-BCFH 相比于 FH/BFSK 的误码率性能优势不明显。在图 7-16（b）中，对于不同的 β，在相同信干比下，乘积软判决的误码率仍然普遍低于线性软判决。随着 β 的增大，乘积软判决的性能优势更加明显，当 $\beta = 1$ 时，对于误码率达到 10^{-3} 所需的信干比，乘积软判决比线性软判决低约 4.5dB。

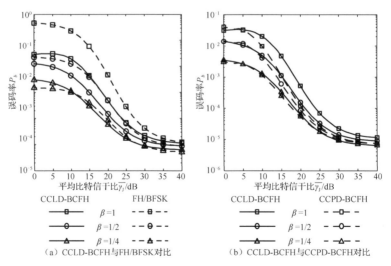

（a）CCLD-BCFH与FH/BFSK对比　　　　（b）CCLD-BCFH与CCPD-BCFH对比

图 7-16　跟踪干扰成功率 β 对 CC-BCFH 与 FH/BFSK 误码率的影响

5. 跟踪干扰带宽比例 ρ_W 对 CC-BCFH 与 FH/BFSK 误码率的影响

图 7-17 所示为跟踪干扰带宽比例 ρ_W 对 CC-BCFH 与 FH/BFSK 误码率的影响，干扰条件为时间比例 $\rho_T = 1$、成功率 $\beta = 1$。在图 7-17（a）中，当 $\rho_W = 1$ 时，即宽带干扰，CCLD-BCFH 与 FH/BFSK 的误码率曲线重合。随着 ρ_W 的减小，FH/BFSK 的误码率升高，即 FH/BFSK 的最坏跟踪干扰带宽很窄。对于 CCLD-BCFH，在高信干比和中等信干比（$\overline{\gamma_J} > 10\text{dB}$）下，CC-BCFH 的误码率随 ρ_W 的增大而降低，即最坏跟踪干扰是窄带的；而随着信干比的降低，CCLD-BCFH 最坏跟踪干扰的带宽急剧变宽，最后变为宽带干扰。当跟踪干扰带宽很窄（图 7-17 中 $\rho_W = 1/16$）时，CCLD-BCFH 的误码率先随信干比的降低而升高，达到最大值后，随信干比的降低而降低。在图 7-17（b）中，CC-BCFH 乘积软判决的误码率与线性软判决具有相同的变化规律，只是在各干扰带宽条件下，乘积软判决比线性软判决普遍约有 4.7dB 的误码率性能增益。

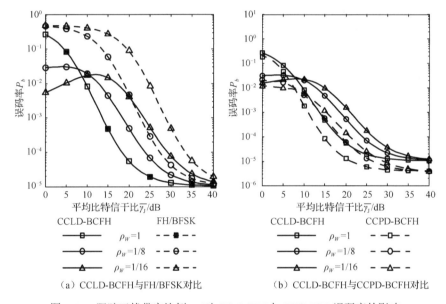

图 7-17　跟踪干扰带宽比例 ρ_W 对 CC-BCFH 与 FH/BFSK 误码率的影响

6. 最坏跟踪干扰下 CC-BCFH、FH/BFSK 与 DFH 的误码率

在瑞利衰落信道下，跟踪干扰对 CC-BCFH 与 DFH 的影响对比与在 AWGN 信道下有类似的结论，在此不再赘述。下面直接给出最坏跟踪干扰下 CC-BCFH 线性软判决和乘积软判决、FH/BFSK、DFH 的误码率对比，如图 7-18 所示。由图 7-18 可见，在瑞利衰落信道最坏跟踪干扰下，FH/BFSK 的误码率仍然最高。CC-BCFH 线性软判决接收的误码率与 DFH 基本重合，只在低信干比下略有差别，但都比 FH/BFSK 有 4dB 的误码率性能增益。CC-BCFH 乘积软判决接收的误码率最低，对于误码率达到 10^{-3} 时所需的信干比，CC-BCFH 乘积软判决接收比 CC-BCFH 线性软判决接收和 DFH 都要低 9dB，比 FH/BFSK 低 13dB。

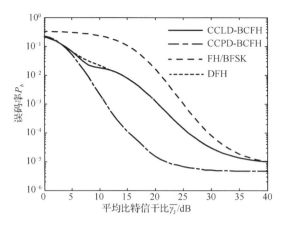

图 7-18　最坏跟踪干扰下 CC-BCFH、FH/BFSK、DFH 的误码率对比

由图 7-15～图 7-18 综合来看，CC-BCFH 的抗跟踪干扰能力明显优于 FH/BFSK，CC-BCFH 线性软判决接收的抗跟踪干扰性能与 DFH 线性合并序列译码接收相似，而 CC-BCFH 乘积软判决接收的抗跟踪干扰性能优于线性软判决。

7. 部分频带噪声干扰带宽比例ρ_W对 CCLD-BCFH 与 CCPD-BCFH 误码率的影响

在部分频带噪声干扰下，CC-BCFH 线性软判决接收的误码率性能与 FH/BFSK 和 DFH 的对比与图 7-10、图 7-11 类似，这里不再赘述。在此重点关注 CC-BCFH 乘积软判决接收的误码率性能，其与线性软判决接收的误码率性能的对比如图 7-19 所示。在瑞利衰落信道下，线性软判决接收的误码率随 ρ_W 的减小而单调降低。与此相反，对于乘积软判决接收，宽带干扰误码率最低，在信干比一定时，对乘积软判决接收机的最佳干扰是窄带干扰，这是因为在一定程度上乘积判决量比线性软判决量更容易受非相干检测结果波动的影响，进而导致乘积软判决接收相比于线性软判决接收对异频干扰更加敏感，对偶信道上的强干扰将使乘积软判决接收的误码率性能急剧恶化。结果是，当 $\rho_W = 1$ 时，乘积软判决接收比线性软判决接收的误码率性能提高了近 8dB；而当 $\rho_W = 1/16$ 时，乘积软判决接收比线性软判决接收的误码率性能损失也可达 8dB。可以看到，与线性软判决接收相比，乘积软判决接收更容易被窄带阻塞干扰损伤。

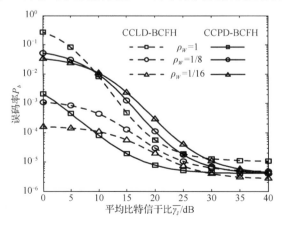

图 7-19　部分频带噪声干扰带宽比例 ρ_W 对 CCLD-BCFH 和 CCPD-BCFH 误码率的影响

8. 最坏部分频带噪声干扰下 CC-BCFH、FH/BFSK 与 DFH 的误码率

如果考虑最坏部分频带噪声干扰，则 CC-BCFH、FH/BFSK、DFH 的误码率对比如图 7-20 所示。在最坏部分频带噪声干扰下，DFH 的误码率最高，CC-BCFH 线性软判决与 FH/BFSK 的误码率曲线重合，且两者在很宽的信干比范围内，最坏部分频带噪声干扰都是宽带干扰。对于误码率达到 10^{-3} 时所需的信干比，CC-BCFH 线性软判决接收机比 DFH 低约 7dB。CC-BCFH 线性软判决与乘积软判决相比，在高信干比下，误码率主要由信噪比和衰落条件决定，由图 7-13 可知，乘积软判决接收比线性软判决接收具有更好的抗衰落性能，因此误码率更低；在中等信干比和低信干比下，由图 7-19 可知，乘积软判决接收比线性软判决接收对异频干扰更为敏感，最终在干扰带宽和干扰功率的综合影响下，乘积软判决接收与线性软判决接收的误码率曲线产生了交叉：对 CC-BCFH 乘积软判决接收机的最坏干扰使其在高信干比（图 7-20 中约为 $\overline{\gamma_J} > 30\text{dB}$）和低信干比（图 7-20 中约为 $\overline{\gamma_J} < 10\text{dB}$）时的误码率略低于线性软判决接收机；但在中等信干比下，其误码率性能比线性软判决接收机损失约 3dB，但仍优于 DFH 约 4dB。

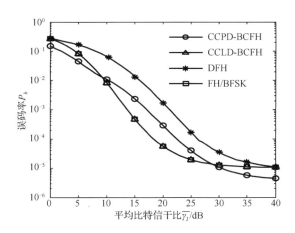

图 7-20　最坏部分频带噪声干扰下 CC-BCFH、FH/BFSK、DFH 的误码率对比

9. 最坏多音干扰下 CC-BCFH、FH/BFSK 与 DFH 的误码率

由图 7-21 可知，多音干扰对系统误码率性能的影响与部分频带噪声干扰相似，只是多音干扰比部分频带噪声干扰有 1～2dB 的干扰效能损失。

由图 7-19～图 7-21 综合来看，在瑞利衰落信道中，线性软判决比乘积软判决抗部分频带噪声干扰和多音干扰的性能更好。与 DFH 相比，CC-BCFH 的两种软判决接收方式都具有较低的误码率。从总体上看，在瑞利衰落信道下，CC-BCFH 在抗跟踪干扰、部分频带噪声干扰和多音干扰方面的综合性能优良。

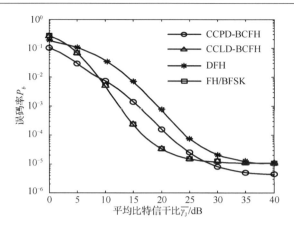

图 7-21 最坏多音干扰下 CC-BCFH、FH/BFSK 与 DFH 的误码率

7.5 本章小结

本章以 CC-BCFH 为例，分析了纠错编码给联合跳频模型带来的性能增益。首先提出了线性软判决和乘积软判决两种最大似然接收机模型，然后给出了两种接收机误码率性能的理论分析方法。在 AWGN 信道下分析了线性软判决接收机的误码率性能，针对瑞利衰落信道分析了线性软判决和乘积软判两种接收机的误码率性能，得到了以下重要结论。

（1）针对数据信道的跟踪干扰对降低联合跳频的误码率有益，在跟踪干扰成功率较高、跟踪干扰带宽较窄、信干比较低时尤其明显。

（2）在 AWGN 和瑞利衰落信道下，CC-BCFH 线性软判决的抗跟踪干扰性能与 DFH 序列检测线性合并接收机相近，相比于卷积编码 FH/BFSK，最大有 9.5dB 的误码率性能增益；抗部分频带噪声干扰和多音干扰的性能与卷积编码 FH/BFSK 相近，相比于 DFH 序列检测线性合并接收机，最大有 7dB 的误码率性能增益。联合跳频在综合抗干扰性能方面仍然具有优势。

（3）在瑞利衰落信道下，CC-BCFH 乘积软判决接收机比线性软判决接收机可额外带来最大 9dB 的抗跟踪干扰性能增益；抗部分频带噪声干扰和多音干扰的性能比线性软判决接收机略有损失，但仍优于 DFH 约 4dB。

参考文献

[1] Teh K C, Kot A C, Li K H. Multitone jamming rejection of FFH/BFSK linear-combining receiver over Rayleigh-fading channels [J]. electronics letters, 1998, 34(4): 337-338.

[2] Teh K C, Kot A C, Li K H. Rejection of multitone jamming in a soft-decision FFH/BFSK linear combining-receiver over a rician-fading channel [C]//International Conference on Information, Communications and Signal Processing (ICICS '97), 1997: 1336-1340.

[3] Teh K C, Kot A C, Li K H. Partial-band jamming rejection of FFH/BFSK with product

combining Receiver over a Rayleigh-Fading Channel [J]. IEEE Communication Letters, 1997, 1(3): 64-66.

[4] Teh K C, Lim T J. Maximum-likelihood receiver of FFH/BFSK systems with multitone jamming and AWGN over Rayleigh-fading channel [J]. electronics letters, 1999, 35(7): 535-536.

[5] Teh K C, Kot A C, Li K H. Performance analysis of an FFH/BFSK product-combining receiver with multitone jamming over rician-fading channels [C]//IEEE Vehicular Technology Conference. IEEE, 2000.

[6] Viterbi A J. Convolutional codes and their performance in communication systems [J]. IEEE Transactions on Communications Technology, 1971, COM-19(5): 751-772.

[7] Cheun K, Stark W E. Performance of robust metrics with convolutional coding and diversity in FHSS systems under partial-band noise jamming [J]. IEEE Transactions on Communications, 1993, 41(1): 200-209.

[8] Gamal H E, Geraniotis E. Iterative channel estimation and decoding for convolutionally coded anti-jam FH signals [J]. IEEE Transactions on Communications, 2002, 50(2): 321-331.

[9] Youhan K, Kyungwhoon C. Performance of soft metrics for convolutional coded asynchronous fast FHSS-MA networks using BFSK under Rayleigh fading [J]. IEEE Transactions on Communications, 2003, 51(1): 5-7.

[10] Liu Y. Diversity-combining and error-correction coding for FFH/MFSK systems over Rayleigh fading channels under multitone jamming [J]. IEEE Transactions on wireless communications, 2012, 11(2): 771-779.

[11] 朱毅超，甘良才，郭见兵，等. 卷积码差分跳频系统抗部分频带干扰的性能[J]. 通信学报，2009, 30(12): 85-92.

[12] Viterbi A J. A personal history of the viterbi algorithm [J]. IEEE signal processing magzine, 2006, 23(4): 120-142.

[13] Stark W E. Coding for frequency-hopped spread-spectrum communication with partial-band interference— part II: coded performance [J]. IEEE Transactions on Communications, 1985, 33(10): 1045-1057.

[14] Simon M K, Omura J K. Spread Spectrum Communications Handbook [M]. New York: McGraw-Hill, 2001.

[15] Han Y S, Chen P, Wu H. A maximum-likelihood soft-decision sequential decoding Algorithm for Binary Convolutional Codes [J]. IEEE Transactions on Communications, 2002, 50(2): 173-178.

[16] Ghobadi M, Kamarei M. FFH/BFSK suboptimum maximum-likelihood receiver over frequency-selective Rician fading channel with worst case band multi-tone jamming [C]//2nd International Conference on Signal Processing and Communication Systems. 2008: 1-5.

[17] Han Y, Teh K C. Performance study of suboptimum maximum-likelihood receivers for FFH/MFSK systems with multitone jamming over fading channels [J]. IEEE Transactions on vehicular Technology, 2005, 57(1): 82-90.

[18] Teh K C, Kot A C, Li K H. Performance study of a maximum-likelihood receiver for FFH/BFSK systems with multitone jamming [J]. IEEE Transactions on communications, 1999, 47(5): 766-772.

[19] Chiani M. Integral representation and bounds for Marcum Q-function [J]. Electronics letters, 1999, 35(6): 445-446.

[20] Torrieri D J. Principles of Secure Communication Systems [M]. 2nd ed. MA: Artech House, 1992.

[21] 杨保峰，沈越泓. 差分跳频的等效卷积码分析[J]. 吉林大学学报，2006, 24(5): 495-500.

[22] 朱毅超，甘良才，熊俊俏，等. BICM 在差分跳频系统中的应用[J]. 电波科学学报，2009, 24(1): 15-21.

[23] 李天昀，葛临东. 相关跳频序列的 Viterbi 译码算法及其纠错性能分析[J]. 电子与信息学报，2005, 27(8): 1282-1286.

[24] 熊俊俏，甘良才，朱毅超. 短波差分跳频系统序列译码的性能分析[J]. 系统工程与电子技术，2011, 33(2): 399-403.

[25] Best M R, Burnashev M V, Levy Y, et al. On a technique to calculate the exact performance of a convolutional code [J]. IEEE Transactions on Information Theory, 1995, 41(2): 441-447.

[26] Turin W, Jana R. Evaluating the exact performance of the Viterbi algorithm [C]//Wireless Communications and Networking Conference. IEEE, 2010: 1-6.

[27] Bocharova I E, Hug F, Johannesson R, et al. On the exact bit error probability for Viterbi decoding of convolutional codes [C]//Information Theory and Applications Workshop. IEEE Xplore, 2011: 1-6.

[28] Dong B H, Cheng Y Z, Li S Q. Performance Analysis of an improved differential frequency hopping system with partial-band jamming [C]//6th International Conference on Wireless Communications Networking and Mobile Computing. IEEE, 2010: 1-4.

[29] Su Y T, Chang R C. Performance of fast FH/MFSK signals in jammed binary channels [J]. IEEE Transactions on Communications, 1994, 42(7): 2414-2422.

[30] Nuttall A H. Some integrals involving the Q function [R]. New London: Naval Underwater Systems Center, 1972.

[31] Proakis J G. Digital Communications [M]. New York: McGraw-Hill, 2001.

第 8 章　卷积编码多信道联合跳频抗干扰技术

8.1　引言

第 6、7 章以信道数 $M = 2$ 为基本假设，研究了未编码/编码联合跳频系统在典型信道和干扰条件下的误码率。可以看到，信道编码改善了系统的抗噪声、抗衰落和抗干扰性能。但是同样注意到，在总工作带宽不变的情况下，使用码率为 $1/R_c$（$R_c > 1$）的信道编码将使数据传输速率降低到未编码时的 $1/R_c$，是一种以有效性换取可靠性的方法。要提高数据传输速率，一种直接而有效的方法是增加信道数量。因此，在卷积编码双信道联合跳频的基础上，本章考虑信道数 $M \geqslant 2$ 的情况，建立卷积编码多信道联合跳频（Convolutional-Coded Multi-channel Combined Frequency Hopping，CC-MCFH）模型。多信道联合跳频不仅可以提高数据传输速率，在一定条件下还可以获得多信道检测结果的合并增益，从而进一步提高抗干扰性能。当然，这些性能的提高是以带宽和系统复杂度为代价的。本章研究一种适用于多信道联合跳频系统的择大软判决（Maximum-Selection Soft Decision）合并接收算法，通过理论计算得到算法在典型信道和干扰条件下的误码率性能，改善以往对其性能研究只能通过仿真方法进行的局限，并在此基础上讨论系统复杂度和抗干扰性能的关系。

8.2　系统模型

如图 8-1 所示，在 CC-MCFH 中，用户数据比特 b（$b = 0,1$）经码率为 $1/R_c$ 的二进制卷积编码后，编码数据序列被顺次分成长度为 B（$B \geqslant 1$）的组。随后，每个二进制分组映射为 M-ary（$M = 2^B$）符号集中的一个符号 s_i（$i = 0,1,\cdots,M-1$），并选择第 i 个信道将 s_i 发送出去，因此系统总共需要 M 个信道。假设用户数据比特能量为 E_b，比特持续时间为 T_b，则符号能量 $E_s = E_b B/R_c$，符号持续时间 $T_s = T_b B/R_c$。假设每个符号 s_i 都用一跳的时间传输，发送波形为单频正弦波，跳频速率 $T_h = T_s$，工作带宽 W_{ss} 内共有 N 个正交跳频频点，相邻跳频频点间隔为 $1/T_s$。在第 l 跳，信道 i 上的正弦波频率分别按照跳频序列 FS_i 跳变。跳频序列 FS_i 两两正交且在发送端与接收端之间维持同步。以图 8-1 所示为例，假设 $B = 2$，$M = 4$，分组的编码数据为 $(\cdots,11,01,00,10,\cdots)$，则发送频率序列为 $(\cdots,f_5,f_2,f_5,f_2,\cdots)$。发送信号的基带等效表示为

$$s(t) = \sqrt{2E_s/T_s}\,\mathrm{e}^{\mathrm{j}2\pi f_{(i,t)}t}, \quad i = 0,1,\cdots,M-1 \tag{8-1}$$

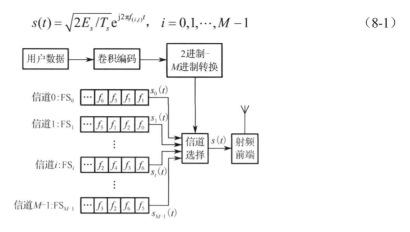

图 8-1 CC-MCFH 发射机示意图

$s(t)$ 在射频前端经过带通滤波并上变频到发射频段后发射至空中。空中信道可能存在衰落、噪声和干扰。在接收端，如图 8-2 所示，第 l 跳的接收信号经射频前端下变频和带通滤波后，其基带等效表示为

$$r(t) = \alpha_s \mathrm{e}^{\mathrm{j}\theta}s(t) + n(t) + J(t) \tag{8-2}$$

式中，α_s 和 θ 分别表示等效低通信道的包络与相位，θ 在 $[-\pi,\pi]$ 上服从均匀分布；$n(t)$ 表示单边功率谱密度为 N_0 的加性噪声；$J(t)$ 表示干扰。假设干扰功率在干扰带宽上均匀分布，等效单边功率谱密度为 N_J。定义等效比特信噪比为 $\gamma = E(\alpha_s^2)E_b/N_0$，等效比特信干比为 $\gamma_J = E(\alpha_s^2)E_b/N_J$。

在接收机内，如图 8-2 所示，接收信号 $r(t)$ 分别与信道 i 的当前频率混频，并经中频窄带滤波后分别进行平方率非相干检测。在判决前，需要将 M 个检测结果 R_i 合并、映射为二进制编码比特 b 的检测结果。基于此检测结果进行判决，判决的方式同样可以是硬判决或软判决。在不同的判决方式中，进制转换和判决也可以合并为一步完成。随后，对判决结果 Y 实施 Viterbi 译码恢复出用户数据。

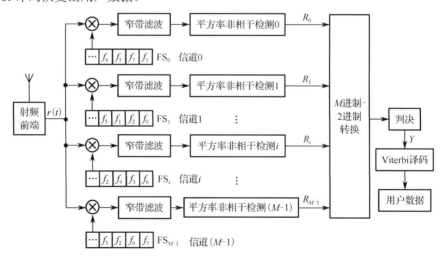

图 8-2 CC-MCFH 接收机示意图

对于多信道联合跳频系统，在将 M 个信道检测结果合并、转换为二进制判决量 Y 的过程中，采用适当的合并方法，可以获得一定的合并增益，从而提高系统的抗干扰性能。因此，在一定条件下，多信道联合跳频将比双信道联合跳频具有更好的抗干扰性能，这是以占用更多的瞬时带宽资源和维持多个信道上跳频序列同步的系统复杂度为代价的。并且可以注意到，随着系统占用的瞬时带宽的增大，干扰进入接收机的概率随之增大，对系统抗干扰性能不利。因此，对有用通信方来说，在一定的干扰条件下，存在最佳信道数 M_{opt} 使系统误码率最低。具体的抗干扰性能与判决量 Y 的构造方法有关。本章以择大软判决接收机为例，研究多信道联合跳频系统的抗干扰性能，并讨论有效性、可靠性和系统复杂度 3 者的数量关系。

择大软判决[1]是令判决变量

$$Y = \max\{\text{与比特 0 有关的 } R_i\} - \max\{\text{与比特1有关的 } R_i\} \tag{8-3}$$

在 M 个 R_i 中，与比特 0 和 1 有关的 R_i 各占 $M/2$。其中"与比特 0（或 1）有关"是指当二进制比特分组中的某一位为 0 或 1 时，整个二进制比特分组只可能映射为某些特定的 M 进制符号，最终这些符号的非相干检测结果为 R_i。例如，当比特分组长度 $B=3$ 时，记一个比特分组为 $\{b_1, b_2, b_3\}$（假设映射为八进制符号时，最高位在最左侧），相应的二进制判决结果为 $\{Y_1, Y_2, Y_3\}$，对 $M=8$ 个信道的非相干检测结果记为 $\{R_0, R_1, \cdots, R_7\}$，二进制判决结果 Y_i（$i=1,2,3$）分别为

$$Y_1 = \max\{R_0, R_1, R_2, R_3\} - \max\{R_4, R_5, R_6, R_7\} \tag{8-4}$$

$$Y_2 = \max\{R_0, R_1, R_4, R_5\} - \max\{R_2, R_3, R_6, R_7\} \tag{8-5}$$

$$Y_3 = \max\{R_0, R_2, R_4, R_6\} - \max\{R_1, R_3, R_5, R_7\} \tag{8-6}$$

随后，Y 作为软判决输出送入译码器进行 Viterbi 译码。

在 7.3.1 节和 7.4.1 节抗噪声、抗衰落性能讨论的基础上，本章不再单独考察多信道联合跳频系统在无干扰条件下的抗噪声和抗衰落性能。可以将无干扰条件视为干扰条件的一种特殊情况（在这种情况下，干扰小到可以忽略不计），并随几种典型干扰条件一并考察。

8.3　卷积编码多信道联合跳频在 AWGN 信道下的抗干扰性能

AWGN 信道等效低通信道的包络 $\alpha_s = 1$，比特信噪比 $\gamma = E(\alpha_s^2)E_b/N_0 = E_b/N_0$，比特信干比 $\gamma_J = E(\alpha_s^2)E_b/N_J = E_b/N_J$。当系统使用 M 个信道时，比特误码率 P_b 有以下表达式：

$$P_b = \frac{M}{2(M-1)}P_s \tag{8-7}$$

式中，P_s 为符号误码率。不失一般性，假设用户数据为全 0 序列，编码后也得到全 0 符号序列。对于式（8-3）所示的择大软判决，Y 的概率密度函数 $p(y)$ 较为复杂，第 7 章先求条件成对错误概率 $P_2(k, \boldsymbol{G}, N)$，再求成对错误概率 $P_2(k)$ 的方法比较难以处理。因此，这里用切尔诺夫参数 D 代替成对错误概率 $P_2(k)$，得到 CC-MCFH 符号误码率的联合–切尔诺夫上界[2]：

$$P_s \leqslant \sum_{k=d_{\text{free}}}^{\infty} a_k D^k \tag{8-8}$$

式中，d_{free} 为卷积码的最小自由距离；a_k 为与正确路径首次汇合且距离为 k 的路径上的错误符号数，这两个参数由卷积编码的生成函数确定，一般当约束长度固定时，最小自由距离越大，编码增益也就越大；D 为切尔诺夫参数，与信道条件、信号接收判决方法、译码的路径度量生成方法有关。本节首先在 AWGN 信道下讨论择大软判决接收的误码率性能。

8.3.1　抗跟踪干扰性能

假设跟踪干扰波形为窄带噪声，干扰方试图以跟踪干扰成功率 β 击中有用通信使用的数据信道，即子信道 0，并具有跟踪干扰时间比例 ρ_T 和跟踪干扰带宽比例 ρ_W，被干扰的跳频频点总数 $K = \rho_W N$。子信道接收信号的非相干检测结果 R_i（$i = 0,1,\cdots,M-1$）相互独立，且除数据信道外的 $(M-1)$ 个对偶信道非相干检测结果同分布。定义随机变量 $g_i = 1$ 或 0 表示 R_i 被干扰或没有被干扰。在每个信道的非相干检测器处，噪声加干扰的等效功率谱密度可统一写为

$$N_{g_i} = N_0 + g_i N_J \rho_T / \rho_W \tag{8-9}$$

则当发送符号为 0、第 i 个子信道干扰状态为 g_i 时，R_i 的条件概率密度函数 $p_{R_i}(r_i \mid 0, g_i)$ 分别为

$$p_{R_0}(r_0 \mid 0, g_0) = \frac{1}{4E_s N_{g_0}} \exp\left(-\frac{r_0 + 4E_s^2}{4E_s N_{g_0}}\right) I_0\left(\frac{\sqrt{r_0}}{N_{g_0}}\right) U(r_0) \tag{8-10}$$

$$p_{R_i}(r_i \mid 0, g_i) = \frac{1}{4E_s N_{g_i}} \exp\left(-\frac{r_i}{4E_s N_{g_i}}\right) U(r_i), \quad i = 1, 2, \cdots, M-1 \tag{8-11}$$

则 R_i 的概率累积分布函数（CDF）分别为

$$F_{R_0}(r_0 \mid 0, g_0) = 1 - Q\left(\sqrt{\frac{2E_s}{N_{g_0}}}, \sqrt{\frac{r_0}{2E_s N_{g_0}}}\right) \tag{8-12}$$

$$F_{R_i}(r_i \mid 0, g_i) = 1 - \exp\left(-\frac{r_i}{4E_s N_{g_i}}\right), \quad i = 1, 2, \cdots, M-1 \tag{8-13}$$

记随机变量

$$Z_0 = \max\{\text{与比特0有关的}R_i\} \tag{8-14}$$

$$Z_1 = \max\{\text{与比特1有关的}R_i\} \tag{8-15}$$

因为已假设 R_i（$i = 1, 2, \cdots, M-1$）独立同分布，再假设在所有 M 个检测结果中有 G 个被干扰，其中与比特 0 相关的 $M/2$ 个信道中有 G_0 个被干扰，与比特 1 相关的 $M/2$ 个信道中有 $(G - G_0)$ 个被干扰；并进一步假设 R_0 的干扰状态为 g_0，则此时 Z_0、Z_1 的条件概率累积分布函数分别为

$$F_{Z_0}(z_0 \mid G_0, g_0) = F_{R_0}(z_0 \mid 0, g_0)[F_{R_1}(z_0 \mid 0, g_1 = 0)]^{G_0 - g_0}[F_{R_1}(z_0 \mid 0, g_1 = 1)]^{\frac{M}{2} - 1 - G_0 + g_0},$$
$$\max(g_0, G - M/2) \leqslant G_0 \leqslant \min(G, M/2 - g_0) \tag{8-16}$$

$$F_{Z_1}(z_1 \mid G, G_0) = [F_{R_1}(z_1 \mid 0, g_1 = 0)]^{\frac{M}{2} - G + G_0}[F_{R_1}(z_1 \mid 0, g_1 = 1)]^{G} \tag{8-17}$$

对于式（8-16）和式（8-17），分别对 z_0、z_1 求导，即可得到 Z_0、Z_1 的条件概率密度函数 $p_{Z_0}(z_0 \mid G_0, g_0)$ 和 $p_{Z_1}(z_1 \mid G, G_0)$ 的表达式：

$$p_{Z_0}(z_0 \mid G_0, g_0) = \sum_{n=0}^{G_0-g_0} \sum_{k=0}^{M/2-1-G_0+g_0} \binom{G-g_0}{n} \binom{M/2-1-G_0+g_0}{k} \times (-1)^{n+k+1} \left(\frac{nN_1 + kN_0}{4E_s N_0 N_1} \right) \times$$

$$\left[1 - Q\left(\sqrt{\frac{2E_s}{N_{g_0}}}, \sqrt{\frac{z_0}{2E_s N_{g_0}}} \right) \right] \exp\left(-z_0 \frac{nN_1 + kN_0}{4E_s N_0 N_1} \right) -$$

$$\sum_{n=0}^{G_0-g_0} \sum_{k=0}^{M/2-1-G_0+g_0} \binom{G-g_0}{n} \binom{M/2-1-G_0+g_0}{k} \frac{(-1)^{n+k+1}}{4E_s N_{g_0}} \times \tag{8-18}$$

$$\exp\left[-z_0 \left(\frac{n}{4E_s N_0} + \frac{k}{4E_s N_1} + \frac{1}{4E_s N_{g_0}} \right) - \frac{E_s}{N_{g_0}} \right] I_0 \left(\sqrt{\frac{z_0}{N_{g_0}}} \right)$$

$$p_{Z_1}(z_1 \mid G, G_0) = \sum_{n=0}^{G-G_0} \sum_{k=0}^{M/2-G+G_0} \binom{G-G_0}{n} \binom{M/2-G+G_0}{k} \times$$

$$(-1)^{n+k+1} \left(\frac{n}{4E_s N_1} + \frac{k}{4E_s N_0} \right) \exp\left[-z_1 \left(\frac{n}{4E_s N_1} + \frac{k}{4E_s N_0} \right) \right] \tag{8-19}$$

由第 7 章的讨论可知，以 Z_i（$i=0,1$）的概率密度函数 $p_{Z_i}(z_i)$ 作为译码度量将得到最大似然译码性能，但此时 $p_{Z_0}(z_0 \mid G_0, g_0)$ 和 $p_{Z_1}(z_1 \mid G, G_0)$ 的表达式相当烦琐，如果延续第 7 章求成对错误概率 $P_2(k)$ 的方法，则条件成对错误概率 $P_2(k, \boldsymbol{G}, \boldsymbol{N})$ 中的 $\sum \ln p_{Z_i}(z_i)$ 项即使采取数值方法，仍比较难以处理。因此适当简化，以 Z_i 直接作为译码度量，将得到近似最大似然条件下的译码性能。此时，Viterbi 译码的成对错误概率 $P_2(d)$ 满足以下不等式：

$$P_2(d) = P\left\{ \sum_{r=1}^{d} Z_{1r} > \sum_{r=1}^{d} Z_{0r} \right\} \leqslant \prod_{r=1}^{d} E\{\exp[\lambda(Z_{1r} - Z_{0r})]\}, \quad \lambda > 0 \tag{8-20}$$

定义带 λ 的切尔诺夫参数 $D(\lambda)$：

$$D(\lambda) = E\{\exp[\lambda(Z_1 - Z_0)]\} \tag{8-21}$$

式中，$E\{\}$ 表示期望。显然，$D(\lambda)$ 与 Z_i（$i=0,1$）的干扰状态有关。假设 Z_0、Z_1 相互独立，则条件切尔诺夫参数有以下表达式：

$$D(\lambda \mid G, G_0, g_0) = \int_0^{+\infty} \int_0^{+\infty} \exp[\lambda(z_1 - z_0)] p_{Z_1}(z_1 \mid G, G_0) p_{Z_0}(z_0 \mid G_0, g_0) \mathrm{d}z_1 \mathrm{d}z_0$$

$$= \int_0^{+\infty} \exp(-\lambda z_0) p_{Z_0}(z_0 \mid G_0, g_0) \mathrm{d}z_0 \int_0^{+\infty} \exp(\lambda z_1) p_{Z_1}(z_1 \mid G, G_0) \mathrm{d}z_1 \tag{8-22}$$

将式（8-18）和式（8-19）代入式（8-22），可分别得到其中的两个积分式：

$$\int_0^{+\infty} \exp(-\lambda z_0) p_{Z_0}(z_0 \mid G_0, g_0) \mathrm{d}z_0 =$$

$$\sum_{n=0}^{G-G_0} \sum_{k=0}^{M/2-1-G_0+g_0} \binom{G_0-g_0}{n} \binom{M/2-1-G_0+g_0}{k} \frac{(-1)^{n+k+1}}{4E_s N_{g_0}} \times$$

$$\left(\frac{n}{4E_s N_0} + \frac{k}{4E_s N_1} \right) \left(\frac{n}{4E_s N_0} + \frac{k}{4E_s N_1} + \lambda \right)^{-1} \left(\frac{n}{4E_s N_0} + \frac{k}{4E_s N_1} + \lambda + \frac{1}{4E_s N_{g_0}} \right)^{-1} \times$$

$$\exp\left[-\frac{E_s}{N_{g_0}}\left(\frac{n}{N_0}+\frac{k}{N_1}+4E_s\lambda\right)\left(\frac{n}{N_0}+\frac{k}{N_1}+\frac{1}{N_{g_0}}\right)^{-1}\right]-$$

$$\sum_{n=0}^{G-G_0}\sum_{k=0}^{M/2-1-G_0+g_0}\binom{G_0-g_0}{n}\binom{M/2-1-G_0+g_0}{k}\frac{(-1)^{n+k+1}}{2E_sN_{g_0}}\exp\left(-\frac{E_s}{N_{g_0}}\right)\times \qquad (8\text{-}23)$$

$$\left(\frac{n}{2E_sN_0}+\frac{k}{2E_sN_1}+\frac{1}{2E_sN_{g_0}}+2\lambda\right)^{-1}\exp\left[\frac{E_s}{N_{g_0}^2}\left(\frac{n}{N_0}+\frac{k}{N_1}+\frac{1}{N_{g_0}}+4\lambda E_s\right)^{-1}\right]$$

$$\int_0^{+\infty}\exp(\lambda z_1)p_{Z_1}(z_1\mid G,G_0)\mathrm{d}z_1=\sum_{n=0}^{M/2-G+G_0}\sum_{k=0}^{G-G_0}\binom{M/2-G+G_0}{n}\binom{G-G_0}{k}$$

$$(-1)^{n+k+1}\left(\frac{k}{4E_sN_1}+\frac{n}{4E_sN_0}\right)\left(\frac{k}{4E_sN_1}+\frac{n}{4E_sN_0}-\lambda\right)^{-1} \qquad (8\text{-}24)$$

式中，$0<\lambda<(4E_sN_1)^{-1}$。将式（8-22）对 G_0、G 和 g_0 依次求平均，从而得到仅带有 λ 的切尔诺夫参数：

$$D(\lambda)=\sum_{i=0}^{1}P(g_0=i)\sum_{G=a_i}^{b_i}P(G\mid g_0)\sum_{G_0=c_i}^{d_i}P(G_0\mid G,g_0)D(\lambda\mid G,G_0,g_0) \qquad (8\text{-}25)$$

式中

$$a_i=\max(M-(N-K),i),\quad b_i=\min(K,M+i-1) \qquad (8\text{-}26)$$

$$P(G\mid g_0)=\binom{M}{G}\underbrace{\frac{K-g_0}{N-1}\frac{K-g_0-1}{N-2}\cdots\frac{K-g_0-G+1}{N-G}}_{G\text{项}}\cdot\underbrace{\frac{N-K}{N-G}\frac{N-K-1}{N-G-1}\cdots\frac{N-K-(M-G)+1}{N-G-(M-G)+1}}_{(M-G)\text{项}},$$

$$1\leqslant K\leqslant(N+g_0-1),\quad \max(M-(N-K)-g_0,0)\leqslant G\leqslant\min(K,M+g_0-1) \qquad (8\text{-}27)$$

$$c_i=\max(i,G-M/2),\quad d_i=\min(G,M/2-1+i) \qquad (8\text{-}28)$$

$$P(G_0\mid G,g_0)=\binom{M/2-1}{G_0-g_0}\binom{M/2}{G-G_0}\Big/\binom{M}{G} \qquad (8\text{-}29)$$

且在跟踪干扰条件下，有

$$P(g_0=1)=\beta,\quad P(g_0=0)=1-\beta \qquad (8\text{-}30)$$

最后，切尔诺夫参数为

$$D=\min_{\lambda}D(\lambda) \qquad (8\text{-}31)$$

可在 λ 的取值范围内由数值搜索得到。至此，将式（8-31）代入式（8-8），可求得在 AWGN 信道存在跟踪干扰条件下 CC-MCFH 择大软判决接收的比特误码率。

8.3.2 抗部分频带噪声干扰性能

将部分频带噪声干扰看作跟踪干扰的一种特殊情况，即跟踪干扰时间比例 $\rho_T=1$，跟踪成功率下降到 $\beta=\rho_W=\rho=W_J/W_{ss}$。因此，需要将式（8-30）改写为

$$P(g_0=1)=\rho_W,\quad P(g_0=0)=1-\rho_W \qquad (8\text{-}32)$$

由于信道条件不变，所以各干扰状态下的条件判决错误概率也不变。用式（8-32）代替

式（8-30），其余算法不变，即可得在 AWGN 信道部分频带噪声干扰条件下 CC-MCFH 择大软判决接收的比特误码率。

8.3.3　抗多音干扰性能

假设干扰模型为独立多音干扰，在总共 N 个跳频频点中，干扰信号为随机占据其中 K 个不同跳频频点的单频正弦波，占据工作带宽的比例为 $\rho_W = K/N$。定义随机变量 $g_i = 1$ 或 0 表示 R_i 被干扰或没有被干扰。$p_{R_i}(r_i \mid 0, g_i)$ 表示当发送编码符号为 $s = 0$、第 i 个子信道干扰状态为 g_i 时判决量 R_i 的条件概率密度函数，则在多音干扰下，R_i 的条件概率密度函数为

$$p_{R_0}(r_0 \mid 0, g_0) \approx \sum_{k=-1}^{1} \frac{1}{3} p_{R_0 \mid 0, g_0, k}(r_0 \mid 0, g_0, D_0(k)) \tag{8-33}$$

式中

$$p_{R_0 \mid 0, g_0, k}(r_0 \mid 0, g_0, D_0(k)) = \frac{1}{4E_s N_0} \exp\left(-\frac{r_0 + D_0^2(k)}{4E_s N_0}\right) I_0\left(\frac{\sqrt{r_0} D_0(k)}{2E_s N_0}\right) U(r_0) \tag{8-34}$$

式中

$$D_0^2(k) = 4E_s^2\left[1 + g_0\left(k\sqrt{\frac{3}{\gamma_J \rho_W}} + \frac{1}{\gamma_J \rho_W}\right)\right] \tag{8-35}$$

且有

$$p_{R_i}(r_i \mid 0, g_i) = \frac{1}{4E_s N_0} \exp\left(-\frac{r_i + D_1^2}{4E_s N_0}\right) I_0\left(\frac{\sqrt{r_i} D_1}{2E_s N_0}\right) U(r_i), \quad i = 1, 2, \cdots, M \tag{8-36}$$

式中

$$D_1^2 = 4g_1 E_s^2 / (\gamma_J \rho_W) \tag{8-37}$$

则随机变量

$$Z_0 = \max\{与比特0有关的R_i\} \tag{8-38}$$

$$Z_1 = \max\{与比特1有关的R_i\} \tag{8-39}$$

的条件概率累积分布函数可分别表示为

$$F_{Z_0}(z_0 \mid G_0, g_0) = F_{R_0}(z_0 \mid 0, g_0)[F_{R_1}(z_0 \mid 0, g_1 = 0)]^{G_0 - g_0}[F_{R_1}(z_0 \mid 0, g_1 = 1)]^{\frac{M}{2} - 1 - G_0 + g_0}, \tag{8-40}$$

$$\max(g_0, G - M/2) \leqslant G_0 \leqslant \min(G, M/2 - g_0)$$

$$F_{Z_1}(z_1 \mid G_1, g_1) = [F_{R_1}(z_1 \mid 0, g_1 = 0)]^{\frac{M}{2} - Q + m}[F_{R_1}(z_1 \mid 0, g_1 = 1)]^{Q - m} \tag{8-41}$$

式中，G 为所有 M 个信道中被干扰的信道数量；G_0 为其中与比特 0 相关的 $M/2$ 个信道中被干扰的信道数量；R_i（$i = 0, 1, \cdots, M$）的概率累积分布函数 $F_{R_0}(r_0 \mid 0, g_0)$ 和 $F_{R_1}(r_1 \mid 0, g_1)$ 可分别由式（8-34）与式（8-36）积分得到。注意到，$F_{Z_0}(z_0 \mid G_0, g_0)$ 和 $F_{Z_1}(z_1 \mid G_1, g_1)$ 的表达式中将出现 Marcum Q 函数 $Q(a, b)$ 的 n 次方项，为了便于后续计算，再次以 $\exp[-(a^2 + b^2)/2]$ 作为 $Q(a, b)$ 的近似。对于式（8-40）和式（8-41），分别对 z_0、z_1 求导，可得到 Z_0、Z_1 的条件概率密度函数 $p_{Z_0}(z_0 \mid G_0, g_0)$ 和 $p_{Z_1}(z_1 \mid G_1, g_1)$。

假设 Z_0、Z_1 相互独立，则条件切尔诺夫参数有以下表达式：

$$D(\lambda \mid G, G_0, g_0) = \int_0^{+\infty} \int_0^{+\infty} \exp[\lambda(z_1 - z_0)] p_{Z_1}(z_1 \mid G, G_0) p_{Z_0}(z_0 \mid G_0, g_0) dz_1 dz_0$$

$$= \int_0^{+\infty} \exp(-\lambda z_0) p_{Z_0}(z_0 \mid G_0, g_0) dz_0 \int_0^{+\infty} \exp(\lambda z_1) p_{Z_1}(z_1 \mid G, G_0) dz_1 \qquad (8\text{-}42)$$

将 $p_{Z_0}(z_0 \mid G_0, g_0)$ 和 $p_{Z_1}(z_1 \mid G_1, g_1)$ 代入式（8-42），可分别得到其中的两个积分项：

$$\int_0^{+\infty} \exp(-\lambda z_0) p_{Z_0}(z_0 \mid G_0, g_0) dz_0 =$$

$$\frac{1}{3} \sum_{r=-1}^{1} \sum_{n=0}^{G-G_0} \sum_{k=0}^{M/2-1-G_0+g_0} \binom{G_0 - g_0}{n} \binom{M/2 - 1 - G_0 + g_0}{k} \times$$

$$\frac{(-1)^{n+k+1}(n+k)}{(n+k+4\lambda E_s N_0)(n+k+4\lambda E_s N_0 + 1)} \exp\left[-\frac{D_1 k}{4E_s N_0} - \frac{D_0^2(r)(n+k+4\lambda E_s N_0)}{2(n+k+4\lambda E_s N_0 + 1)}\right] - \qquad (8\text{-}43)$$

$$\frac{1}{3} \sum_{r=-1}^{1} \sum_{n=0}^{G-G_0} \sum_{k=0}^{M/2-1-G_0-g_0} \binom{G_0 - g_0}{n} \binom{M/2 - 1 - G_0 + g_0}{k} \times$$

$$\frac{(-1)^{n+k+1}}{n+k+4\lambda E_s N_0} \exp\left[-\frac{D_1 k + D_0^2(r)}{4E_s N_0} - \frac{D_0^2(r)}{4E_s N_0(n+k+4\lambda E_s N_0)}\right]$$

$$\int_0^{+\infty} \exp(\lambda z_1) p_{Z_1}(z_1 \mid G_1, g_1) dz_1 =$$

$$\sum_{n=0}^{M/2-G+G_0} \sum_{k=0}^{G-G_0} \binom{M/2 - G + G_0}{n} \binom{G - G_0}{k} (-1)^{n+k+1} \left(\frac{n+k}{n+k-4\lambda E_s N_0}\right) \exp\left(-\frac{D_1^2 k}{4E_s N_0}\right) \qquad (8\text{-}44)$$

按照 8.3.1 节式（8-31）的计算方法，并用式（8-32）代替式（8-30），可以最终得到切尔诺夫参数 D，并由式（8-8）求得在 AWGN 信道存在多音干扰条件下 CC-MCFH 择大软判决接收的比特误码率。

8.3.4　数值计算结果及仿真结果

假设 CC-MCFH 工作带宽内包含正交跳频频点的个数 $N=32$，并由 M 个相互正交的跳频序列组成 M 个信道，假设每个信道的跳频序列均已经取得严格同步。仿真时，假设跟踪干扰的频率随 CC-MCFH 数据信道频率跳变，而部分频带噪声干扰与多音干扰频率保持不变；并且 3 种干扰都符合 2.2 节建立的干扰模型。如果没有特别说明，那么均假定 CC-MCFH 使用 $d_{free} = 5$、码率为 1/2、生成多项式为 $[(5)_8 (7)_8]$ 的二进制卷积编码。在讨论干扰对系统误码率的影响时，假定信道白噪声的信噪比为 9.2dB，即 $M=4$ 时 CC-MCFH 择大判决接收机在无干扰条件下的误码率达到 10^{-5} 所需的信噪比。

当 CC-MCFH 与常规 FH/MFSK 进行比较时，两者具有相同的符号传输时间 T_s，且工作带宽内的跳频频点数都为 32。常规 FH/MFSK 与 CC-MCFH 采用相同的卷积编码和 Viterbi 译码。假设常规 FH/MFSK 在一个跳频频点上的 M 个 FSK 调制频隙或者全都被干扰，或者全不被干扰。当 CC-MCFH 与 DFH 比较时，两者的工作带宽内的跳频频点数 N 相同，DFH 的扇出系数 $fanout = M$，且采用线性合并序列检测接收方式。此时，DFH 的 G 函数可等效为 $d_{free} = \lfloor \log_{fanout} N \rfloor$、码率为 1 的卷积编码。DFH 将编码与调制紧密结合在一起，可以使编码效率为 1，这是 DFH 的优越性之一。一般信道编码的码率都小于 1，为使 CC-MCFH 与 DFH

比较时具有相似的编码增益和码率，在 CC-MCFH 中使用具有同样 d_{free}，且码率尽量接近 1 的卷积编码，其生成多项式见文献[3]。以 $M=4$ 为例，两个系统的具体参数设置如表 8-1 所示。其中所采用卷积码的码率不同带来的信噪比差异小于 1dB，以下在分析时忽略这一差异。在 AWGN 信道下，CC-MCFH 误码率性能分析和相应的干扰条件如表 8-2 所示。

表 8-1　CC-MCFH 与 DFH 的参数设置

编　　号	N	M	d_{free}	CC-MCFH 卷积码码率 R
①	64	4	3	4/5
②	256	4	4	3/4
③	1024	4	5	2/3

表 8-2　试验项目

序　　号	干扰条件	结　　果
1	跟踪干扰、部分频带噪声干扰、多音干扰条件下 CC-MCFH 的误码率仿真结果与数值计算结果	图 8-3
2	最坏跟踪干扰下 CC-MCFH 的误码率	图 8-4
3	最坏部分频带噪声干扰和最坏多音干扰下 CC-MCFH 的误码率	图 8-5
4	最坏跟踪干扰下 CC-MCFH、FH/MFSK 与 DFH 的误码率	图 8-6
5	最坏部分频带噪声干扰和最坏多音干扰下 CC-MCFH、FH/MFSK 与 DFH 的误码率	图 8-7

1. 跟踪干扰、部分频带噪声干扰、多音干扰条件下 CC-MCFH 的误码率仿真结果与数值计算结果

图 8-3 对比了 CC-MCFH 的误码率仿真结果与数值计算结果。条件为：跟踪干扰成功率 $\beta=1/2$，跟踪干扰时间比例 $\rho_T=1$，跟踪干扰、部分频带噪声干扰和多音干扰的带宽比例同为 $\rho_W=1/8$，CC-MCFH 信道数 $M=4$。可见，对于 3 种干扰方式，系统误码率的联合–切尔诺夫上界都是渐进紧密的，在低信干比下，联合–切尔诺夫上界略有损失，其值略大于仿真值；随着信干比的升高，数值计算结果与仿真结果的差距逐渐减小。总体上，联合–切尔诺夫上界能够较为准确地反映系统的真实误码率性能。

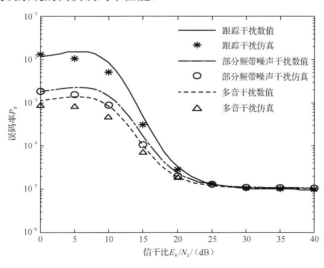

图 8-3　CC-MCFH 误码率的仿真结果与数值计算结果对比

2．最坏跟踪干扰下 CC-MCFH 的误码率

在 CC-MCFH 系统中，工作带宽内的总跳频频点数 N 由使用时的电磁环境决定，当 N 选定后，信道数 M 成为需要系统使用者决策的问题，且其取值对系统误码率性能的影响很大。因此，下面主要分析信道数 M 对误码率的影响，其中干扰都设定为最坏条件。在最坏跟踪干扰下，当固定工作跳频频点数 $N=32$ 时，分别取信道数 $M=4,8,16$，CC-MCFH 系统的误码率如图 8-4 所示。可以看出，对通信方来说，当跟踪干扰的信干比一定时，存在最优信道数 M_{opt}，使系统可能达到的最高误码率最小。当信干比较低时，系统使用较少的信道数有助于减小干扰的影响，对于误码率达到 10^{-3} 所需的最高信干比，$M=4$ 比 $M=16$ 时低约 5dB，这是因为在强干扰下，较窄的接收带宽可以减小干扰信号进入接收机的概率；而在高信干比下，信道数的增大相当于增加了软判决接收机的合并阶数，对软判决有利，即适当增大信道数可以减小干扰的影响；当系统达到误码率平板时，误码率主要由信道噪声的信噪比决定，此时，M 每增大一倍都可以使误码率降低近一个数量级，多信道带来了明显的抗干扰性能增益。当然，这是以增加系统复杂度为代价的。

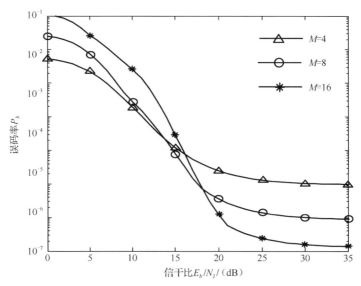

图 8-4　CC-MCFH 系统的误码率

3．最坏部分频带噪声干扰和最坏多音干扰下 CC-MCFH 的误码率

在最坏部分频带噪声干扰和最坏多音干扰下，当 M 取不同值时，CC-MCFH 的误码率分别如图 8-5（a）、（b）所示。可见，此时系统误码率的变化规律与最坏跟踪干扰时相似。

4．最坏跟踪干扰下 CC-MCFH、FH/MFSK 与 DFH 的误码率

CC-MCFH 与 FH/MFSK、DFH 在最坏跟踪干扰下的误码率对比如图 8-6 所示，具体系统参数如表 8-1 所示。在对比时，令信噪比为 11.8dB，以使满足表 8-1 中条件①，即 $M=4$、$N=64$ 的 CC-MCFH 系统在无干扰条件下的误码率为 10^{-5}。可以看到，在 M 保持不变而 N 和 d_{free} 增

大时，3 种系统的误码率都随之降低，其中更本质的影响因素是 d_{free} 的增大。当信干比低于 20dB 时，CC-MCFH 的误码率性能较 DFH 有低于 1dB 的损失；在高信干比下，CC-MCFH 的误码率平板略高于 DFH，这主要是由于 DFH 的线性合并序列检测接收方式有最接近最大似然接收的性能，在信道中仅存在白噪声时性能较好，而本书所考察的 CC-MCFH 择大软判决是一种非线性接收方式，在仅存在噪声的条件下性能略差。从总体上看，CC-MCFH 择大软判决具有与 DFH 相近的误码率性能。而 CC-MCFH 与常规 FH/MFSK 相比，当 d_{free} 取不同值时，在中等信干比下，CC-MCFH 皆比常规 FH/MFSK 有 5dB 以上的误码率性能增益，显示出 CC-MCFH 抗跟踪干扰性能的优势。

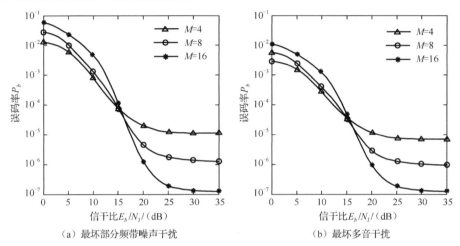

（a）最坏部分频带噪声干扰　　　　（b）最坏多音干扰

图 8-5　最坏部分频带噪声干扰和最坏多音干扰下 CC-MCFH 的误码率

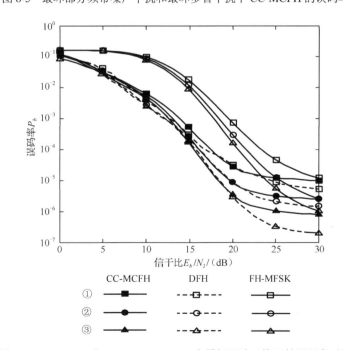

图 8-6　CC-MCFH 与 FH/MFSK、DFH 在最坏跟踪干扰下的误码率对比

5．最坏部分频带噪声干扰和最坏多音干扰下 CC-MCFH、FH/MFSK 与 DFH 的误码率

最坏部分频带噪声干扰和最坏多音干扰对 3 种系统误码率的影响分别如图 8-7（a）、（b）所示。在最坏部分频带噪声干扰下，CC-MCFH 的误码率与常规 FH/MFSK 的误码率基本重合。虽然在高信干比下，CC-MCFH 达到的误码率平板稍高于 DFH，但在中等信干比下[图 8-7（a）中信干比低于 24dB 时]，CC-MCFH 比 DFH 约有 5dB 的误码率性能增益。由图 8-7（b）可知，在最坏多音干扰下也可以得到相似的结论，此时，CC-MCFH 比 DFH 有 2～3dB 的误码率性能增益。说明在 AWGN 信道下，CC-MCFH 也具有良好的抗部分频带噪声干扰和多音干扰性能。总体来看，CC-MCFH 在跟踪干扰、部分频带噪声干扰和多音干扰条件下的综合抗干扰能力好于常规 FH/MFSK 和 DFH。

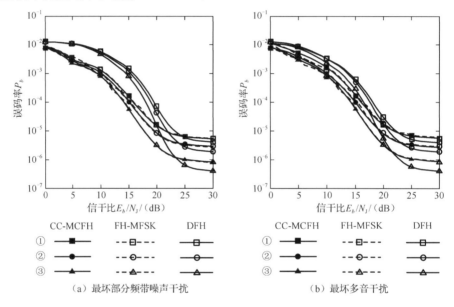

图 8-7 最坏部分频带噪声干扰和最坏多音干扰下 CC-MCFH、FH/MFSK 与 DFH 的误码率

8.4 卷积编码多信道联合跳频在瑞利衰落信道下的抗干扰性能

假设信道模型为频率非选择性慢衰落信道，衰落幅度呈瑞利分布，在一跳内近似为常数，且在不同跳频频率上衰落相互独立，等效低通信道的包络 α_s 服从参数为 σ_s 的瑞利分布：

$$p(\alpha_s) = \frac{\alpha_s}{\sigma_s^2} \exp\left(-\frac{\alpha_s^2}{2\sigma_s^2}\right) U(\alpha_s^2) \tag{8-45}$$

在瑞利衰落信道下，定义平均信噪比为 $\overline{\gamma} = E(\alpha_s^2) E_b/N_0 = 2\sigma_s^2 E_b/N_0$，平均信干比 $\overline{\gamma_J} = E(\alpha_s^2) E_b/N_J = 2\sigma_s^2 E_b/N_J$。

仍假设用户数据为全 0 序列，经编码后得到全 0 符号序列。卷积编码-Viterbi 译码算法

比特误码率 P_b 的联合–切尔诺夫上界为

$$P_b \leqslant \sum_{k=d_{\text{free}}}^{\infty} a_k D^k \tag{8-46}$$

式中，D 为切尔诺夫参数，其表达式与信道和干扰条件有关。

8.4.1　抗跟踪干扰性能

假设跟踪干扰波形为窄带噪声，干扰方试图以跟踪干扰成功率 β 击中有用通信使用的数据信道，即子信道 0，并具有跟踪干扰时间比例 ρ_T 和跟踪干扰带宽比例 ρ_W，被干扰的跳频频点总数 $K = \rho_W N$。假设子信道接收信号的非相干检测结果 R_i（$i = 0, 1, \cdots, M-1$）相互独立，且除数据信道外的 $(M-1)$ 个对偶信道非相干检测结果独立同分布；定义随机变量 $g_i = 1$ 或 0 表示 R_i 被干扰或没有被干扰；干扰和噪声的功率谱密度可统一表示为 $N_{g_i} = N_0 + g_i N_J \rho_T / \rho_W$，则可得 R_i 的条件概率密度函数：

$$p_{R_i}(r_i \mid 0, g_i) = \frac{1}{4E_s N_{g_i}} \exp\left(-\frac{r_i}{4E_s N_{g_i}}\right) U(r_i) \quad (i = 1, 2, \cdots, M-1) \tag{8-47}$$

$$p_{R_0}(r_0 \mid 0, g_0) = \frac{1}{4E_s N_{g_0} + 8\sigma_s^2 E_s^2} \exp\left(-\frac{r_0}{4E_s N_{g_0} + 8\sigma_s^2 E_s^2}\right) U(r_0) \tag{8-48}$$

假设随机变量

$$Z_0 = \max\{\text{与比特0有关的}R_i\} \tag{8-49}$$

$$Z_1 = \max\{\text{与比特1有关的}R_i\} \tag{8-50}$$

的条件概率累积分布函数可分别表示为

$$F_{Z_0}(z_0 \mid G_0, g_0) = F_{R_0}(z_0 \mid 0, g_0)[F_{R_1}(z_0 \mid 0, g_1 = 0)]^{G_0 - g_0}[F_{R_1}(z_0 \mid 0, g_1 = 1)]^{\frac{M}{2} - 1 - G_0 + g_0},$$
$$\max(g_0, G - M/2) \leqslant G_0 \leqslant \min(G, M/2 - g_0) \tag{8-51}$$

$$F_{Z_1}(z_1 \mid G_1, g_1) = [F_{R_1}(z_1 \mid 0, g_1 = 0)]^{\frac{M}{2} - Q + m}[F_{R_1}(z_1 \mid 0, g_1 = 1)]^{Q - m} \tag{8-52}$$

式中，G 为所有 M 信道中被干扰的信道数量；G_0 为其中与比特 0 相关的 $M/2$ 个信道中被干扰的信道数量；R_i（$i = 0, 1, \cdots, M$）的概率累积分布函数 $F_{R_0}(r_0 \mid 0, g_0)$ 和 $F_{R_1}(r_1 \mid 0, g_1)$ 可分别由式（8-47）、式（8-48）积分得到。对于式（8-51）和式（8-52），分别对 z_0、z_1 求导，可得到 Z_0、Z_1 的条件概率密度函数 $p_{Z_0}(z_0 \mid G_0, g_0)$ 和 $p_{Z_1}(z_1 \mid G_1, g_1)$。

假设 Z_0、Z_1 相互独立，则条件切尔诺夫参数表达式为

$$D(\lambda \mid G, G_0, g_0) = \int_0^{+\infty} \int_0^{+\infty} \exp[\lambda(z_1 - z_0)] p_{Z_1}(z_1 \mid G, G_0) p_{Z_0}(z_0 \mid G_0, g_0) \, \mathrm{d}z_1 \mathrm{d}z_0$$
$$= \int_0^{+\infty} \exp(-\lambda z_0) p_{Z_0}(z_0 \mid G_0, g_0) \mathrm{d}z_0 \int_0^{+\infty} \exp(\lambda z_1) p_{Z_1}(z_1 \mid G, G_0) \mathrm{d}z_1 \tag{8-53}$$

其中的两个积分项分别为

$$\int_0^{+\infty} \exp(-\lambda z_0) p_{Z_0}(z_0 \mid G_0, g_0) \mathrm{d}z_0 =$$

$$\sum_{n=0}^{G-G_0} \sum_{k=0}^{M/2-1-G_0+g_0} \binom{G_0-g_0}{n} \binom{M/2-1-G_0+g_0}{k} \times$$

$$\left[(-1)^{n+k+1} \left(\frac{n}{4E_s N_1} + \frac{k}{4E_s N_0} \right) \left(\frac{n}{4E_s N_1} + \frac{k}{4E_s N_0} + \lambda \right)^{-1} - \right. \tag{8-54}$$

$$\left. (-1)^{n+k+1} \left(\frac{n}{4E_s N_1} + \frac{k}{4E_s N_0} + \frac{1}{4E_s N_{g_0} + 8\sigma_\alpha^2 E_s^2} \right) \left(\frac{n}{4E_s N_1} + \frac{k}{4E_s N_0} + \frac{1}{4E_s N_{g_0} + 8\sigma_\alpha^2 E_s^2} + \lambda \right)^{-1} \right]$$

$$\int_0^{+\infty} \exp(\lambda z_1) p_{Z_1}(z_1 \mid G_1, g_1) \mathrm{d}z_1 =$$

$$\sum_{n=0}^{M/2-G+G_0} \sum_{k=0}^{G-G_0} \binom{M/2-G+G_0}{n} \binom{G-G_0}{k} (-1)^{n+k} \left(\frac{n}{4E_s N_0} + \frac{k}{4E_s N_1} \right) \left(\lambda - \frac{n}{4E_s N_0} - \frac{k}{4E_s N_1} \right)^{-1} \tag{8-55}$$

按照 8.3.1 节式（8-25）～式（8-31）的计算方法，最终可以得到切尔诺夫参数 D，并由式（8-8）求得在瑞利衰落信道存在跟踪干扰条件下择大软判决接收的比特误码率。

8.4.2　抗部分频带噪声干扰性能

将部分频带噪声干扰看作跟踪干扰的一种特殊情况，即跟踪干扰时间比例 $\rho_T = 1$，跟踪成功率下降到 $\beta = \rho_W = \rho = W_J / W_{ss}$。因此，在部分频带噪声干扰下，信道 0 被干扰的概率减小为 ρ_W，由于信道条件不变，所以各干扰状态下的条件判决错误概率也不变，条件切尔诺夫参数的表达式同式（8-53），并用式（8-32）代替式（8-30），其余算法不变，即可得在瑞利衰落信道存在部分频带噪声干扰时择大软判决接收的比特误码率。

8.4.3　抗多音干扰性能

假设干扰模型为独立多音干扰，在总共 N 个跳频频点中，干扰信号为随机占据其中 K 个不同跳频频点的单频正弦波，占据工作带宽的比例为 $\rho_W = K/N$。假设干扰信号经历幅度为 α_J 的衰落过程，α_J 服从参数为 σ_J 的瑞利衰落，且 $\sigma_s \neq \sigma_J$。有用信号与干扰信号之间的相位差为 θ，服从 $[0, 2\pi]$ 上的均匀分布。定义随机变量 $g_i = 1$ 或 0 表示 R_i 被干扰或没有被干扰。$p_{R_i}(r_i \mid 0, g_i)$ 表示发送编码符号 $s = 0$ 且第 i 个子信道干扰状态为 g_i 时判决量 R_i 的条件概率密度函数。由 8.3.3 节可知，$p_{R_i}(r_i \mid 0, g_i)$ 的表达式为

$$p_{R_0}(r_0 \mid 0, g_0 = 0) = \frac{1}{C_s} \exp\left(-\frac{r_0}{C_s} \right) U(r_0) \tag{8-56}$$

$$p_{R_0}(r_0 \mid 0, g_0 = 1) = \frac{1}{C_J D_J} \exp\left(-\frac{r_0}{C_J} \right) U(r_0) + \frac{1}{C_s D_s} \exp\left(-\frac{r_0}{C_s} \right) U(r_0) \tag{8-57}$$

$$p_{R_1}(r_1 \mid 0, g_1 = 0) = \frac{1}{4E_s N_0} \exp\left(-\frac{r_1}{4E_s N_0} \right) U(r_1) \tag{8-58}$$

$$p_{R_1}(r_1 \mid 0, g_1 = 1) = \frac{1}{C_J}\exp\left(-\frac{r_1}{C_J}\right)U(r_1) \tag{8-59}$$

式中，$C_s = 4E_s N_0 + 8E_s^2 \sigma_s^2$；$C_J = 4E_s N_0 + 8E_s^2 \sigma_J^2 N_J / \rho$；$D_J = 1 - E_s \sigma_s^2 \rho /(\sigma_J^2 N_J)$；$D_s = 1 - \sigma_J^2 N_J /(E_s \sigma_s^2 \rho)$。

假设随机变量

$$Z_0 = \max\{与比特0有关的R_i\} \tag{8-60}$$
$$Z_1 = \max\{与比特1有关的R_i\} \tag{8-61}$$

的条件概率累积分布函数可分别表示为

$$F_{Z_0}(z_0 \mid G_0, g_0) = F_{R_0}(z_0 \mid 0, g_0)[F_{R_1}(z_0 \mid 0, g_1 = 0)]^{G_0 - g_0}[F_{R_1}(z_0 \mid 0, g_1 = 1)]^{\frac{M}{2} - 1 - G_0 + g_0},$$
$$\max(g_0, G - M/2) \leqslant G_0 \leqslant \min(G, M/2 - g_0) \tag{8-62}$$

$$F_{Z_1}(z_1 \mid G_1, g_1) = [F_{R_1}(z_1 \mid 0, g_1 = 0)]^{\frac{M}{2} - Q + m}[F_{R_1}(z_1 \mid 0, g_1 = 1)]^{Q - m} \tag{8-63}$$

式中，G 为所有 M 信道中被干扰的信道数量；G_0 为其中与比特 0 相关的 $M/2$ 个信道中被干扰的信道数量；R_i（$i = 0, \cdots, M$）的概率累积分布函数 $F_{R_0}(r_0 \mid 0, g_0)$ 和 $F_{R_1}(r_1 \mid 0, g_1)$ 可分别由式（8-56）~式（8-59）积分得到。对于式（8-62）和式（8-63），分别对 z_0、z_1 求导，可得到 Z_0、Z_1 的条件概率密度函数 $p_{Z_0}(z_0 \mid G_0, g_0)$ 和 $p_{Z_1}(z_1 \mid G_1, g_1)$。

假设 Z_0、Z_1 相互独立，则条件切尔诺夫参数表达式为

$$\begin{aligned}
D(\lambda \mid G, G_0, g_0) &= \int_0^{+\infty}\int_0^{+\infty}\exp[\lambda(z_1 - z_0)]p_{Z_1}(z_1 \mid G, G_0)p_{Z_0}(z_0 \mid G_0, g_0)\mathrm{d}z_1\mathrm{d}z_0 \\
&= \int_0^{+\infty}\exp(-\lambda z_0)p_{Z_0}(z_0 \mid G_0, g_0)\mathrm{d}z_0 \int_0^{+\infty}\exp(\lambda z_1)p_{Z_1}(z_1 \mid G, G_0)\mathrm{d}z_1
\end{aligned} \tag{8-64}$$

式中，若 $g_0 = 0$，则

$$\int_0^{+\infty}\exp(-\lambda z_0)p_{Z_0}(z_0 \mid G_0, g_0 = 0)\mathrm{d}z_0 =$$
$$\sum_{n=0}^{G - G_0}\sum_{k=0}^{M/2 - 1 - G_0 + g_0}\binom{G_0 - g_0}{n}\binom{M/2 - 1 - G_0 + g_0}{k}(-1)^{n+k+1} \times \tag{8-65}$$
$$\left[\left(\frac{n}{4E_s N_0} + \frac{k}{C_J}\right)\left(\frac{n}{4E_s N_0} + \frac{k}{C_J} + \lambda\right)^{-1} - \left(\frac{n}{4E_s N_0} + \frac{k}{C_J} + \frac{1}{C_s}\right)\left(\frac{n}{4E_s N_0} + \frac{k}{C_J} + \frac{1}{C_s} + \lambda\right)^{-1}\right]$$

若 $g_0 = 1$，则

$$\int_0^{+\infty}\exp(-\lambda z_0)p_{Z_0}(z_0 \mid G_0, g_0 = 1)\mathrm{d}z_0 =$$
$$\sum_{n=0}^{G - G_0}\sum_{k=0}^{M/2 - 1 - G_0 + g_0}\binom{G_0 - g_0}{n}\binom{M/2 - 1 - G_0 + g_0}{k}(-1)^{n+k+1} \times$$
$$\left[\left(\frac{n}{4E_s N_0} + \frac{k}{C_J}\right)\left(\frac{n}{4E_s N_0} + \frac{k}{C_J} + \lambda\right)^{-1} - \right. \tag{8-66}$$
$$\frac{1}{D_J}\left(\frac{n}{4E_s N_0} + \frac{k}{C_J} + \frac{1}{C_s}\right)\left(\frac{n}{4E_s N_0} + \frac{k}{C_J} + \frac{1}{C_s} + \lambda\right)^{-1} -$$
$$\left.\frac{1}{D_s}\left(\frac{n}{4E_s N_0} + \frac{k}{C_J} + \frac{1}{C_J}\right)\left(\frac{n}{4E_s N_0} + \frac{k}{C_J} + \frac{1}{C_J} + \lambda\right)^{-1}\right]$$

且有

$$\int_0^{+\infty} \exp(\lambda z_1) p_{Z_1}(z_1 \mid G_1, g_1) \mathrm{d}z_1 = \sum_{n=0}^{M/2-G+G_0} \sum_{k=0}^{G-G_0} \binom{M/2-G+G_0}{n} \binom{G-G_0}{k} \times$$
$$(-1)^{n+k} \left(\frac{n}{4E_sN_0} + \frac{k}{C_J} \right) \left(\frac{n}{4E_sN_0} + \frac{k}{C_J} - \lambda \right)^{-1} \tag{8-67}$$

按照 8.3.1 节式（8-25）～式（8-31）的计算方法，并用式（8-32）代替式（8-30），可以最终得到切尔诺夫参数 D，并由式（8-8）求得在瑞利衰落信道存在多音干扰条件下择大软判决接收的比特误码率。

8.4.4 数值计算结果及仿真结果

假设 CC-MCFH 工作带宽内包含正交跳频频点的个数 $N = 32$，由 M 个相互正交的跳频序列组成 M 个信道；并假设每个信道的跳频序列均已经取得严格同步。仿真时，假设跟踪干扰的频率随 CC-MCFH 数据信道频率跳变，而部分频带噪声干扰与多音干扰频率保持不变；并且 3 种干扰都符合 2.2 节建立的干扰模型。如果没有特别说明，则均假定 CC-MCFH 使用 $d_{\mathrm{free}} = 5$、码率为 $1/2$、生成多项式为 $[(5)_8 \, (7)_8]$ 的二进制卷积编码。在讨论干扰对系统误码率的影响时，假定信道中白噪声的信噪比为 12.5dB，即 $M = 4$ 时 CC-MCFH 择大判决接收机在无干扰瑞利衰落信道中误码率达到 10^{-5} 所需的信噪比。

在 CC-MCFH 与常规 FH/MFSK 进行比较时，两者具有相同的符号传输时间 T_s，工作带宽内的跳频频点数都为 $N = 32$；并且常规 FH/MFSK 与 CC-MCFH 采用相同的卷积编码和 Viterbi 译码。假设常规 FH/MFSK 在一个跳频频点上的 M 个 FSK 调制频隙或者全都被干扰，或者全不被干扰。在 CC-MCFH 与 DFH 比较时，CC-MCFH 使用 4 个信道，DFH 的扇出系数为 4，两者具体参数设置如表 8-1 所示。在瑞利衰落信道下，CC-MCFH 的误码率性能分析和相应的干扰条件如表 8-3 所示。

表 8-3　试验项目

序　号	干扰条件	结　果
1	跟踪干扰、部分频带噪声干扰、多音干扰条件下 CC-MCFH 的误码率仿真结果与数值计算结果	图 8-8
2	最坏跟踪干扰下 CC-MCFH 的误码率	图 8-9
3	最坏部分频带噪声干扰和最坏多音干扰下 CC-MCFH 的误码率	图 8-10
4	最坏跟踪干扰下 CC-MCFH、FH/MFSK 与 DFH 的误码率	图 8-11
5	最坏部分频带噪声干扰、最坏多音干扰下 CC-MCFH、FH/MFSK 与 DFH 误码率	图 8-12

1. 跟踪干扰、部分频带噪声干扰、多音干扰条件下 CC-MCFH 的误码率仿真结果与数值计算结果

假设跟踪干扰成功率 $\beta = 1/2$，跟踪干扰时间比例 $\rho_T = 1$，跟踪干扰、部分频带噪声干扰和多音干扰的干扰带宽比例同为 $\rho_W = 1/8$，通过仿真和数值计算得到了 CC-MCFH 信道数 $M = 4$ 时的误码率，如图 8-8 所示。可见，对于 3 种干扰方式，系统误码率的联合–切尔诺夫上界仍是渐进紧密的，能够较为准确地反映系统的真实误码率性能。

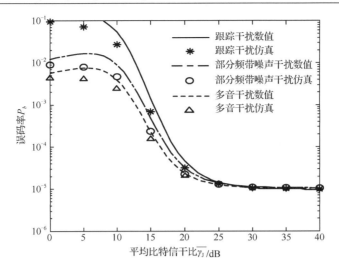

图 8-8 CC-MCFH 的误码率仿真结果与数值计算对比

2. 最坏跟踪干扰下 CC-MCFH 的误码率

在瑞利衰落信道最坏跟踪干扰条件下，CC-MCFH 系统的误码率与信道数 M 的关系如图 8-9 所示。在瑞利衰落信道下，同样存在抗干扰性能与系统复杂度的折中。在中等信干比下，存在与信干比取值有关的 M_{opt}，使系统可能达到的最高误码率最小。与如图 8-4 所示的 AWGN 信道下的相应情况不同的是，在瑞利衰落信道下，误码率对 M 的取值变化较为不敏感，在较低信干比下，当 M 取不同值时，系统误码率性能的差异不到 1dB，这是因为衰落数据信道上的衰落将立刻造成有用信号能量的显著减少，对择大软判决的性能有一定的影响。但在高信干比下，系统的误码率平板随 M 的增大明而显降低，显示出多信道系统带来的优势。

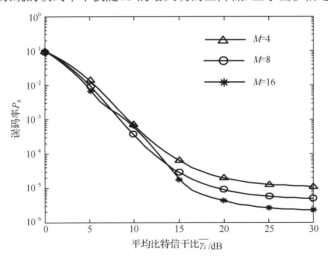

图 8-9 CC-MCFH 系统的误码率与信道数 M 的关系

3. 最坏部分频带噪声干扰和最坏多音干扰下 CC-MCFH 的误码率

在最坏部分频带噪声干扰和最坏多音干扰下，由图 8-10 可以得到与上述最坏跟踪干扰下相似的结论。

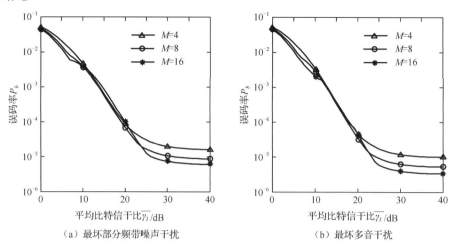

（a）最坏部分频带噪声干扰　　　　　（b）最坏多音干扰

图 8-10　最坏部分频带噪声干扰和最坏多音干扰下 CC-MCFH 的误码率

4. 最坏跟踪干扰下 CC-MCFH、FH/MFSK 与 DFH 的误码率

图 8-11 对比了 CC-MCFH 与常规 FH/MFSK 与 DFH 在最坏跟踪干扰下的误码率。与图 8-6 相比，可以类似地看到，当 M 保持不变时，3 种系统的误码率都随 d_{free} 的增大而降低。当信干比低于 18dB 时，CC-MCFH 与 DFH 的误码率曲线基本重合；在高信干比下，CC-MCFH 的误码率平板略高于 DFH。而 CC-MCFH 与常规 FH/MFSK 相比，在中等信干比下，当 N 和 d_{free} 取不同值时，CC-MCFH 皆比常规 FH/MFSK 有 3～5dB 的误码率性能增益，显示出 CC-MCFH 抗跟踪干扰性能的优势。

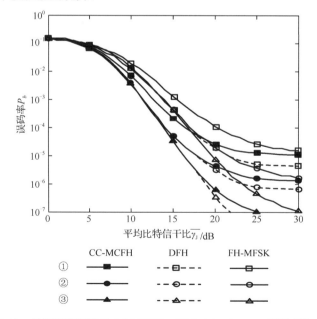

图 8-11　最坏跟踪干扰下 CC-MCFH、FH/MFSK 与 DFH 误码率的对比

5. 最坏部分频带噪声干扰和最坏多音干扰下 CC-MCFH、FH/MFSK 与 DFH 的误码率

在瑞利衰落信道下，最坏部分频带噪声干扰和最坏多音干扰对 3 种系统误码率的影响分别如图 8-12（a）、（b）所示。在最坏部分频带噪声干扰下，CC-MCFH 与 FH/BFSK 的误码率曲线重合。在高信干比下，CC-MCFH 达到的误码率平板稍高于 DFH，但在中等信干比下[图 8-12（a）中信干比低于 24dB 时]，CC-MCFH 比 DFH 约有 2.5dB 的误码率性能增益。在最坏多音干扰下也可以得到相似的结论，此时，CC-MCFH 比 DFH 约有 2dB 的误码率性能增益。这说明 CC-MCFK 也具有良好的抗部分频带噪声干扰和多音干扰的性能。

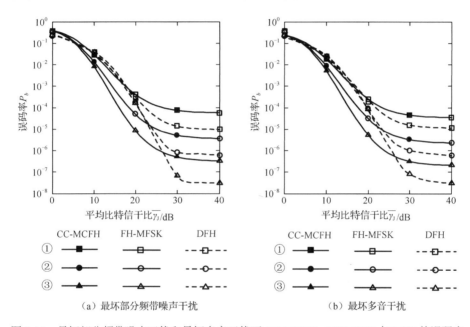

图 8-12　最坏部分频带噪声干扰和最坏多音干扰下 CC-MCFH、FH/MFSK 与 DFH 的误码率

8.5　本章小结

本章以 CC-MCFH 为例，讨论了联合跳频模型在多信道场景下的抗干扰性能规律。首先建立了择大软判决接收机模型，然后通过理论计算给出了择大软判决接收机在干扰条件下的误码率性能。得到的重要结论如下。

（1）当信道数相同时，CC-MCFH 系统的抗跟踪干扰性能与 DFH 相似，比 FH/MFSK 普遍有 3～5dB 的误码率性能增益；抗部分频带噪声干扰和多音干扰性能与 FH/MFSK 相似，比 DFH 有 2～3dB 的误码率性能增益，表现出较为全面的抗干扰性能。

（2）在干扰条件下，存在最优信道数，使多信道联合跳频的误码率最低。最优信道数与干扰样式、信干比等因素有关。

参考文献

[1] Gong K S. Performance of diversity combining techniques for FH/MFSK in worst case partial band noise and multi-tone jamming [C]//IEEE Military Communications Conference, 1983: 17-21.

[2] Viterbi A J. Convolutional codes and their performance in communication systems [J]. IEEE Transactions on Communications Technology, 1971, COM-19(5): 751-772.

[3] Proakis J G. Digital Communications [M]. New York: McGraw-Hill, 2001.

附录

本部分推导在 AWGN 信道下存在多音干扰时 CCLD-BCFH 判决量 $Y = R_0 - R_1$ 的概率分布函数。假设用户发送的编码符号 $s = 0$。在 4 种干扰状态 $\boldsymbol{G}_j$ 中，容易得到 $\boldsymbol{G}_0$、$\boldsymbol{G}_2$ 状态下 Y 的概率密度函数如 7.3.4 节式（7-73）和式（7-75）所示，而在干扰状态 $\boldsymbol{G}_1$、$\boldsymbol{G}_3$ 下，即当 R_1 被干扰时，问题变得稍微复杂。例如，在干扰状态 $\boldsymbol{G}_1$ 下，由式（7-72）对 y 求导，可得 Y 的条件概率密度函数 $p_Y(y \mid 0, \boldsymbol{G}_1)$ 在 $Y \geqslant 0$ 时为

$$p_{Y^+}(y^+ \mid 0, \boldsymbol{G}_1) = \int_0^{+\infty} \frac{1}{16 E_s^2 N_0^2} \exp\left(-\frac{y + 2r_1 + 4E_s^2 + D_1^2}{4E_s N_0}\right) I_0\left(\frac{\sqrt{y + r_1}}{N_0}\right) I_0\left(\frac{D_1 \sqrt{r_1}}{2E_s N_0}\right) dr_1 \quad \text{（A-1）}$$

此积分不易用常规方法得到解析解。为此进行如下近似：

$$I_0\left(\frac{\sqrt{y + r_1}}{N_0}\right) \approx I_0\left(\frac{\sqrt{y}}{N_0}\right) \quad \text{（A-2）}$$

从而得到 $p_{Y^+}(y^+ \mid 0, \boldsymbol{G}_1)$ 的近似解析表达式：

$$p_{Y^+}^{[a]}(y^+ \mid 0, \boldsymbol{G}_1) = \frac{1}{8E_s N_0} \exp\left(-\frac{2y + 8E_s^2 + D_1^2}{8E_s N_0}\right) I_0\left(\frac{\sqrt{y}}{N_0}\right) \quad \text{（A-3）}$$

同理，可得 $p_{Y^-}^{[a]}(y^- \mid 0, \boldsymbol{G}_1)$ 的近似解析表达式，进而得到 $p_Y^{[a]}(y \mid 0, \boldsymbol{G}_1)$：

$$p_Y^{[a]}(y \mid 0, \boldsymbol{G}_1) = \begin{cases} p_{Y^+}^{[a]}(y^+ \mid 0, \boldsymbol{G}_1) = \dfrac{1}{8E_s N_0} \exp\left(-\dfrac{2y^+ + 8E_s^2 + D_1^2}{8E_s N_0}\right) I_0\left(\dfrac{\sqrt{y^+}}{N_0}\right), & y^+ \geqslant 0 \\[4mm] p_{Y^-}^{[a]}(y^- \mid 0, \boldsymbol{G}_1) = \dfrac{1}{8E_s N_0} \exp\left(-\dfrac{-2y^- + 4E_s^2 + 2D_1^2}{8E_s N_0}\right) I_0\left(\dfrac{D_1 \sqrt{-y^-}}{2E_s N_0}\right), & y^- < 0 \end{cases} \quad \text{（A-4）}$$

因为经过了近似计算，$p_Y^{[a]}(y \mid 0, \boldsymbol{G}_1)$ 在 $(-\infty, +\infty)$ 上的积分不再等于 1，而是有

$$\int_{-\infty}^{+\infty} p_Y^{[a]}(y \mid 0, \boldsymbol{G}_1) \, dy = \frac{1}{2} \exp\left(-\frac{D_1^2}{8E_s N_0}\right) + \frac{1}{2} \exp\left(-\frac{E_s}{2N_0}\right) = C_1 \quad \text{（A-5）}$$

所以需要对 $p_Y^{[a]}(y \mid 0, \boldsymbol{G}_1)$ 进行修正，从而得到 $p_Y(y \mid 0, \boldsymbol{G}_1)$ 的近似，即

$$p_Y(y \mid 0, \boldsymbol{G}_1) \approx \frac{p_Y^{[a]}(y \mid 0, \boldsymbol{G}_1)}{C_1} \quad \text{（A-6）}$$

此即 7.3.4 节式（7-74）。用同样的近似方法可得 7.3.4 节式（7-76）。当符号信噪比为 10.5dB、符号信干比为 0dB 和 10dB 时，$p_Y(y \mid 0, \boldsymbol{G}_1)$ 和 $p_Y(y \mid 0, \boldsymbol{G}_3)$ 的精确表达式与近似表达式曲线的对比分别如图 A-1 和图 A-2 所示。直观上看，$p_Y(y \mid 0, \boldsymbol{G}_1)$ 和 $p_Y(y \mid 0, \boldsymbol{G}_3)$ 的近似表达式曲线是比较接近精确表达式曲线的，尤其在高信干比下，近似表达式曲线与精确表达式曲线基本重合；在低信干比下，近似表达式曲线与精确表达式曲线的差距略大。最终经 7.3.5 节的系统仿真验证表明，这些近似计算的精确度在所讨论的范围内可以满足要求。

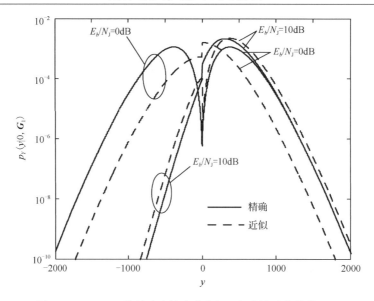

图 A-1　$p_Y(y|0,\boldsymbol{G}_1)$的精确表达式曲线与近似表达式曲线的对比

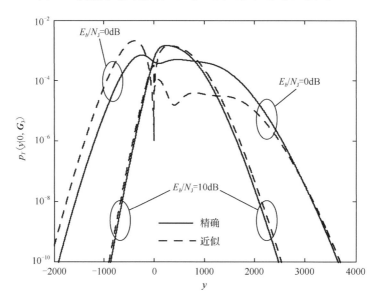

图 A-2　$p_Y(y|0,\boldsymbol{G}_3)$的精确表达式曲线与近似表达式曲线的对比

反侵权盗版声明

　　电子工业出版社依法对本作品享有专有出版权。任何未经权利人书面许可，复制、销售或通过信息网络传播本作品的行为，歪曲、篡改、剽窃本作品的行为，均违反《中华人民共和国著作权法》，其行为人应承担相应的民事责任和行政责任，构成犯罪的，将被依法追究刑事责任。

　　为了维护市场秩序，保护权利人的合法权益，我社将依法查处和打击侵权盗版的单位和个人。欢迎社会各界人士积极举报侵权盗版行为，本社将奖励举报有功人员，并保证举报人的信息不被泄露。

举报电话：（010）88254396；（010）88258888

传　　真：（010）88254397

E-mail：　dbqq@phei.com.cn

通信地址：北京市海淀区万寿路 173 信箱
　　　　　电子工业出版社总编办公室

邮　　编：100036